企业级卓越人才培养解决方案“十三五”规划教材

大数据高可用环境搭建与运维

天津滨海迅腾科技集团有限公司　编著

图书在版编目(CIP)数据

大数据高可用环境搭建与运维 / 天津滨海迅腾科技集团有限公司编著. —天津：天津大学出版社，2019.1（2023.3重印）
企业级卓越人才培养解决方案“十三五”规划教材
ISBN 978-7-5618-6371-8

Ⅰ.①大… Ⅱ.①天… Ⅲ.①数据处理软件－教材 Ⅳ.①TP274

中国版本图书馆CIP数据核字(2019)第027835号

DASHUJU GAOKEYONG HUANJING DAJIAN YU YUNWEI

出版发行 天津大学出版社
地　　址 天津市卫津路92号天津大学内(邮编:300072)
电　　话 发行部:022-27403647
网　　址 publish.tju.edu.cn
印　　刷 廊坊市海涛印刷有限公司
经　　销 全国各地新华书店
开　　本 185mm×260mm
印　　张 17.5
字　　数 443千
版　　次 2019年1月第1版
印　　次 2023年3月第2次
定　　价 49.00元

企业级卓越人才培养解决方案“十三五”规划教材

指导专家

基于工作过程项目式教程

《大数据高可用环境搭建与运维》

主　编　刘晓丹　孙　峰

副主编　畅玉洁　冯德万　孟英杰　郭思延
罗芸芸　李思广　冯时昌　徐均笑
刘　健

前　言

在大数据时代，数据的存储与分析至关重要，为保证存储可靠、分析精准，对大数据环境部署与运维的要求日益提高。医疗、交通、金融等多个行业在追求大数据处理平台的高可靠性、高扩展性及高容错性的同时，还希望能够降低成本，本书为实现这些需求提供了解决案例。

本书主要以 Hadoop 生态体系环境部署为主线，讲解其各组件的功能与基础应用以及大数据生态系统的维护和安全解决方案等方面的知识。全书知识点的讲解由浅入深，能使每一位读者都有所收获，也保持了整本书的知识深度。

本书主要涉及 11 个项目，即大数据分布式集群、分布式集群基础配置、ZooKeeper 分布式协调系统、Hadoop 高可用、Hive 分布式数据仓库工具、HBase 分布式数据库、大数据协作框架、Linux 自动化部署、Ambari 大数据环境搭建利器、企业级 Hadoop 调优方案、企业级 Hadoop 安全方案，严格按照生产环境中的操作流程对知识体系进行编排。书中介绍的环境搭建并不限于虚拟机，对于有条件的公司和学校，参照书中介绍的搭建过程，同样可以将大数据平台搭建在多台实体计算机上，以便更加接近于大数据真实的运行环境。与此同时，为了方便读者学习，本书还配有教材中所用到的全部软件以及安装包和工具，可以节省读者查找下载相关工具的时间。

本书中每个模块都设有学习目标、学习路径、任务描述、任务技能、任务实施和任务总结。结构条理清晰、内容详细，任务实现可以将所学的理论知识充分地应用到实际操作中。

本书由刘晓丹、孙峰共同担任主编，畅玉洁、冯德万、孟英杰、郭思延、罗芸芸、李思广、冯时昌、徐均笑、刘健担任副主编，孙峰和刘晓丹负责整书编排，项目一和项目二由畅玉洁、冯德万负责编写，项目三和项目四由冯德万、郭思延负责编写，项目五由孟英杰负责编写，项目六由郭思延、冯时昌负责编写，项目七由罗芸芸负责编写，项目八和项目九由李思广和冯时昌共同负责编写，项目十和项目十一由徐均笑和刘健负责编写。

本书理论内容简明、扼要，实例操作讲解细致、步骤清晰，实现了理实结合，操作步骤后有相对应的效果图，便于读者直观、清晰地看到操作效果，从而牢记书中的操作步骤，使读者在学习 Hadoop 生态体系相关知识的过程中能够更加顺利掌握。

天津滨海迅腾科技集团有限公司

技术研发部

目 录

项目一 大数据分布式集群 …… 1

学习目标 …… 1
学习路径 …… 1
任务描述 …… 2
任务技能 …… 3
任务实施 …… 16
任务总结 …… 19
英语角 …… 19
任务习题 …… 19

项目二 分布式集群基础配置 …… 21

学习目标 …… 21
学习路径 …… 21
任务描述 …… 22
任务技能 …… 23
任务实施 …… 39
任务总结 …… 45
英语角 …… 45
任务习题 …… 45

项目三 ZooKeeper 分布式协调系统 …… 47

学习目标 …… 47
学习路径 …… 47
任务描述 …… 48
任务技能 …… 49
任务实施 …… 66
任务总结 …… 69
英语角 …… 70
任务习题 …… 70

项目四 Hadoop 高可用 …… 72

学习目标 …… 72
学习路径 …… 72

任务描述 ……73
任务技能 ……74
任务实施 ……90
任务总结 ……100
英语角 ……100
任务习题 ……101

项目五 Hive 分布式数据仓库工具 ……102

学习目标 ……102
学习路径 ……102
任务描述 ……103
任务技能 ……104
任务实施 ……117
任务总结 ……131
英语角 ……131
任务习题 ……132

项目六 HBase 分布式数据库 ……133

学习目标 ……133
学习路径 ……133
任务描述 ……134
任务技能 ……135
任务实施 ……148
任务总结 ……154
英语角 ……154
任务习题 ……155

项目七 大数据协作框架 ……156

学习目标 ……156
学习路径 ……156
任务描述 ……157
任务技能 ……158
任务实施 ……168
任务总结 ……173
英语角 ……174
任务习题 ……174

项目八 Linux 自动化部署 ……176

学习目标 ……176
学习路径 ……176

任务描述 …… 177
任务技能 …… 178
任务实施 …… 187
任务总结 …… 202
英语角 …… 202
任务习题 …… 203

项目九 Ambari 大数据环境搭建利器 …… 204

学习目标 …… 204
学习路径 …… 204
任务描述 …… 205
任务技能 …… 206
任务实施 …… 217
任务总结 …… 229
英语角 …… 229
任务习题 …… 229

项目十 企业级 Hadoop 调优方案 …… 231

学习目标 …… 231
学习路径 …… 231
任务描述 …… 232
任务技能 …… 233
任务实施 …… 241
任务总结 …… 244
英语角 …… 244
任务习题 …… 244

项目十一 企业级 Hadoop 安全方案 …… 246

学习目标 …… 246
学习路径 …… 246
任务描述 …… 247
任务技能 …… 247
任务实施 …… 262
任务总结 …… 268
英语角 …… 268
任务习题 …… 269

项目一　大数据分布式集群

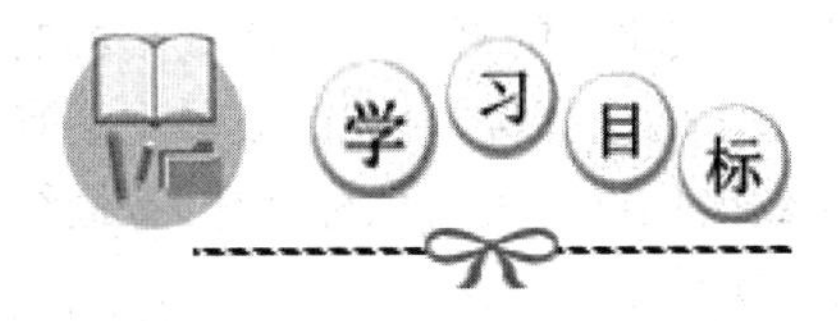

通过完成集群的创建，了解大数据的定义及其发展趋势，熟悉集群规划、主机规划、软件规划以及数据目录规划，掌握相关工具的使用，在任务实施过程中：

- 掌握 VMware Workstation 的使用方法；
- 掌握 Linux 下临时 IP 的设置方法；
- 熟悉主机名和 IP 映射方法；
- 掌握 SecureCRT 和 SecureFX 工具的使用。

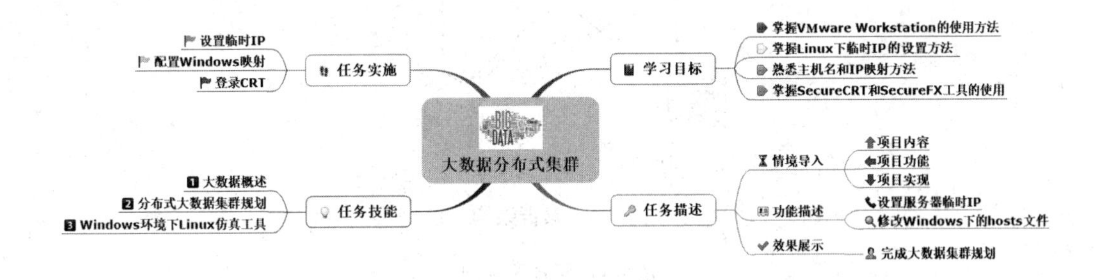

【情境导入】

由于互联网技术的兴起，大数据技术被越来越多的人所熟知，更多的企业和个人开始学习大数据技术。但在系统学习大数据技术前，需要进行分布式集群的规划。分布式集群的规划阶段包括确认集群部署方式、节点 IP 的配置和软件版本的选择等，合理的集群规划有助于集群的高效运行和维护的便利性。本项目主要对大数据集群相关知识进行介绍，最终完成集群的创建。

【功能描述】

- 设置服务器临时 IP。
- 修改 Windows 下的 hosts 文件。

【效果展示】

通过对本项目的学习，完成大数据集群中服务器规划部署，最终效果如图 1-1 和表 1-1 所示。

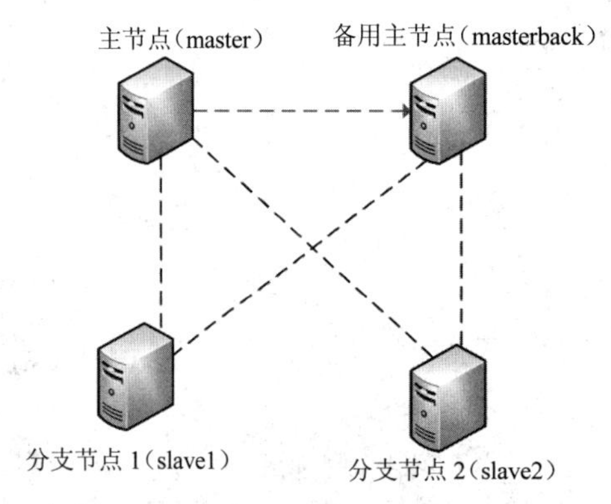

图 1-1 集群架构

表 1-1 服务器规划

主机名	节点类型	IP	系统	内存
master	主节点	192.168.10.110	CentOS7	4 GB
masterback	备用主节点	192.168.10.111	CentOS7	4 GB
slave1	分支节点 1	192.168.10.112	CentOS7	2 GB
slave2	分支节点 2	192.168.10.113	CentOS7	2 GB

技能点一　大数据概述

大数据的概念最早由维克托•迈尔 - 舍恩伯格和肯尼斯•库克耶提出。在二人编写的《大数据时代》中，大数据被定义为不用抽样调查这样的捷径，而采用对“所有数据”进行分析处理的数据。

随着时代的发展，大数据的定义也在不断变化。现如今，大数据（Big Data）是指：无法在一定时间内使用常规软件工具或方法进行收集、管理和处理的数据集合，需要全新的处理模式才能具有更强的决策力、洞察力和流程优化能力的信息资产。大数据同时也是高增长、海量和多样化的信息资产，可应用在计算机、信息科学、人工智能等领域。

1. 大数据应用

现代社会正处在信息时代，以“大数据”为代表的新兴技术，在迅猛发展的同时也引领着互联网的发展。

党的十八届五中全会审议通过了《中共中央关于制定国民经济和社会发展第十三个五年规划的建议》（以下简称《建议》）。《建议》提出“拓展网络经济空间，推进数据资源开放共享，实施国家大数据战略，超前布局下一代互联网”，可见大数据已经成为国家发展战略。

大数据不仅是国家战略，也在不知不觉中影响着人们的生活甚至日常行为。

很多人可能有这样的经历，使用某浏览器或手机客户端在淘宝、京东等购物网站上购买过一部手机，在之后的很长一段时间内，浏览器两侧的广告栏里或者手机客户端的订阅栏会出现关于此款手机的相关产品的情况，如：该型号的手机膜、手机保护壳、手机的充电线、耳机等。对于经常浏览的商品类型，系统会默认用户有购买这些产品的意向，在推送广告时，也会把此类的商品推送给用户。大多数人并不反感这些广告，因为这些往往是系统经过对用户的行为分析而“精准化”推送的服务，甚至很多用户达到了乐此不疲的程度，就算没有购买的欲望，也会登录购物网站进行浏览。这就是“大数据”最为简单的应用之一。

大数据的应用主要分为精准化定制和预测两个方面。

1）精准化定制

精准化定制即通过对用户的需求进行数据分析，然后提供相对指定化的服务。具体可分为以下三类。

➢ 个性化产品：使用智能化搜索引擎搜索相同内容，不同的用户将得到不同的结果。

➢ 精准营销：常见的互联网营销如“百度推广”“淘宝推广”等，或是基于地理位置的推送如“美团”“大众点评”，当用户到达某个地理位置时会收到周边的消费信息。

➢ 选址定位：零售店选址、公共基础设施选址。

大数据通过获取需求方的个性化需求，帮助供应方精准定位目标，然后依据需求提供定制服务，最终实现供需双方的最佳匹配。

精准化定制服务如图 1-2 所示。

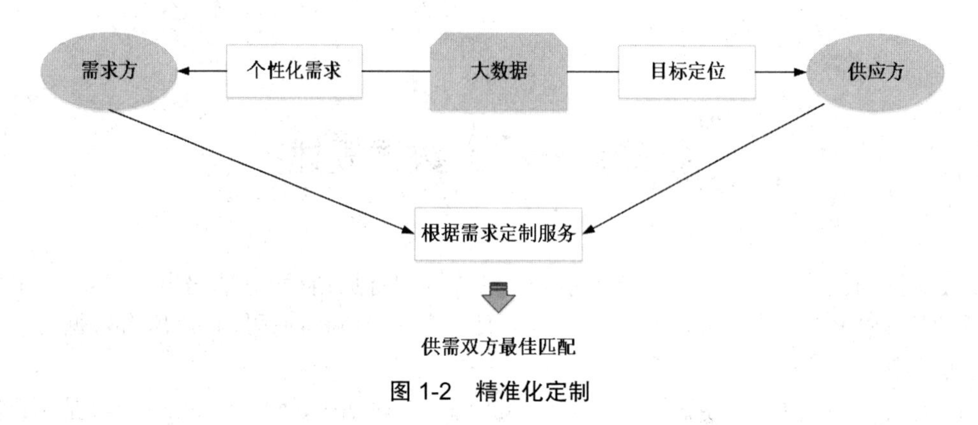

图 1-2 精准化定制

2）预测

预测目标数据，通过相关的数据分析作出预警，或是实时动态优化。具体可分为以下三类。

➢ 决策支持类：企业运营决策、证券投资决策、医疗行业临床诊疗支持以及电子政务等。

➢ 风险预警类：疫情预警、健康管理疾病预警、公共安全预警、设备设施运营维护等。

➢ 实时优化类：导航路线主能规划、实时计价等。

大数据收集大量数据并对相关因素进行分析后得到对未来发展的精准预测，而做到预警和动态优化。

预测服务如图 1-3 所示。

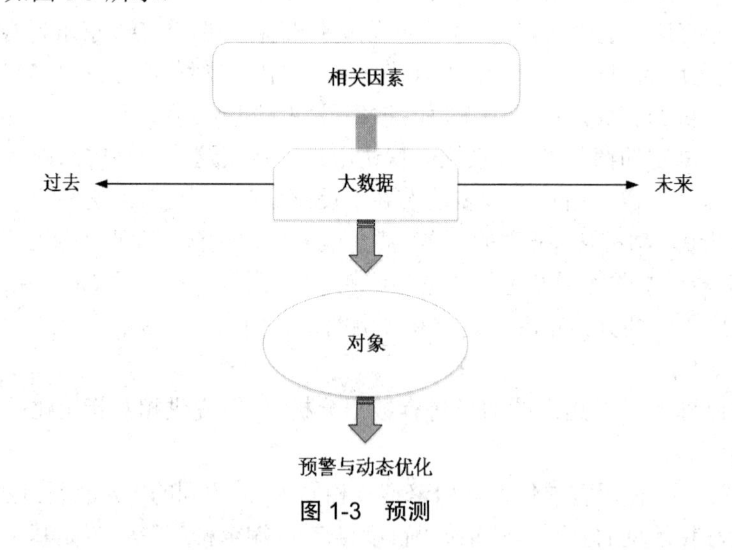

图 1-3 预测

2. 大数据的特征

虽然对于大数据的概念人们往往有不同的见解，但是无论作何描述，大数据的本质是由如下 4 点组成的：Volume（海量 / 规模性）、Velocity（高速性）、Variety（多样性）以及 Value（价值性），见表 1-2。

表 1-2　大数据特性

特性	解释
Volume（海量 / 规模性）	数据的价值和隐藏价值由数据的大小决定
Velocity（高速性）	获得数据的速度
Variety（多样性）	数据的多样性
Value（价值性）	合理运用大数据，以低成本创造高价值

海量 / 规模性，是指数据的规模巨大。现如今，数据的规模已经超出了历史上任何一个时代。在互联网飞速发展的今天，数据量的增速已经达到了前所未有的程度。根据 IDC（国际数据公司）的统计，到 2020 年全球将会有超过 35 ZB（1 ZB≈1 万亿 GB）的数据量，如果需要存储这些数据大约需要 6.2 亿块容量为 60 TB 的硬盘。海量规模性是大数据的首要特性。

高速性，是指大数据的传播速度快。与过去的纸质传播和磁盘相比，在线（online）使数据的传播速度变得比以往的任何时期都快，将来数据的传播速度只会更快，所以在线也是高速的本质。高速性是大数据的关键特性。

多样性，是指数据的来源方式与形态众多。数据来源的方式，随着网络和科技的发展而改变。在现代社会，无数的传感器与互联网是数据来源的主要方式，社交网络、传感器网络、工业生产过程等无时无刻不在产生数据，数据也从之前单一的文字和符号变为图片、视频、音频等非结构化与半结构化数据。多样性是大数据的自然属性。

价值性，是指数据是“可用”的且“有用”的。例如，在海量数据中，有价值的可能就是一个文本中的一句话或者是一个视频中的两三秒的镜头，这就需要对数据进行清洗和筛选，清洗掉不需要的或者是有干扰信息的数据，筛选出有用的、有价值的数据。价值性是大数据的基本属性。

3. 大数据发展趋势

1）数据分析

数据分析是大数据技术的核心，在数据处理过程中占据很重要的位置。大规模数据集合的处理是大数据价值的体现，要想从大规模的数据中获取有用的信息，对数据进行挖掘分析是必需的。而数据的采集、存储、管理均是数据分析的基础步骤，对数据分析后得到的结果会应用到各个领域。大数据的发展与数据分析是密切相关的。

2）实时数据处理

如今用户获取信息的速度越来越快，为满足用户需求，大数据系统也同样需要不断升级。目前大数据主要采用具有一定局限性的批处理方式，主要应用于数据报告频率低的场合，因为数据要求频率较高的场合，批处理方式达不到要求，如实时个性化推荐、实时路况等数据处理就要求在短时间内完成。在大数据的发展趋势中数据实时处理将会成为主流，推动大数据发展。

3）基于云平台的数据分析

随着云计算技术的飞速发展，其应用范围也越来越广。云计算的发展为大数据技术提供了能够进一步发展的技术平台。此外,随着云计算技术的日趋完善,大数据技术和数据处理水平也会得到显著提升。

4. 大数据技术

大数据技术和大数据是容易被初学者混淆的两个概念。前文已经对大数据的概念进行了详细的解释,大数据技术可以理解为对大数据的处理方法。

大数据技术通常包括如下方面。

(1)数据采集:使用数据采集工具将分布的、异构数据源中的数据,如关系数据、平面数据文件等,抽取到临时中间层后进行清洗、转换、集成,而后加载到数据仓库或数据集之中,使之成为联机分析处理、数据挖掘的基础。

(2)数据存取:将数据采集过程中得到的数据导出到关系型或非关系型数据库中。

(3)存储架构:云存储、分布式文件系统(HDFS)等。

(4)数据处理:把采集到的数据针对关键指标进行数据的处理和清洗等。

(5)统计分析:方差分析、回归分析、简单回归分析技术等。

(6)数据挖掘:分类、估计、模型预测、结果呈现等方式。

5. Hadoop 相关项目

目前 Hadoop 是最为流行的大数据处理平台。Apache 相关项目有很多,常见的 Hadoop 相关项目如下。

(1)Ambari:Ambari 是一种支持 Hadoop 集群供应、管理和监控的 Web 工具,主要用来解决大数据集群搭建复杂和对 CPU、HDFS 等相关指标监控难等问题。Ambari 除了提供仪表式的指标监控界面以外,还内嵌了报警系统,方便管理和及时发现并解决问题。

(2)Hive:Hive 是基于 Hadoop 的一个类似于关系型数据库的数据仓库工具,它的作用是能够将结构化的数据文件映射成为数据库表,并提供完整的查询功能。Hive 定义了类似于 SQL 的查询语言 HiveQL。HiveQL 可将 SQL 语句转换为 MapReduce 任务进行执行。

(3)HBase:HBase 是一个分布式的、面向列的数据库。HBase 利用 Hadoop HDFS 作为其文件存储系统,通过使用 Hadoop MapReduce 来处理 HBase 中的海量数据,使用 ZooKeeper 作为协同服务,提供对数据的随机随时读写与访问。

(4)ZooKeeper:ZooKeeper 是一个开源的分布式应用程序协调服务,是 Hadoop 和 HBase 的重要组件。它能够为分布式应用提供配置维护、域名服务、分布式同步、组服务等,其目的是为用户提供简单易用的接口和性能高效、功能稳定的服务。

技能点二　分布式大数据集群规划

分布式大数据集群需要由多台 Linux 主机组成,一个主备集群中只能有一个主节点、一个备用主节点和多个分支节点,在高可用集群中主节点和分支节点需要安装的软件会有所不同,导致所要完成的功能也会有所不同,所以在正式开始搭建集群前做好集群规划是很有必要的。

1. 集群拓扑

本书集群主要使用 master/slave（服务器主从方式）作为基础拓扑。服务器主从方式由一台节点正常运行并提供对外服务，另一台节点作为备用机，备用机在正常运行状态下不接受外部请求，但会实时对主服务器进行检测，当主服务器宕机时才会接管应用服务。因此设备利用率最高可达 50%。主从方式集群如图 1-4 所示。

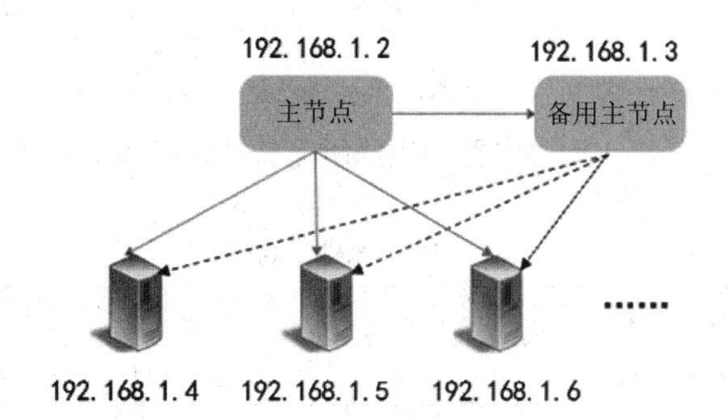

图 1-4　主从方式集群

更多大数据集群部署方式通过扫描下方二维码即可了解。

2. 主机规划

使用 4 台主机搭建 Hadoop2.0 高可用（目的是为了减少服务中断时间）分布式集群，选用两台机器分别作为主节点和备用节点，其余两台作为数据节点，这样规划的目的是为了简单实现高可用，采用两个数据节点是为了增加数据备份数量从而实现数据的安全性。虽然节点较少，但足以完成分布式集群的搭建，Hadoop 主机规划进程信息见表 1-3。

表 1-3　Hadoop 主机规划进程信息

进程	master	masterback	slave1	slave2
NameNode	是	是	否	否
DFSZKFailoverController	是	是	否	否
QuorumPeerMain	是	是	是	是
ResourceManager	是	是	否	否
JournalNode	否	否	是	是
NodeManager	否	否	是	是
DateNode	否	否	是	是

续表

进程	master	masterback	slave1	slave2
HMaster	是	是	否	否
HRegionServer	否	否	是	是

3. 软件规划

搭建集群前要做好软件规划，将集群中所需软件做好版本兼容，软件间版本不兼容会导致集群崩溃或进程无法正常启动等问题。集群所需软件及版本见表 1-4。

表 1-4 软件规划

软件	版本	安装节点	说明
CentOS	7	Master/Slave	Linux 操作系统
JDK	1.8	Master/Slave	JDK 是安装 Hadoop 前必须配置的基础环境
Flume	1.7.0	Master	高可用的、高可靠的、分布式的海量日志采集、聚合和传输的系统
Hive	2.2.0	Master	Hive 是建立在 Hadoop（HDFS/MR）上的非结构化的数据仓库工具
Hadoop	2.7.2	Master/Slave	运行处理大规模数据的软件平台
HBase	1.2.6	Master/Slave	HBase 是一个分布式的、面向列的开源数据库
Sqoop	1.4.6	Master	用于数据的迁移
ZooKeeper	3.4.6	Master/Slave	开源分布式应用程序协调服务
MySQL	5.7.21	Master	关系型数据库管理系统

4. 数据目录规划

在安装 Hadoop 之前，需要对所有软件的存放目录和安装目录进行规划，便于配置、管理与维护，见表 1-5。

表 1-5 目录规划

目录名称	绝对路径
所有软件存放目录	/usr/local/
大数据软件安装目录	/usr/local/*

5. WindowsIP 映射

在安装配置 Hadoop 前，为了方便后期使用终端仿真工具，将已经规划好的 Linux 虚拟机的 IP 地址和主机名在 Windows 主机的 hosts 文件中进行映射。

hosts

hosts 文件是定义 IP 和主机名映射关系的文件，可以规定 IP 和主机名映射，可以用文本编辑器打开。hosts 文件存储位置在系统安装盘的 \Windows\System32\drivers\etc\ 目录下，如图 1-5 所示。

› 此电脑 › 本地磁盘 (C:) › Windows › System32 › drivers › etc　　搜索"etc"

名称	修改日期	类型	大小
hosts	2018/4/8 8:45	文件	1 KB
lmhosts.sam	2017/9/29 21:44	SAM 文件	4 KB
networks	2017/9/29 21:44	文件	1 KB
protocol	2017/9/29 21:44	文件	2 KB
services	2017/9/29 21:44	文件	18 KB

图 1-5　hosts 文件路径

技能点三　Windows 环境下 Linux 仿真工具

在学习大数据环境搭建前，需要安装以下 3 种工具：VMware Workstation Pro（虚拟机）、SecureCRT 和 SecureFX。可以使用 VMware 在本地创建 4 台虚拟机来模拟大数据的集群，使用 SecureCRT 和 SecureFX 对虚拟机进行操作。

1. VMware Workstation Pro 工具

VMware Workstation Pro 是能够使专业人员在一个 PC 上同时运行多个操作系统如 Windows、Linux（CentOS、Ubuntu 等）等操作系统的专业工具，方便专业人员对软件进行开发、测试、演示和部署。专业人员可以在 VMware 工具中复制服务器、台式机和平板电脑环境，并为每个虚拟机分配多个处理器核心、千兆字节主内存和显存。

1）准备虚拟机

使用 VMware Workstation 12 Pro 分别创建 master、masterback、slave1、slave2 4 台 CentOS7 虚拟机，如图 1-6 所示。

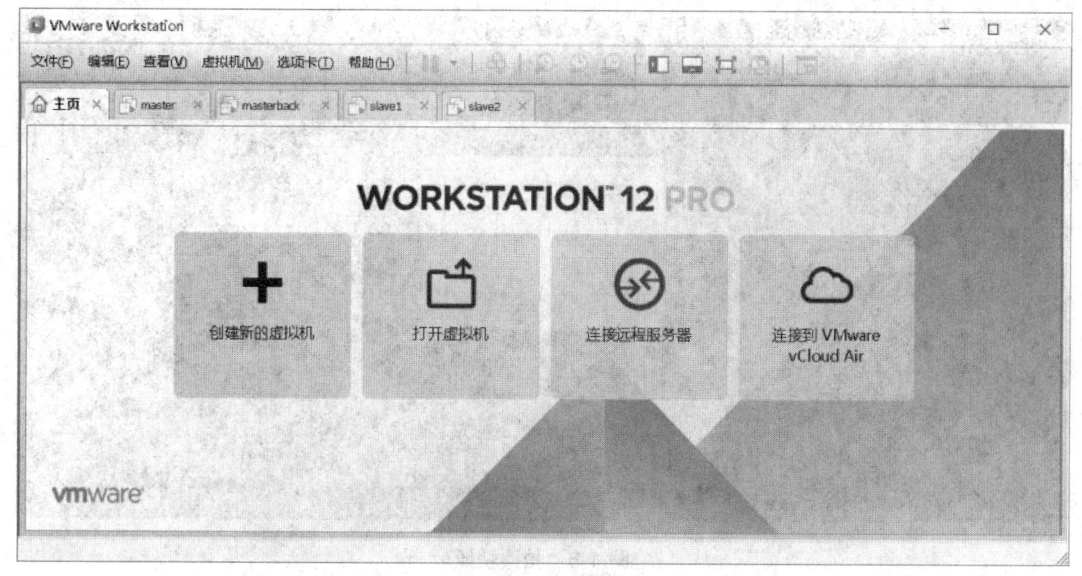

图 1-6　虚拟机

2）拍摄快照

学习阶段为了防止因操作失误或配置错误导致需要重建虚拟机的情况发生，需要设置虚拟机快照（设置还原点），它可以随时将虚拟机系统恢复到指定快照的状态。学习阶段建议操作完成一个项目后拍摄一个快照，快照的拍摄方法如下。

（1）在虚拟机名称上单击右键，选择“快照→拍摄快照”，如图 1-7 所示。

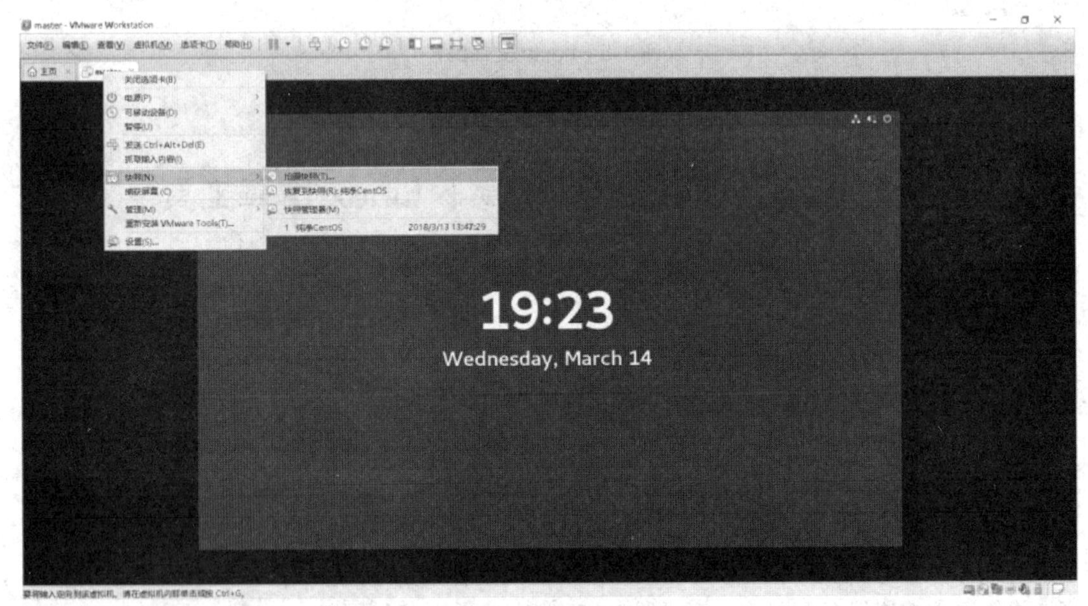

图 1-7 拍摄快照

（2）输入快照名和快照描述后点击“拍摄快照”，如图 1-8 所示。

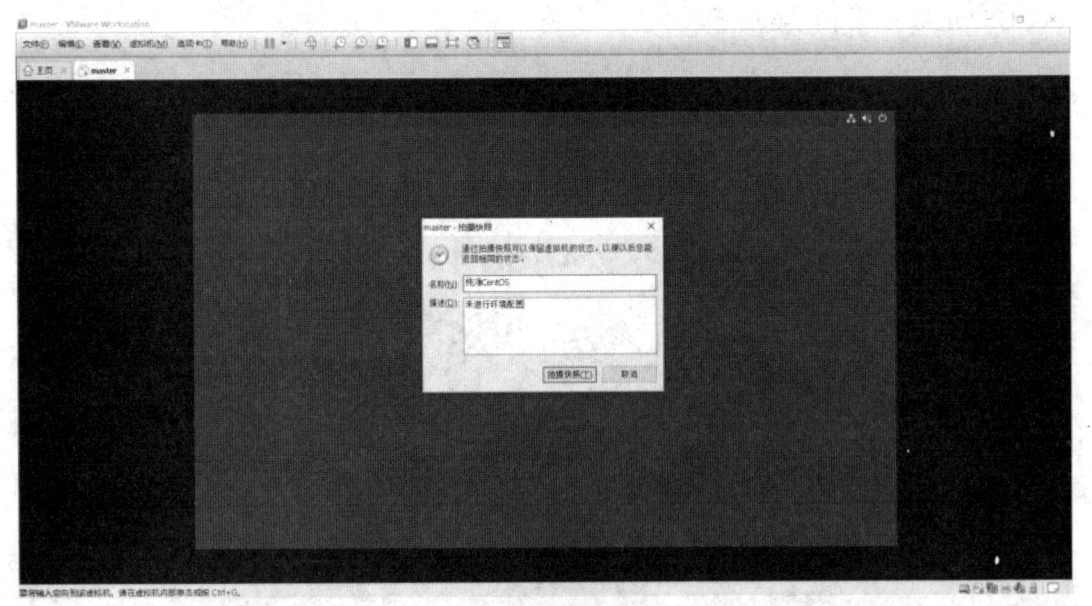

图 1-8 拍摄快照

3）恢复快照

在虚拟机名称上单击右键，选择“快照”，点击下方快照名称，即可恢复虚拟机历史状态，如图 1-9 所示。

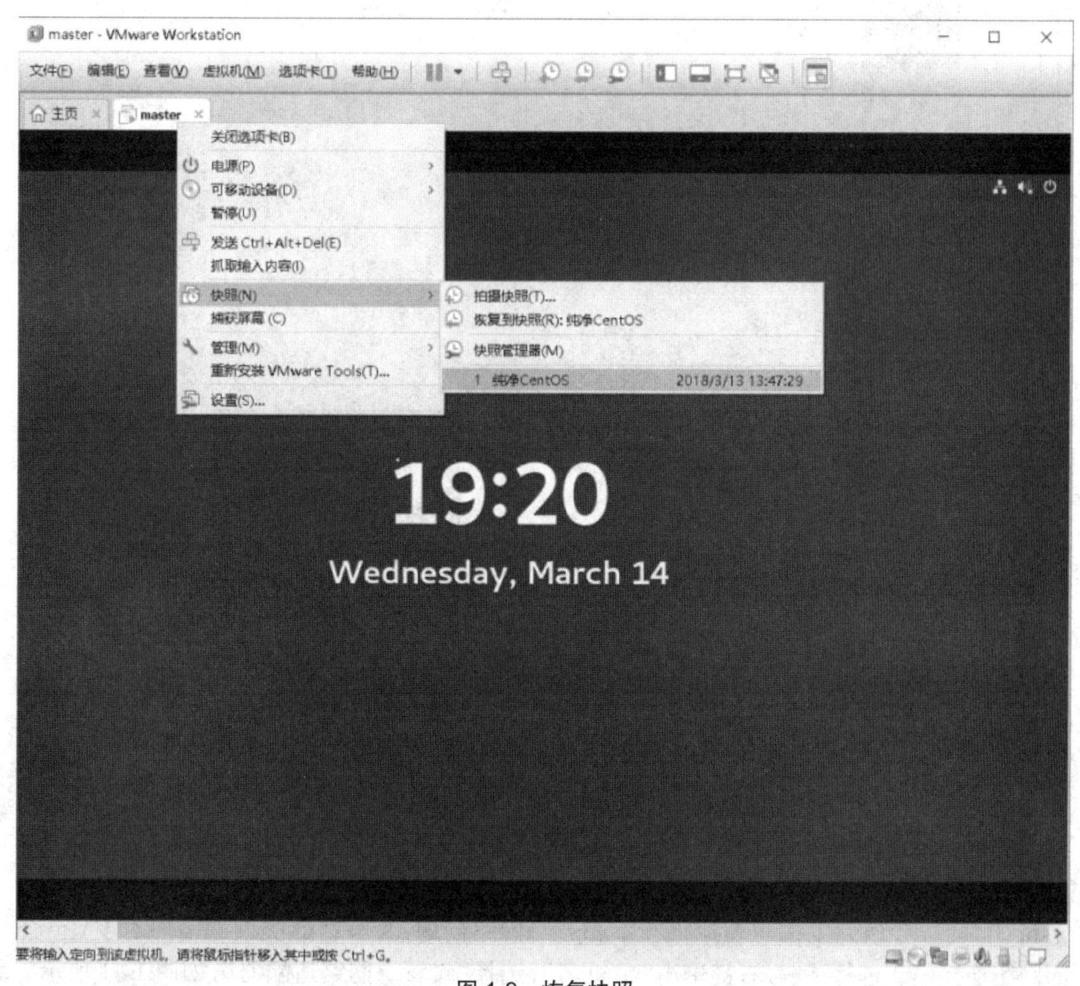

图 1-9　恢复快照

4）删除快照

在虚拟机名称上单击右键，选择“快照→快照管理器”，选择要删除的快照，点击“删除”，如图 1-10 所示。

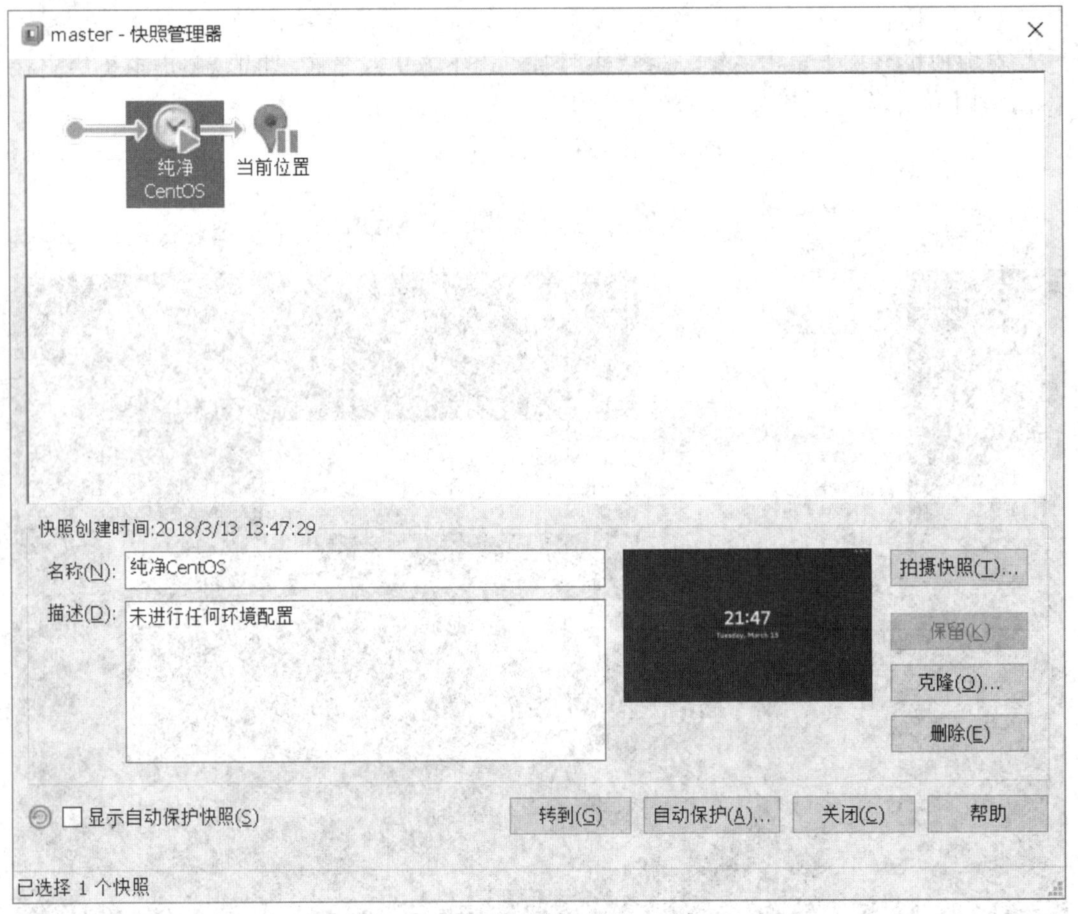

图 1-10 删除快照

5）网络适配器设置

VMware 有 3 种网络连接方式：桥接模式、NAT 模式、仅主机模式。在初次接触 VMware 工具时，会遇到主机与虚拟机互不相通等网络问题，为解决此类问题需要对 VMware 的网络连接模式进行了解，右键单击“主机名”，选择“设置→网络适配器”，如图 1-11 所示。

图 1-11　网络适配器

桥接模式

虚拟机和真实主机一样都获取外网 IP，地理位置也和真实主机一样。使用桥接模式时，真实主机和虚拟机应在同一网段，否则虚拟机无法联网，并且 CRT 等工具无法连接到虚拟机（本书默认使用桥接模式），桥接模式如图 1-12 所示。

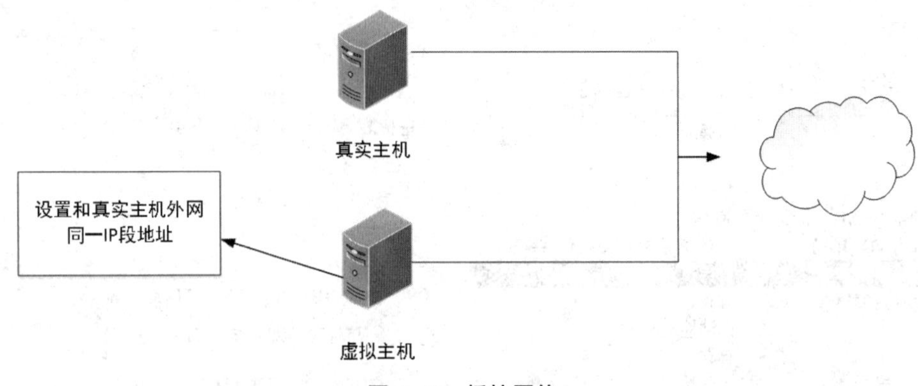

图 1-12　桥接网络

NAT 模式

虚拟机通过真实主机外网 IP 地址上网，VMnet8 作为 DHCP 服务器，即使虚拟机 IP 地址和真实主机 IP 地址不在同一 IP 段，虚拟机也可以联网，NAT 模式如图 1-13 所示。

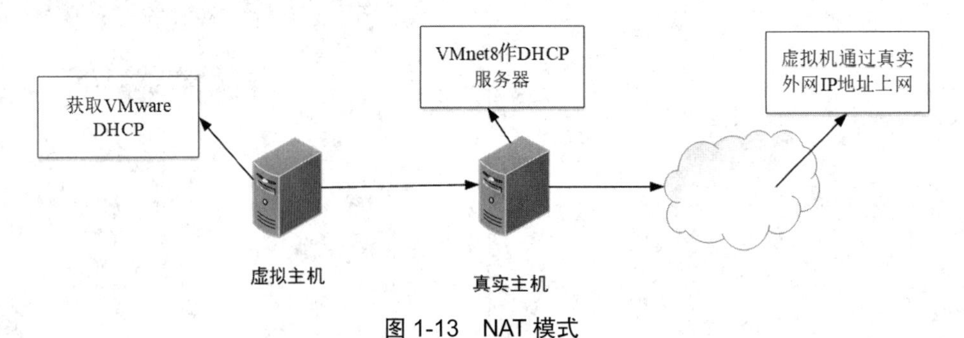

图 1-13　NAT 模式

仅主机模式

仅主机模式下，虚拟机不能和外网连接，VMnet1 作为 DHCP 服务器，虚拟机获取 VMnet1 的 DHCP 地址，仅主机模式如图 1-14 所示。

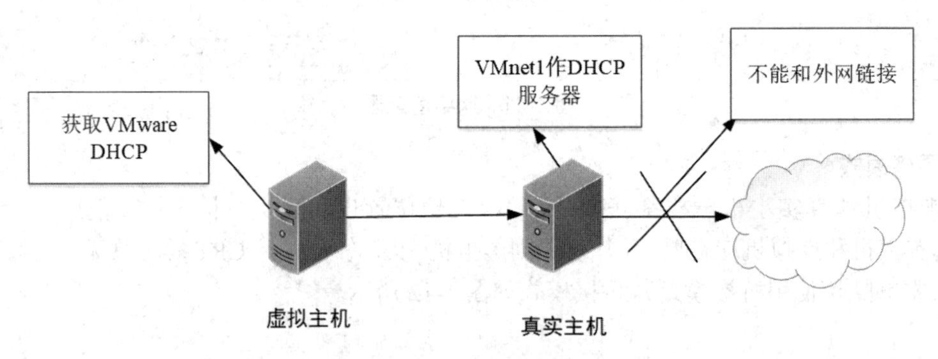

图 1-14　仅主机模式

2. SecureCRT 终端仿真工具

SecureCRT 是 Windows 下登录 UNIX 或 Linux 服务器主机的软件，SecureCRT 支持 SSH1 和 SSH2 远程管理协议。

➢ SSH1：采用了 3DES 、DES、Blowfish 和 RC4 等加密算法保护数据传输的安全性，SSH1 使用循环冗余校验码（CRC）来保证数据的完整性。

➢ SSH2：采用了数字签名算法（DSA）和 Diffie-Hellman（DH）算法来取代 RSA 来完成对称密钥交换，用消息证实代码（HMAC）来代替 CRC。

（注：终端仿真工具在资料包 08 课件工具→ 01 大数据分布式集群文件夹中）。

外观设置

点击“选项 -> 会话选项 -> 外观”进行外观设置，外观设置可调整字体格式、窗口背景颜色、编码格式等，如图 1-15 所示。

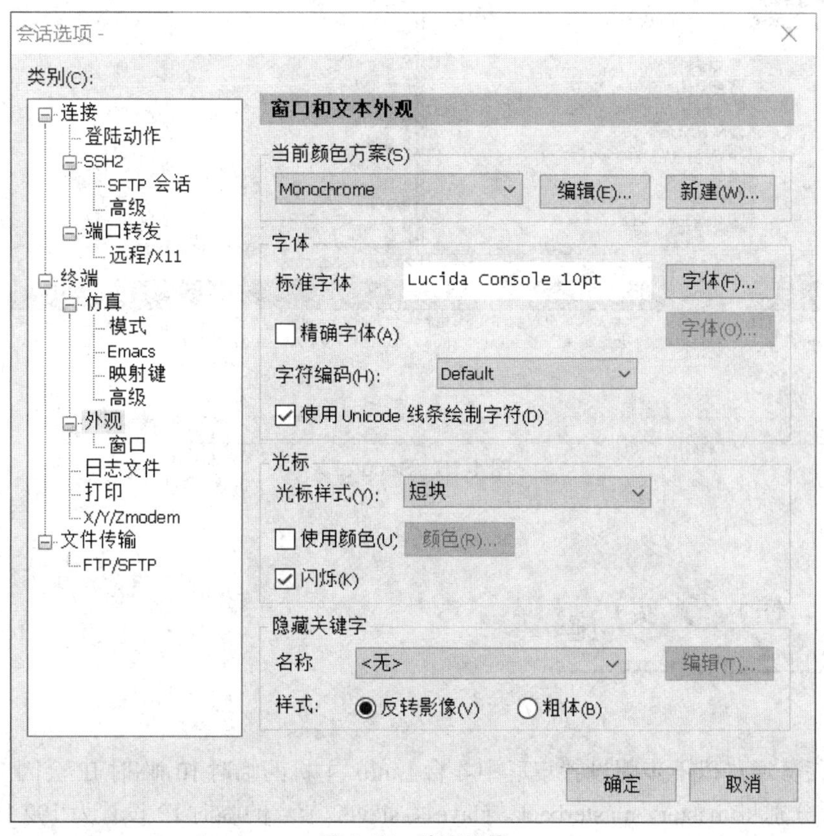

图 1-15　外观设置

3. SecureFX 数据传输工具

SecureFX 是完成 Windows 与 Linux 之间数据安全传输的工具，能够实现多个文件的拖动传输，也可修改 Linux 主机中的文件，如图 1-16 所示。

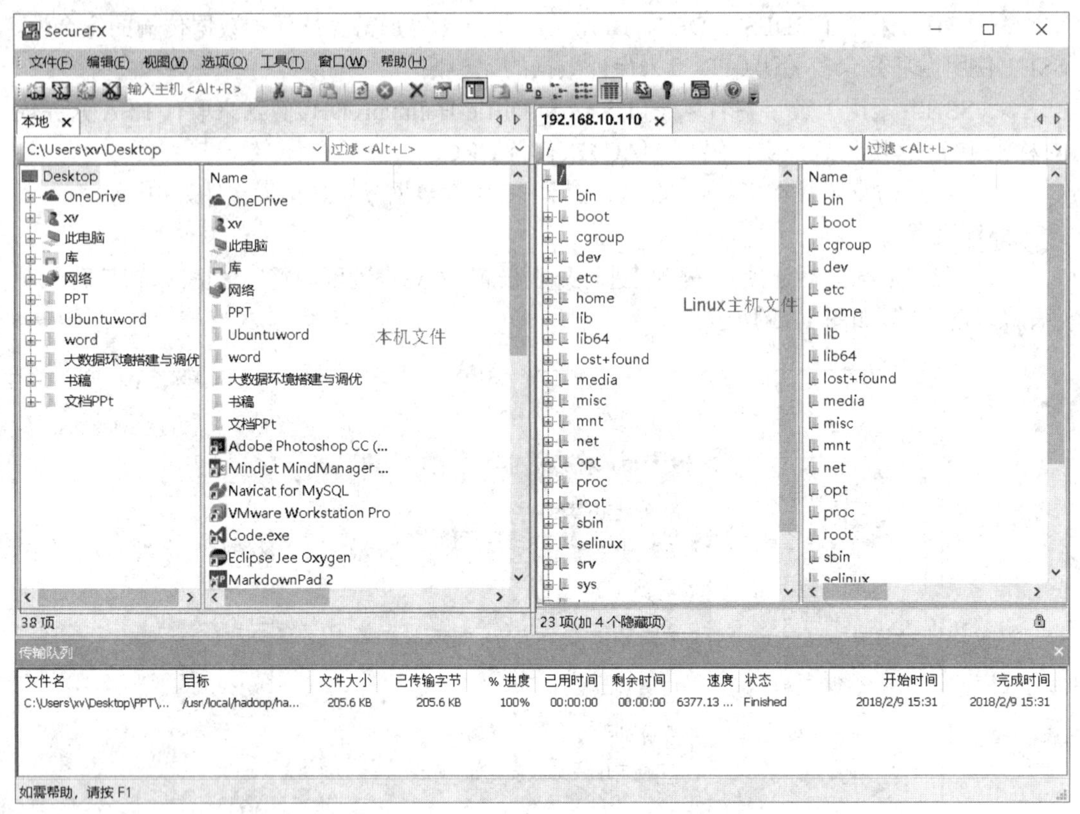

图 1-16　SecureFX

本次任务通过以下步骤设置集群中 4 台 Linux 主机的临时 IP，临时 IP 会因 Linux 主机重启失效，分别将 master、masterback、slave1、slave2 节点的临时 IP 设置为 192.168.10.110、192.168.10.111、192.168.10.112、192.168.10.113，并在 Windows 实体主机上将临时 IP 分别映射为主机名。

第一步：设置临时 IP，以 master 节点为例，其余 3 个节点同样需要进行此操作，注意 IP 需要设置为已经规划好的 4 个 IP。

在 CentOS 桌面点击右键，选择“Open in Terminal”打开终端，如示例代码 CORE0101 所示：

示例代码 CORE0101 设置临时 IP

```
[root@localhost ~] ifconfig ens33 192.168.10.110
```

结果如图 1-17 所示。

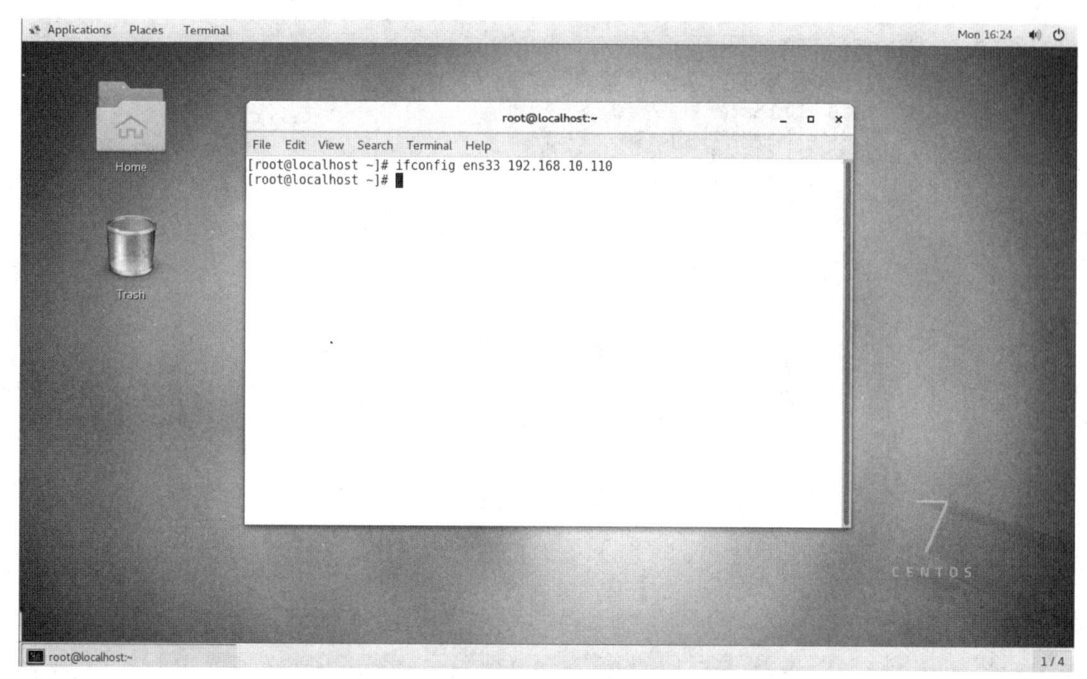

图 1-17　设置临时 IP

第二步：在 Windows 上映射规划的 Linux 主机 IP 和主机名，使用 CRT 和 FX 工具时可输入主机名进行连接。

hosts 文件在 C：\Windows\System32\drivers\etc 目录下为只读模式，需要将 hosts 文件复制到桌面使用记事本打开，然后将如下内容添加到文件末尾，如示例代码 CORE0102 所示：

示例代码 CORE0102 设置映射主机名

```
192.168.10.110  master
192.168.10.111  masterback
192.168.10.112  slave1
192.168.10.113  slave2
```

结果如图 1-18 所示。

修改完成后将 C：\Windows\System32\drivers\etc 目录下的 hosts 文件删除，将桌面上修改好的 hosts 文件拷贝到 C：\Windows\System32\drivers\etc 目录下，映射完成。

第三步：验证是否映射成功，打开 Portable SecureCRT 工具，使用主机名登录 Linux，登录成功则代表映射成功，如图 1-19 所示。

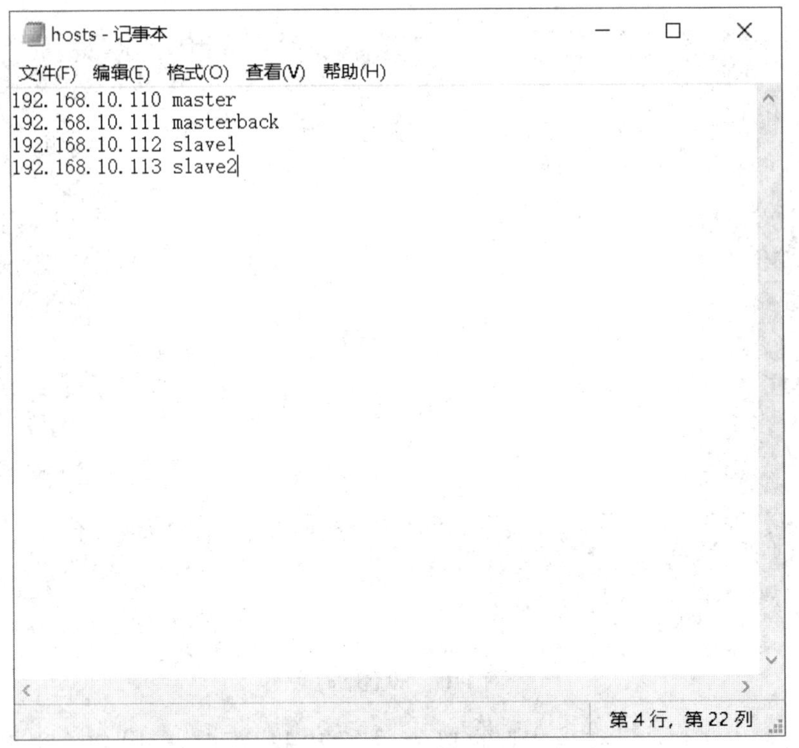

图 1-18 修改 hosts 文件

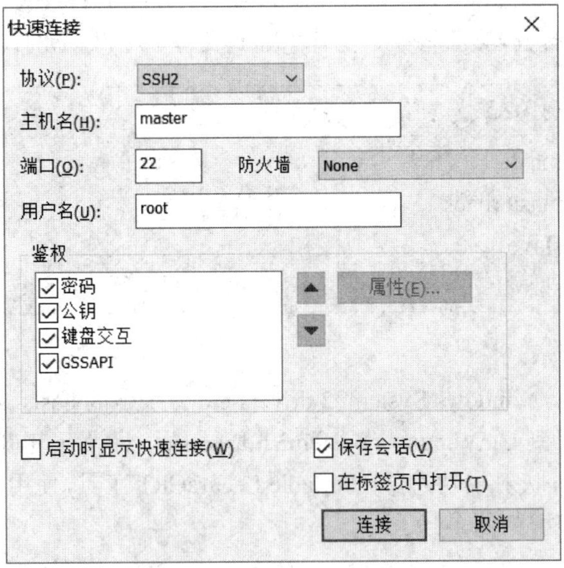

快速连接
协议(P): SSH2
主机名(H): master
端口(O): 22 防火墙 None
用户名(U): root
鉴权
密码
公钥
键盘交互
GSSAPI
属性(E)...
启动时显示快速连接(W)
保存会话(V)
在标签页中打开(T)
连接 取消

图 1-19 使用主机名登录

至此大数据集群的硬件配置已经部署完成，最终拓扑结构和硬件标准如图 1-1 和表 1-1 所示。

本项目主要介绍与大数据相关的概念以及发展状况，简单学习搭建分布式集群规划方案，分别介绍了 VMware Workstation、SecureCRT 和 SecureFX 工具的使用，拓展 hosts 文件的相关知识，有助于学生增强实验能力，全面掌握集群规划的方法，最终完成 Linux 临时 IP 的设置。

volume	规模性	international	国际的
variety	多样性	corporation	公司
velocity	高速性	workstation	工作站
veracity	真实性	master	主节点
value	价值性	masterback	备用节点
slave	子节点	host	主机
terminal	终端	secure	安全

1. 选择题

（1）以下哪一个不是 Hadoop 相关项目（　　）。

A. MySQL　　B. Hive　　C. HBase　　D. ZooKeeper

（2）高速性是指大数据的（　　）。

A. 传播速度快　　B. 增长速度快　　C. 积累速度快　　D. 更新速度快

（3）以下哪一个不是 VMware 的网络连接模式（　　）。

A. 桥接模式　　B. NAT 模式　　C. 仅主机模式　　D. 本机模式

（4）以下哪一个选项不是在搭建集群前需要规划的选项（　　）。

A. 软件规划　　B. 主机规划　　C. 数据目录规划　　D. 服务规划

（5）在软件规划中哪一个不是需要的软件（　　）。

A. JDK　　B. Hadoop　　C. ZooKeeper　　D. SQL Server

2. 填空题

（1）大数据的本质是由如下 4 点组成的：________、高速性、_______ 以及价值性。

（2）大数据的应用主要分为 ________ 和 ________。

（3）大数据技术是 ____________________________。

（4）Windows hosts 文件是 ______________________________。

（5）SecureFX 是完成 Windows 与 Linux 之间 _________ 的工具。

3. 简答题

（1）简述大数据的特征并对其特征进行简单描述。

（2）简述大数据与大数据技术的区别。

项目二　分布式集群基础配置

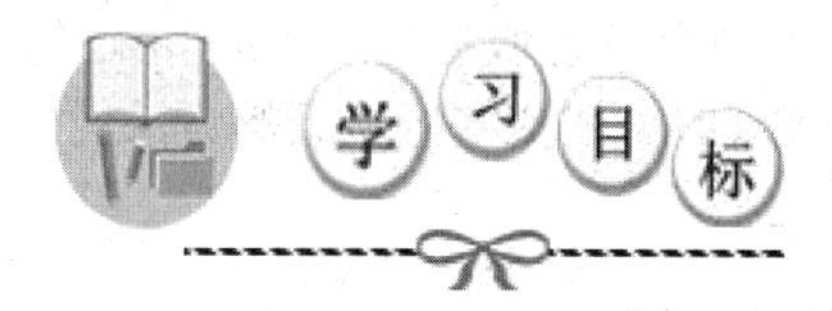

在项目一架构设计的基础上，本项目重点实现集群的基本配置。通过对基础配置的学习，了解 SSH 安全协议的存储机制以及 SSH 分层结构，了解软件安装流程，熟悉 OpenJDK 与 JDK 的差异，掌握 NTP 时钟同步的两种方式，在任务实现过程中：

- 掌握 Linux 网络基本配置；
- 掌握 NTP 时钟同步方法；
- 掌握防火墙的启动与关闭方法；
- 掌握软件安装和升级方法。

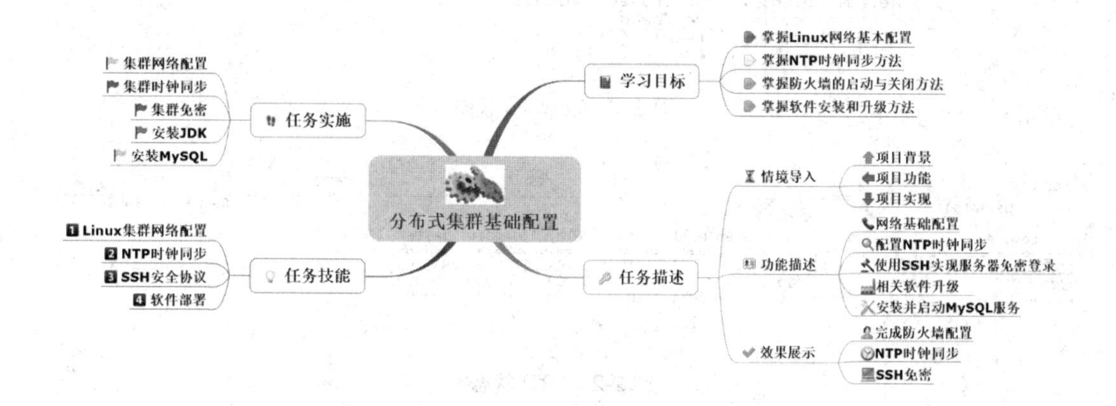

【情境导入】

工欲善其事，必先利其器。大数据集群搭建创建完成之后，部分组件无法满足集群运行的基本需求。因此，必须要对集群环境中不满足运行需求的组件与服务进行更新和配置。本项目主要通过对集群进行静态网络配置、NTP 时钟同步、服务器免密码登录等方法的介绍，最终实现运行所需环境的配置。

【功能描述】

- 网络基础配置。
- 配置 NTP 时钟同步。
- 使用 SSH 实现服务器免密登录。
- 相关软件升级。
- 安装并启动 MySQL 服务。

【效果展示】

通过对本次任务的学习，完成防火墙、NTP 时钟和 SSH 免密等配置并通过使用相关指令检查配置是否成功，最终效果如图 2-1 至图 2-3 所示。

```
master ×  masterback  slave1  slave2
[root@master ~]# systemctl status firewalld.service
● firewalld.service - firewalld - dynamic firewall daemon
   Loaded: loaded (/usr/lib/systemd/system/firewalld.servic
e; disabled; vendor preset: enabled)
   Active: inactive (dead)
     Docs: man:firewalld(1)
[root@master ~]#
```

图 2-1　firewalld 状态

```
master (7) ×
Every 2.0s: ntpq -p                                                    Tue Dec 12 12:15:14 2017

     remote           refid      st t when poll reach   delay   offset  jitter
==============================================================================
 202.120.2.101.d 193.228.143.14   3 u   77   64  272  128.793  2700.45 2985790
*LOCAL(0)        .LOCL.          10 l   22   64  377    0.000    0.000   0.000
 master          .STEP.          16 u    - 1024    0    0.000    0.000   0.000
```

图 2-2　NTP 状态

```
[root@master ~]# java -version
java version "1.8.0_144"
Java(TM) SE Runtime Environment (build 1.8.0_144-b01)
Java HotSpot(TM) 64-Bit Server VM (build 25.144-b01, mixe
d mode)
[root@master ~]#
```

图 2-3　查看 JDK 版本

技能点一　Linux 集群网络配置

1. Linux 网络配置简介

Linux 作为一个免费使用和传播的操作系统，被广泛应用到了服务器市场和嵌入式设备等领域并获得了巨大成功，同时 Linux 在网络上的应用也越来越多。事实上，Linux 自诞生以来，就被赋予了强大的网络功能和自我防护机制（防火墙）。CentOS7 安装过程中，网卡配置默认从 DHCP（动态主机配置协议）获得地址，在这种模式下如果网络中存在 DHCP 服务器，系统就会自动获取配置参数。

2. ifconfig 检查和配置网卡

ifconfig 是 Linux 中用于显示或根据需求自主配置相关参数的命令，如图 2-4 所示，网络配置说明见表 2-1。

```
[root@master ~]# ifconfig
ens33: flags=4163<UP,BROADCAST,RUNNING,MULTICAST>  mtu 1500
        inet 192.168.10.110  netmask 255.255.255.0  broadcast 192.168.1
0.255
        inet6 fe80::20c:29ff:fe31:792  prefixlen 64  scopeid 0x20<link>
        ether 00:0c:29:31:07:92  txqueuelen 1000  (Ethernet)
        RX packets 1124919  bytes 1121900353 (1.0 GiB)
        RX errors 0  dropped 0  overruns 0  frame 0
        TX packets 2718654  bytes 6655315262 (6.1 GiB)
        TX errors 0  dropped 0 overruns 0  carrier 0  collisions 0

lo: flags=73<UP,LOOPBACK,RUNNING>  mtu 65536
        inet 127.0.0.1  netmask 255.0.0.0
        inet6 ::1  prefixlen 128  scopeid 0x10<host>
        loop  txqueuelen 1  (Local Loopback)
        RX packets 420  bytes 65423 (63.8 KiB)
        RX errors 0  dropped 0  overruns 0  frame 0
        TX packets 420  bytes 65423 (63.8 KiB)
```

图 2-4　查看网络接口

表 2-1 网络配置说明

配置	说明
ens33	CentOS7 中默认网卡名
mtu	最大传输单元单位为字节
inet	IP 地址
netmask	子网掩码
broadcast	广播地址
lo	代表 localhost 本机

3. 将网络配置写入文件

大数据集群由多台机器组成，为了方便管理和操作，管理员会将 IP 和容易记忆的主机名进行映射，当某台机器的网络发生故障时，Linux 会自动寻找新的 IP 从而导致配置文件中的主机名映射不到 IP 地址发生错误，所以会将 BOOTPROTO=dhcp（动态 IP）改为 BOOTPROTO=static（静态 IP），这种方法属于动态配置。一般配置的信息保存在当前运行的内核中，网络一旦重启，信息将会丢失，为使配置信息在系统重启后仍能生效，可以对 /etc/sysconfig/network-scripts/ 目录下的 ifcfg-ens33（ens33 的配置文件名）进行修改，此处以 master 节点为例进行配置，如示例代码 CORE0201 所示。

示例代码 CORE0201 网络配置

```
[root@MiWiFi-R1CM-srv ~]#  vi /etc/sysconfig/network-scripts/ifcfg-ens33
# 将配置文件修改为如下内容
DEVICE=ens33
ONBOOT=yes
BOOTPROTO=static
IPADDR=192.168.10.110
NETMASK=255.255.255.0
GATEWAY=192.168.10.1
DNS1=114.114.114.114
```

属性详解见表 2-2。

表 2-2 网络接口配置

属性	说明
DEVICE	设备名称
BOOTPROTO	开机协议，有 none，static，dhcp，bootp
IPADDR	IP 地址
NETMASK	子网掩码

续表

属性	说明
GATWAY	网段，该网段的第一个 IP
ONBOOT	是否开机启动
DNS1	域名解析服务器

修改完成后，可将端口停用后重新启用或者重启网络服务使网卡配置生效，虽然两种方法达到的效果相同，但是第一种方法不能使用远程操作，因为端口在停用后远程连接自然会中断，所以之后的启动操作也无法进行。第二种方法虽然也经历了连接断开的情况，但是采用该方法会自动重启网络服务，一段时间后使用新 IP 重新连接即可。

重启网络服务，网络配置立即生效，如示例代码 CORE0202 所示。

示例代码 CORE0202 重启网络服务

```
[root@MiWiFi-R1CM-srv ~]# systemctl restart network.service
```

4. Linux 安全机制

Linux 安全机制由防火墙完成。防火墙是介于计算机和外部网络之间由访问规则、验证工具、过滤器和网关 4 个部分组成的硬件或软件，负责在内部网和外部网、专用网与公用网之间建立安全协议，计算机所有流出流入的网络信息和数据包都要经过防火墙，从而做到保护本机不受到非法侵入。Linux 防火墙中内置了 netfilter（数据包过滤机制），通过规则链来限制网络流量的访问。防火墙如图 2-5 所示。

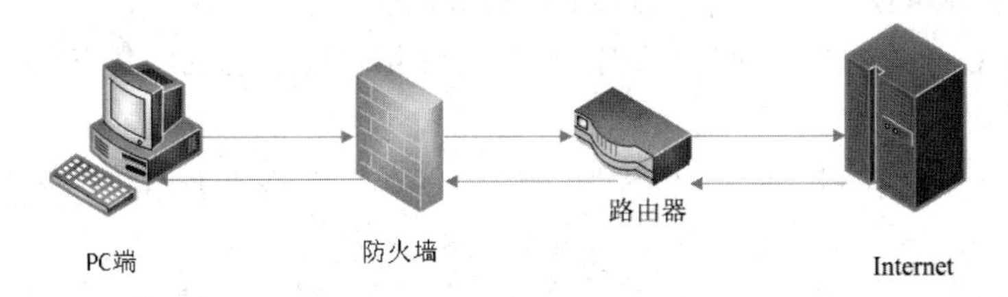

图 2-5 防火墙示意图

CentOS7 中可使用 firewalld 和 SELinux 控制网络访问规则。

➢ firewalld：firewalld 用于维护网络访问规则，其并未提供防火墙功能，而是使用了 netfilter（数据包过滤机制）实现数据包的过滤。

➢ SELinux：SELinux 是美国国家安全局对于强制访问控制的实现，是 Linux 上的子安全系统。

为避免在学习过程中因防火墙产生网络等问题，故关闭防火墙，步骤如下。

（1）关闭 firewalld 防火墙。

（2）关闭防火墙开机自启。

（3）修改 SELinux 配置文件，关闭 SELinux 服务。

流程如示例代码 CORE0203 所示。

步骤	示例代码 CORE0203 关闭防火墙
1	[root@master ~]# systemctl stop firewalld.service
2	[root@master ~]# systemctl disable firewalld.service

3	[root@master ~]# vi /etc/selinux/config
	# Selinux 策略
	SELINUX=disabled # 更改为 disabled 关闭状态

技能点二　NTP 时钟同步

1. NTP 简介

NTP（Network Time Protocol）是由 RFC 1305 定义的时间同步协议。NTP 基于 UDP 报文进行传输，可以提供高精度的时间校正且可通过加密确认的方式来防止恶意协议的攻击。NTP 可以利用多个途径的时间服务器，使时间校正更加精确。

2. NTP 基本工作原理

NTP 的基本工作原理如图 2-6 所示。Device A（设备 A）和 Device B（设备 B）通过网络相互连接，Device A 和 Device B 的时间不同，需要通过 NTP 实现时间的自动同步。同步流程如下。

➢ 在时钟同步之前分别设置 Device A 和 Device B 的系统时间，Device A 的时钟设定为 08：00：00a.m.，Device B 的时钟设定为 09：00：00a.m.。

➢ Device B 作为 NTP 时间服务器，即 Device A 将使自己的时钟与 Device B 的时钟同步。

➢ UDP（数据报协议）报文在 Device A 和 Device B 之间单向传输所需要的时间是 1 秒。

系统时钟同步过程如下。

（1）Device A 发送 NTP 报文到 Device B，该报文带有它离开 Device A 时的时间戳，该时间戳为 08：00：00a.m.（T1）。

（2）当此 NTP 报文到达 Device B 时，Device B 加上自己的时间戳，该时间戳为 09：00：01a.m.（T2）。

（3）当此 NTP 报文离开 Device B 时，Device B 再加上自己的时间戳，改时间戳为 09：00：02a.m.（T3）。

（4）当 Device A 接收到该响应报文时，Device A 的本地时间为 09：00：03a.m.（T4）。

➢ 至此，Device A 已经拥有足够的信息来计算两个重要的参数。

➢ NTP 报文的往返时间 Delay=（T4−T1）−（T3−T2）=2 秒。

➢ Device A 相对 Device B 的时间差 offset=((T2−T1)+(T3−T4))/2=1 小时，这样 Device A 就能够根据这些信息来设定自己的时钟，使之与 Device B 的时钟同步。

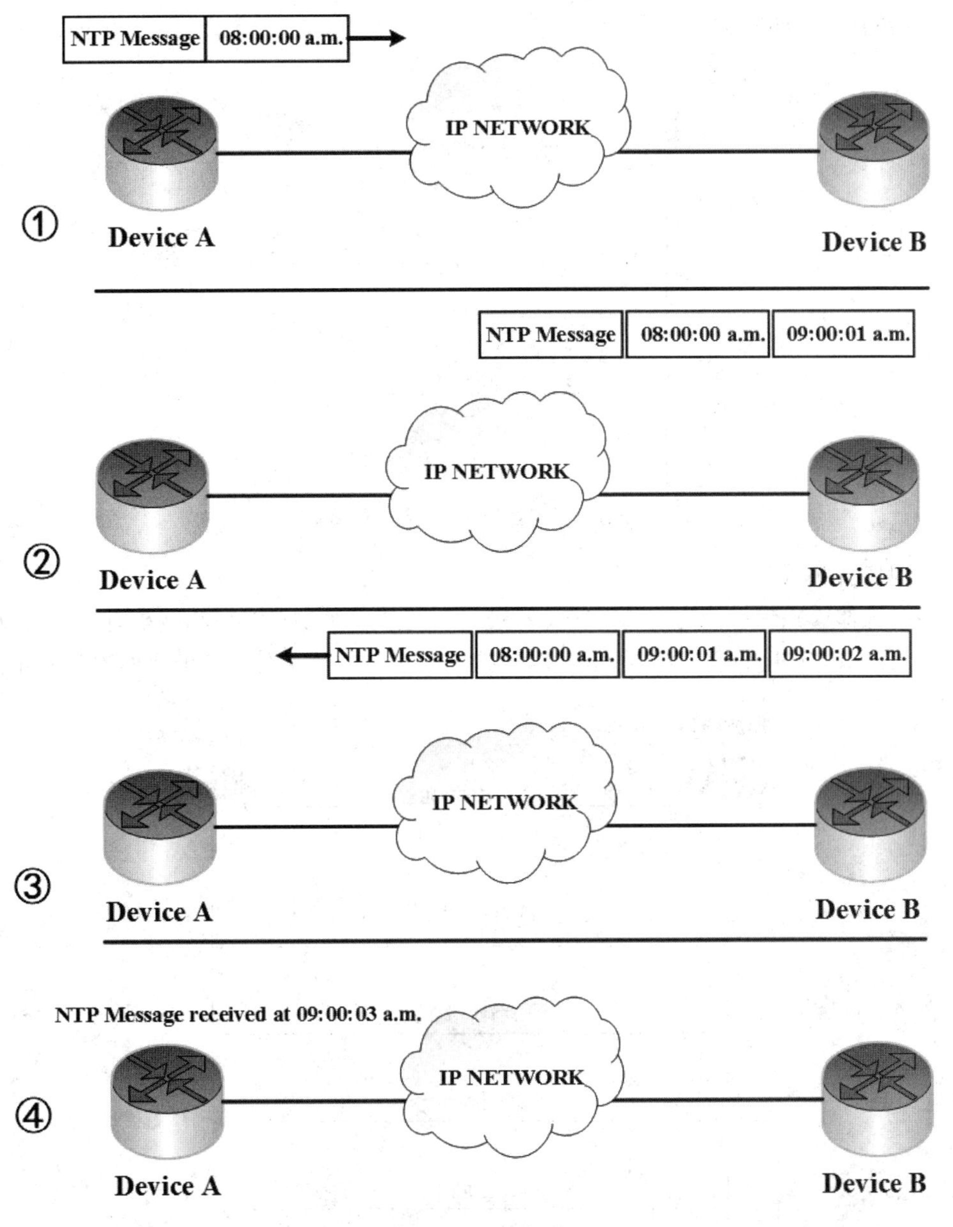

图 2-6　NTP 工作原理

3. NTP 工作模式

NTP 同步时钟服务拥有 3 种工作模式，分别为客户端 / 服务器模式、对等体模式和广播模式。用户可以根据实际需要选择合适的工作模式。在不能确定服务器或对等体 IP 地址的情况下网络中的设备可以通过广播模式实现时钟同步。服务器和对等体模式中，设备从指定的服务器或对等体获得时钟同步，增加了时钟的可靠性。

1）客户端 / 服务器模式

在客户端 / 服务器模式下，客户端能同步到服务器，而服务器无法同步到客户端。客户端 / 服务器模式。适用于一台时间服务器接收上层时间服务器的时间信息，并提供时间信息给下层的用户，如图 2-7 所示。

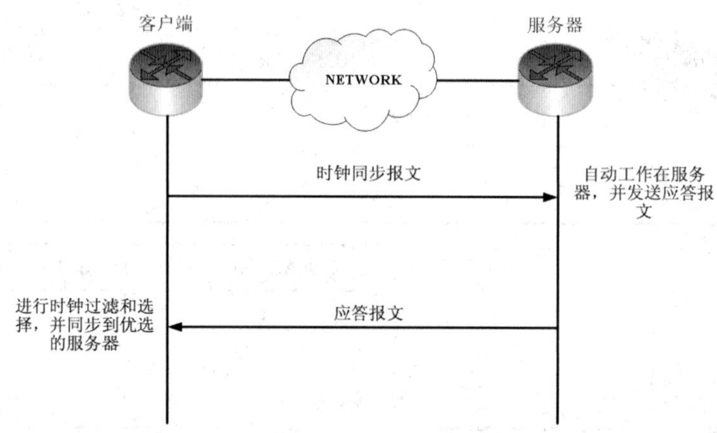

图 2-7 客户端 / 服务器模式

2）对等体模式

在对等体模式中可分为主动对等体和被动对等体。主动对等休和被动对等体可以互相同步。如果双方的时钟都已经同步，则以层数小的时钟为准。对等体模式如图 2-8 所示。

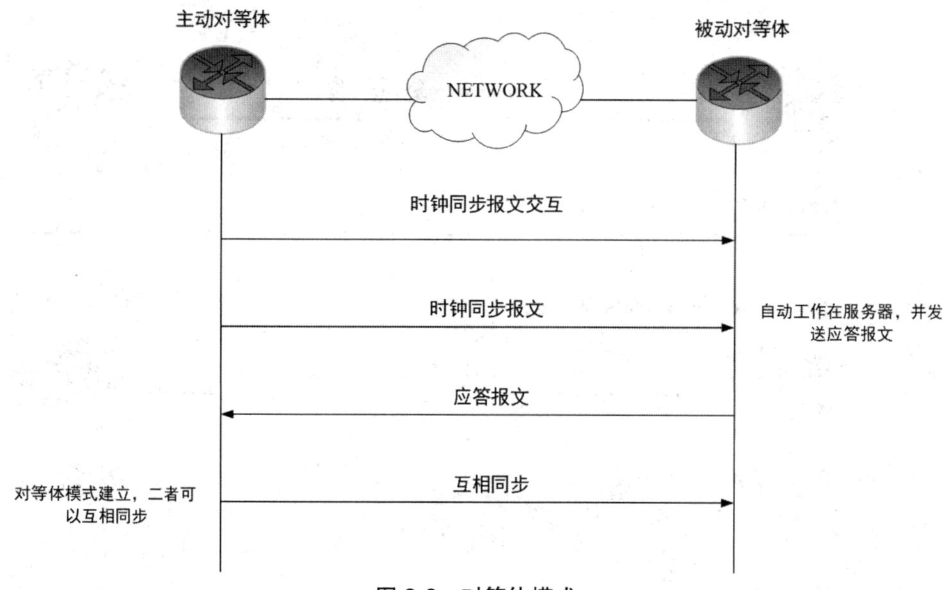

图 2-8 对等体模式

3）广播模式

在广播模式中，服务器端周期性地向广播地址 255.255.255.255 发送时钟同步报文。客户端侦听来自服务器的广播报文。广播模式如图 2-9 所示。

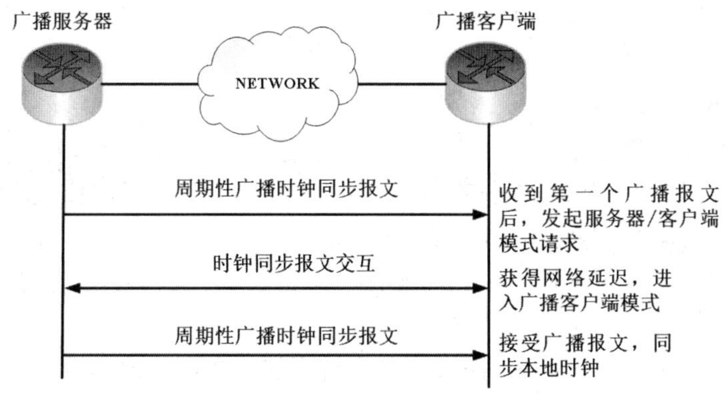

图 2-9　广播模式

4. NTP 时钟同步方式说明

同步时间之前需要在主节点设置当前正确时间，此节点作为 NTP 时钟服务器。将 Linux 时区设置为上海，如示例代码 CORE0204 所示。

示例代码 CORE0204 指定上海时间
[root@master ~]# ln -sf /usr/share/zoneinfo/Asia/Shanghai /etc/localtime

分节点通过同步主节点 NTP 服务器时间完成时钟同步。在 Linux 下有两种时钟同步方式，分别为直接同步和平滑同步。

1）直接同步

使用“ntpdate”命令进行同步，直接进行时间变更，可能会造成任务重复执行。在集群中拥有定时任务时不建议使用。该命令多用于集群配置初期的时钟同步或首次配置 NTP 服务时使用。

以 master 节点为例进行时间的直接同步，如示例代码 CORE0205 所示。

示例代码 CORE0205 直接同步
[root@master ~]# ntpdate -u cn.pool.ntp.org

结果如图 2-10 所示。

图 2-10　NTP 直接同步

2）平滑同步

NTPD 是时间同步服务器，还可以作为客户端与标准时间服务器进行时间同步，并非“ntpdate”立即同步进行时钟同步，可以保证一个时间不经历两次，它每次同步时间的偏移量不会太大，因此 NTPD 平滑同步消耗时间较长。

Hadoop 分布式环境中每个节点均需安装 NTP 服务，此步骤使用 master 节点配置为本地 NTP 服务器并详细介绍 NTP 服务的安装方法和过程。

安装并配置 NTP 服务，步骤如下。

（1）启动 ntpd 服务。

（2）设置开机自动启动。

（3）修改配置文件，设置指定外部时间服务器并设置允许服务器修改本地时间。

（4）找到 restrict 字段并在中间添加配置。

（5）找到“server（）.centos.pool.ntp.org iburst”并将相关内容注释，设置外部时钟服务器，选取一个中国服务器和两个亚洲服务器。

（6）找到 manycastclient 字段在下方添加允许上层服务器修改本地时间配置。

（7）当无法连接远程服务器时使用本地时间。

（8）设置服务器层级。

（9）查看 NTP 同步状态。

参考流程如示例代码 CORE0206 所示。

步骤	示例代码 CORE0206 安装并配置 NTP 服务
1	[root@master ~]# systemctl start ntpd
2	[root@master ~]# chkconfig ntpd on Note：Forwarding request to 'systemctl enable ntpd.service'. Created symlink from /etc/systemd/system/multi-user.target.wants/ntpd.service to /usr/lib/systemd/system/ntpd.service.
3	[root@master ~]# vi /etc/ntp.conf
4	restrict 192.168.10.0 mask 255.255.255.0 nomodify notrap
5	server 2.cn.pool.ntp.org server 1.asia.pool.ntp.org server 2.asia.pool.ntp.org
6	restrict 2.cn.pool.ntp.org nomodify notrap noquery restrict 1.asia.pool.ntp.org nomodify notrap noquery restrict 2.asia.pool.ntp.org nomodify notrap noquery
7	server 127.0.0.1 # local clock
8	fudge 127.0.0.1 stratum 10
9	[root@master ~]# watch ntpq -p Every 2.0s：ntpq -p Tue Apr 10 16：40：06 2018 remote refid st t when poll reach delay offset jitter == *85.199.214.101 .GPS. 1 u 57 64 1 334.369 2.793 8.657 +61-216-153-105. 118.163.81.62 3 u 57 64 1 50.419 10.129 0.517 -ns.buptnet.edu. 10.3.8.150 5 u 56 64 1 20.752 25.772 12.801 +120.25.115.20 10.137.53.7 2 u 32 64 3 40.100 4.318 0.586

NTP 服务状态属性详解见表 2-3。

表 2-3　服务状态属性

属性	详解
refid	它指的是给远程服务器提供时间同步的服务器
st	远程服务器的层级别（stratum）
t	本地 NTP 服务器与远程 NTP 服务器的通信方式
When	现在时间与上一次校正时间的差（s）
poll	本地 NTP 服务器与远程 NTP 服务器校正的时间间隔
reach	本地 NTP 服务器与远程 NTP 服务器的校正次数
delay	本地 NTP 服务器与远程 NTP 服务器的通信延迟
offset	本地 NTP 服务器与远程服务器的时间偏移
jitter	系统时间与 BIOS 硬件时间的差

更多国内常用 NTP 服务器地址及 IP 扫描下方二维码即可了解：

技能点三　SSH 安全协议

1. SSH 简介

SSH 为 Secure Shell 的缩写，由 IETF 网络小组（Network Working Group）制定。SSH 是建立在应用层基础上的安全协议，是系统管理工具之一。它利用强大的加密技术和主机密钥防止网络监听，SSH 允许使用基于口令的方式和基于密钥的方式进行主机认证。

（1）基于口令认证。只要知道自己的账号和口令，就可以登录到远程主机。所有传输的数据都会被加密，但是不能保证正在连接的服务器就是想连接的服务器。可能会有别的服务器在冒充真正的服务器，也就是受到“中间人”这种方式的攻击。

（2）基于密钥认证。为了避免企业信息的安全受到外来威胁或违法登录，通常需要依靠密钥对用户的访问进行验证，也就是必须为自己创建一对密钥，并把公用的密钥放到要访问的服务器上，客户端软件会向服务器发出请求，请求用密钥进行安全验证。服务器收到请求后，先在该服务器的主目录下寻找公用密钥，然后把它和发送过来的公用密钥进行比较。

若两个密钥一致，服务器就用公用密钥加密“质询”并把它发送给客户端软件，客户端软件收到质询之后，就可以用私人密钥进行解密后再把它发送给服务器。

2. SSH 密钥存储机制

被 SSH 登录主机的 /root/.ssh/ 目录中存储登录主机的密钥文件（authorized_keys），如图 2-11 所示。（注：root 为当前用户目录名。如果这台主机没有被设置任何免密钥登录，这个文件是不存在的）

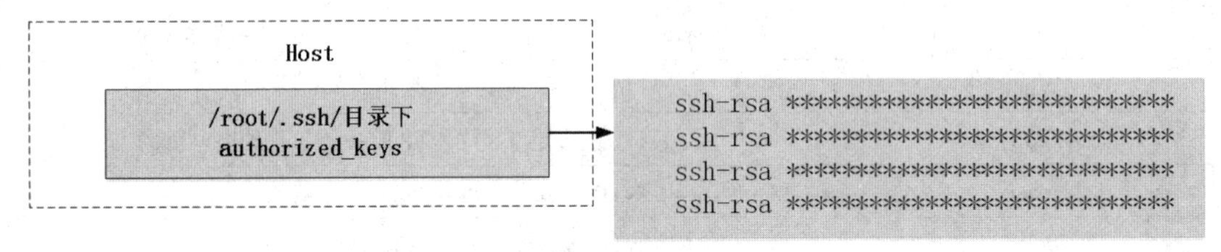

图 2-11 密钥文件结构图

- 每个 ssh-rsa 及其之后的字符串组成了唯一的仅代表一个主机的密钥。
- 密钥无法被仿造。

3. SSH 远程访问

在 CentOS7 安装完成之后，默认启动 SSH 服务，可以通过命令查看 SSH 服务是否启动，并实现默认用户与指定用户之间的远程访问功能。步骤如下。

（1）查看 SSH 服务是否启动。

（2）使用当前用户直接与主机相连。

（3）使用账户登录到对方主机 master 账户。

参考流程如示例代码 CORE0207 所示。

步骤	示例代码 CORE0207 实现指定用户远程访问
1	[root@master ~]# systemctl status sshd.service ● sshd.service - OpenSSH server daemon Loaded: loaded (/usr/lib/systemd/system/sshd.service; enabled; vendor preset: enabled) Active: active (running) since Sat 2018-03-17 22:11:05 CST; 3 weeks 2 days ago Docs: man:sshd(8) man:sshd_config(5) Main PID: 970 (sshd) CGroup: /system.slice/sshd.service └─970 /usr/sbin/sshd -D
2	[root@master ~]# ssh 192.168.10.110 Last login: Tue Apr 10 16:38:04 2018 from 192.168.10.148
3	[root@master ~]# ssh master@192.168.10.110 master@192.168.10.110's password: Last login: Sun Mar 18 05:57:41 2018

4. SSH Key 的生成和使用

在 master 节点任意目录下，使用 ssh-keygen -t rsa 命令生成公私钥对 id_rsa（私钥）和 id_rsa.pub（公钥），过程中断点按回车键继续执行。如示例代码 CORE0208 所示。

示例代码 CORE0208 生成密钥

```
[root@master ~]# ssh-keygen -t rsa
```

➢ rsa：公钥加密算法。

➢ ssh-keygen：生成、管理和转换认证密钥。

➢ -t 指定密钥类型，如果没有指定，则默认生成用于 SSH2 的 RSA 密钥 id_rsa，id_rsa.pub。

将密钥拷贝到指定主机，如示例代码 CORE0209 所示。

示例代码 CORE0209 将密钥拷贝到指定主机

```
[root@master ~]# ssh-copy-id name@hostname
```

➢ ssh-copy-id：可以将本地的 SSH 公钥文件复制到远程主机对应的账户下。

➢ name：目标主机用户名。

➢ hostname：目标主机名。

5. SSH 拓展

SSH 分层结构如图 2-12 所示。

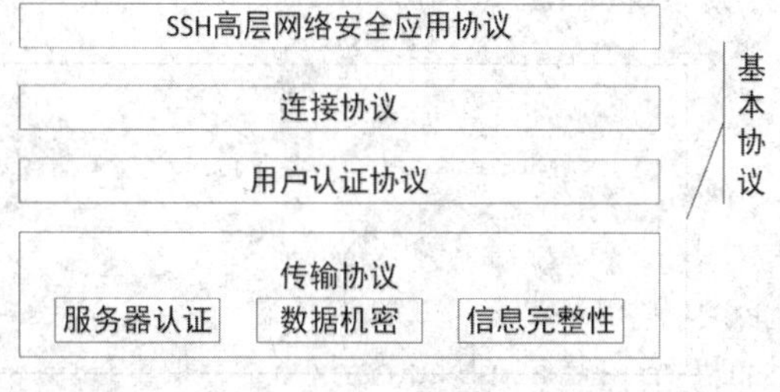

图 2-12 SSH 协议分层

1）传输协议（SSH-TRANS）

传输协议提供了压缩功能并且提供了服务器认证，具有保密性及完整性。传输协议通常运行在 TCP/IP 连接上，也可以用于其他可靠数据流上。传输协议提供了强力的加密技术、密码主机认证及完整性保护。该协议中的认证基于主机，并且该协议不执行用户认证。更高层的用户认证协议可以设计在此协议之上。

2）用户认证协议（SSH-USERAUTH）

用户认证协议用于向服务器提供客户端用户鉴别功能。它运行在传输协议上层。当用户认证协议开始后，它从传输协议那里接收会话标识符。会话标识符唯一标识此会话并且适用于标记以证明私钥的所有权。用户认证协议也需要知道低层协议是否提供保密性服务。

3）连接协议（SSH-CONNECT）

连接协议是将多个加密通道分成逻辑通道。它运行在用户认证协议上，提供了交互式登录、远程命令执行并转发 TCP/IP 连接。

6. SSH 免密方式

SSH 免密方式是建立在传输层和应用层基础上的安全协议。SSH 专为远程登录会话和其他网络服务提供可靠的安全性协议。SSH 协议可以有效防止远程管理过程中的信息泄露问题。SSH 免密流程如下。

（1）生成密钥文件，按回车键继续。

（2）进入公钥文件存储目录。

（3）将生成的公钥密钥文件复制为 authorized_keys。

（4）将 authorized_keys 文件分发到其他节点。

（5）master 节点向 masterback 节点发送连接请求。

参考流程如示例代码 CORE0210 所示。

步骤	示例代码 CORE0210 SSH 免密流程
1	[root@master ~]# ssh-keygen -t rsa +---[RSA 2048]----+ |oo+.++o.. | |+*.=.=.o . | |Oo..+o+ o | |.oo +o + | | . o .+.S | |.E. ..o. + | |... .oo. | |o . o .=. | |. . .+=o | +----[SHA256]-----+
2	[root@master ~]# cd /root/.ssh
3	[root@master .ssh]# cp id_rsa.pub authorized_keys
4	[root@master .ssh]# ssh-copy-id -i master Are you sure you want to continue connecting（yes/no）？ yes /usr/bin/ssh-copy-id：INFO：attempting to log in with the new key（s），to filter out any that are already installed /usr/bin/ssh-copy-id：WARNING：All keys were skipped because they already exist on the remote system.（if you think this is a mistake，you may want to use -f option）
5	[root@master .ssh]# ssh-copy-id -i masterback Are you sure you want to continue connecting（yes/no）？ yes root@masterback's password：123456 Number of key（s）added：1 Now try logging into the machine，with： "ssh 'masterback'"

```
and check to make sure that only the key(s) you wanted were added.
```

技能点四　软件部署

在 Linux 操作系统下，需要安装各种软件包来实现某些功能。这些软件包拥有错综复杂的依赖关系，同时版本众多且安装、配置、卸载都存在自动化问题。为了解决此问题，RedHat 提出了采用 RPM 管理系统实现标准软件包的离线安装、升级、卸载。当 Linux 能够连接网络时，还可以使用 yum 工具在线安装各种软件、补丁等，并且会自动下载安装依赖包。命令格式如下。

```
rpm [options] [packages]
```

- option：参数。
- packages：安装包名称。

使用 RPM 包管理的方式通过 rpm 命令。该命令的常见参数见表 2-4。

表 2-4　安装参数

参数	说明
-i，--install	安装软件
-v，--verbost	打印详细信息
-h，--bash	使用“#”打印安装进度（需要和 -v 同时使用）
-e，--erase	删除软件
-U，upgrade=<packagefile>+	升级软件
--replackpkge	如果软件已经安装，则强行安装
--test	安装测试，并不实际安装
--nodeps	忽略软件包的依赖关系强行操作
--force	忽略软件包及文件的冲突

1. RPM 安装软件

RPM 常见参数的使用方法如下，其中查询参数前需要使用 -q 或 -query，此操作以 master 节点下安装 JDK 为例。步骤如下。

（1）将 JDK 上传至 /usr/local 目录下（JDK 安装包在资料包 \08 课件工具 \02 分布式集群基础配置目录下）。

（2）进入 /usr/local 目录。

（3）解压 JDK 安装包。

（4）修改环境变量文件。
（5）重新读取环境变量文件。
（6）查看 JDK 版本。
（7）结果说明。
参考流程如示例代码 CORE0212 所示。

步骤	示例代码 CORE0212 安装 JDK
2	[root@master ~]# cd /usr/local

3	[root@master local]# rpm -ivh jdk-8u144-linux-x64.rpm
	Preparing... #################################### [100%]
	Updating / installing...
	    1：jdk1.8.0_144-2000：1.8.0_144-fcs ####################################
	[100%]
	Unpacking JAR files...
	    tools.jar...
	    plugin.jar...
	    javaws.jar...
	    deploy.jar...
	    rt.jar...
	    jsse.jar...
	    charsets.jar...
	    localedata.jar...

4	[root@master local]# vi ~/.bashrc export JAVA_HOME=/usr/java/default export PATH=$PATH：$JAVA_HOME/bin
5	[root@master local]# source ~/.bashrc
6	[root@master local]# java –version
7	java version "1.8.0_144" #JDK 版本 Java（TM）SE Runtime Environment（build 1.8.0_144-b01） Java HotSpot（TM）64-Bit Server VM（build 25.144-b01，mixed mode）

更多 RPM 操作通过扫描下方二维码即可了解。

2. RPM 软件卸载

在基础环境中进行软件安装时，会因基础环境中软件版本与将要安装的软件版本不兼容导致无法正常使用，需要对基础安装的软件进行卸载操作，在 Linux 系统中软件的删除主要通过 RPM 来完成，此处以在 master 节点下卸载内置 OpenJDK 为例介绍 RPM 的卸载操作，RPM 卸载软件流程如下。

（1）查看系统中安装的所有 JDK。

（2）卸载不同版本的 OpenJDK。

（3）验证卸载是否成功，提示“bash：java：command not found...”表示卸载成功。

参考流程如示例代码 CORE0211 所示。

步骤	示例代码 CORE0211RPM 卸载软件流程
1	[root@master ~]# rpm -qa | grep java python-javapackages-3.4.1-11.el7.noarch java-1.7.0-openjdk-headless-1.7.0.141-2.6.10.5.el7.x86_64 javapackages-tools-3.4.1-11.el7.noarch java-1.8.0-openjdk-headless-1.8.0.131-11.b12.el7.x86_64 tzdata-java-2017b-1.el7.noarch java-1.8.0-openjdk-1.8.0.131-11.b12.el7.x86_64 java-1.7.0-openjdk-1.7.0.141-2.6.10.5.el7.x86_64
2	[root@master ~]# rpm -e --nodeps java-1.7.0-openjdk-headless-1.7.0.141-2.6.10.5.el7.x86_64 [root@master ~]# rpm -e --nodeps java-1.8.0-openjdk-headless-1.8.0.131-11.b12.el7.x86_64 [root@master ~]# rpm -e --nodeps java-1.8.0-openjdk-1.8.0.131-11.b12.el7.x86_64 [root@master ~]# rpm -e --nodeps java-1.7.0-openjdk-1.7.0.141-2.6.10.5.el7.x86_64
3	[root@master ~]# java –versionjava –version bash：java：command not found...

3. yum 安装软件

yum（Yellow dog Updater，Modified）是基于 RPM 的 Shell 前端包管理器，能够从指定服务器上自动下载安装或更新软件、删除软件。能够自动解决依赖关系是 yum 安装的最大优点，CentOS5 以上会默认安装 yum 工具，可以直接使用。

使用 yum 命令安装软件时需要保证主机能够连接网络，命令格式如下。

```
yum [options] [command] [package]
```

其中 options 为可选参数，包括确认参数 -y，帮助参数 -h，后台安装参数 -q 等。command 参数表示需要进行的操作，package 参数代表要操作的包或者软件组。

以操作 postgresql.x86_64 为例详细介绍 yum 命令的安装、升级和移除等操作。此 postgresql.x86_64 在本书中只作为 yum 的安装教程使用。流程如下。

（1）安装 postgresql.x86_64。

（2）升级系统中的旧版本安装包；

参考流程如示例代码 CORE0213 所示。

<table>
<tr><th>步骤</th><th>示例代码 CORE0213 yum 的安装教程使用</th></tr>
<tr><td>1</td><td>[root@master ~] yum install postgresql.x86_64
Is this ok [y/d/N]：y
Downloading packages：
（1/2）：postgresql-9.2.23-3.el7_4.x | 3.0 MB 00：01
（2/2）：postgresql-libs-9.2.23-3.el | 234 kB 00：01

Total 2.0 MB/s | 3.3 MB 00：01
Running transaction check
Running transaction test
Transaction test succeeded
Running transaction
Installing：postgresql-libs-9.2.23-3.el7_4.x86 1/4
Installing：postgresql-9.2.23-3.el7_4.x86_64 2/4
Updating：yum-3.4.3-154.el7.centos.1.noarch 3/4
Cleanup：yum-3.4.3-154.el7.centos.noarch 4/4
Verifying：postgresql-9.2.23-3.el7_4.x86_64 1/4
Verifying：yum-3.4.3-154.el7.centos.1.noarch 2/4
Verifying：postgresql-libs-9.2.23-3.el7_4.x86 3/4
Verifying：yum-3.4.3-154.el7.centos.noarch 4/4
Installed：
postgresql.x86_64 0：9.2.23-3.el7_4
Dependency Installed：
postgresql-libs.x86_64 0：9.2.23-3.el7_4
Updated：
yum.noarch 0：3.4.3-154.el7.centos.1
Complete！</td></tr>
<tr><td>2</td><td>[root@master ~] yum update
rade 258 Packages
Total download size：550 M
Is this ok [y/d/N]：y</td></tr>
</table>

4. yum 卸载软件

在使用 yum 安装完成某软件时，可能会因为用户需求的改变而不再使用该软件，为不过多占用系统内存需要对其进行卸载操作。使用 yum 对软件进行卸载不仅能卸载软件本身还能卸载该软件的依赖包。yum 卸载命令格式如下。

```
yum remove package
```

以卸载 postgresql.x86_64 为例详细介绍 yum 命令的卸载操作，如示例代码 CORE0214 所示。

示例代码 CORE0214 yum 卸载程序

```
[root@master ~] yum remove postgresql.x86_64
Is this ok [y/N]：y
Running transaction check
Running transaction test
Transaction test succeeded
Running transaction
  Installing : postgresql-libs-9.2.23-3.el7_4.x86_    1/2
  Installing : postgresql-9.2.23-3.el7_4.x86_64         2/2
  Verifying : postgresql-9.2.23-3.el7_4.x86_64          1/2
  Verifying : postgresql-libs-9.2.23-3.el7_4.x86_     2/2
Installed:
  postgresql.x86_64 0:9.2.23-3.el7_4
Dependency Installed:
  postgresql-libs.x86_64 0:9.2.23-3.el7_4
Complete!
```

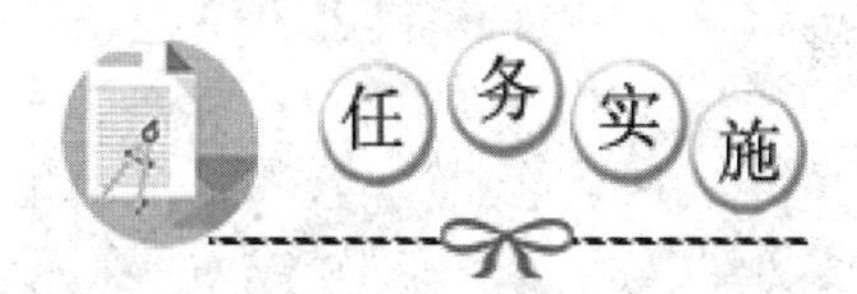

本次任务通过以下步骤完成 JDK、NTP 时钟同步、IP 地址映射和 MySQL 数据库的安装，最终实现大数据集群的基础配置。

第一部分：基础网络配置。

第一步：分别在 master、masterback、slave1 和 slave2 对 Linux 网络进行配置，此步骤以 master 节点为例，masterback、slave1 与 slave2 均需进行相同操作，如示例代码 CORE0215 所示。

示例代码 CORE0215 Linux 网络配置

```
使用 SecureCRT 模拟终端进行操作
[root@localhost ~]#  vi /etc/hostname
# 修改内容如下：
master.localdomain
[root@ localhost ~]#  vi /etc/sysconfig/network-scripts/ifcfg-ens33
# 修改并新增如下内容：
DEVICE=ens33
TYPE=Ethernet
ONBOOT=yes
BOOTPROTO=static
IPADDR=192.168.10.110       # 网卡 IP，节点间不能重复
NETMASK=255.255.255.0
GATEWAY=192.168.10.1
DNS1=114.114.114.114
[root@ localhost ~]# reboot # 重启 Linux 让配置文件生效，4 个节点均需执行此操作
# 关闭防火墙
[root@master ~]# systemctl stop firewalld.service
# 关闭防火墙的开机启动
[root@master ~]# systemctl disable firewalld.service
# 关闭 seLinux 子安全系统 seLinux
[root@master ~]# vi /etc/selinux/config
# 将 SELINUX 改为 disabled 关闭状态
[root@master ~]# vi /etc/hosts  # 修改网络映射
修改内容如下
192.168.10.110   master
192.168.10.111   masterback
192.168.10.112   slave1
192.168.10.113   slave2
```

第二步：分别在 4 个节点查看 IP 是否设置成功，如示例代码 CORE0216 所示。

示例代码 CORE0216 查看 IP

```
[root@master ~]# ifconfig
```

执行结果如图 2-13 所示。

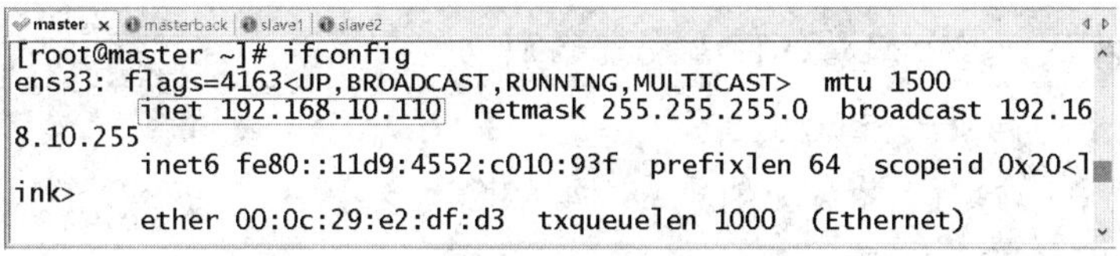

```
[root@master ~]# ifconfig
ens33: flags=4163<UP,BROADCAST,RUNNING,MULTICAST>  mtu 1500
        inet 192.168.10.110  netmask 255.255.255.0  broadcast 192.16
8.10.255
        inet6 fe80::11d9:4552:c010:93f  prefixlen 64  scopeid 0x20<l
ink>
        ether 00:0c:29:e2:df:d3  txqueuelen 1000  (Ethernet)
```

图 2-13　查看 IP

第三步：分别在 4 个节点下查看防火墙是否关闭成功，如示例代码 CORE0217 所示。

示例代码 CORE0217 查看防火墙

```
[root@master ~]# systemctl status firewalld.service
```

执行结果如图 2-14 所示。

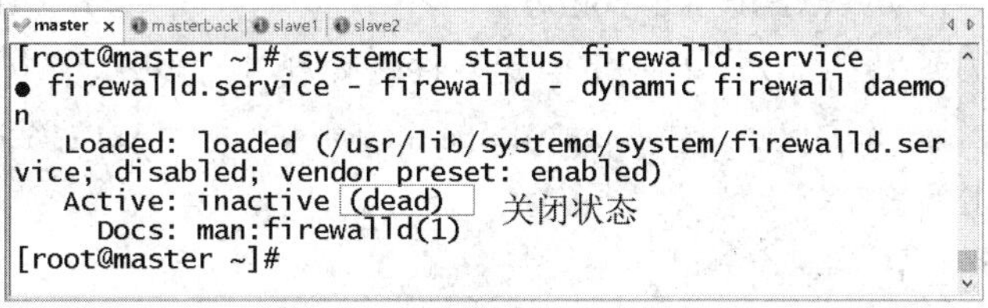

```
[root@master ~]# systemctl status firewalld.service
● firewalld.service - firewalld - dynamic firewall daemo
n
   Loaded: loaded (/usr/lib/systemd/system/firewalld.ser
vice; disabled; vendor preset: enabled)
   Active: inactive (dead)    关闭状态
     Docs: man:firewalld(1)
[root@master ~]#
```

图 2-14　查看防火墙状态

第二部分：NTP 时钟同步服务配置

第一步：在 masterback、slave1、slave2 配置分支节点 NTP 客户端服务，此步骤以 masterback 为例，slave1 与 slave2 均需进行同样操作，时区设置、时间直接同步和服务的安装下载请参考技能点三，NTP 客户端配置如示例代码 CORE0218 所示。

示例代码 CORE0218 配置分支节点 NTP 客户端

```
[root@masterback~]# vi /etc/ntp.conf
# 找到 server 0.centos.pool.ntp.org iburst 并把相关内容注释，添加如下内容
server 192.168.10.110      # ip 为时间服务器地址
restrict 192.168.10.110 nomodify notrap noquery  # 允许 192.168.10.110 服务器修改时间
server 127.0.0.1
fudge 127.0.0.1 stratum 10
# 修改完成后保存退出
[root@masterback~]# service ntpd start  # 启动 NTP 服务
[root@masterback~]# chkconfig ntpd on  # 设置 NTP 为开机启动
```

第二步：分别在 4 个节点下查看 NTP 服务是否启动，如示例代码 CORE0219 所示。

示例代码 CORE0219 查看 NTP 服务是否启动

```
[root@master ~]# service ntpd status
#ntpd 服务状态查看结果如下所示为启动状态
Starting ntpd:
```

第三部分：免密配置

第一步：实现 master 与 slave1 和 slave2 节点的单向免密。如示例代码 CORE0220 所示。

示例代码 CORE0220 单向免密

```
# 开启 slave1 与 slave2 的 RSA 认证和公钥认证并制定公钥文件路径
[root@master ~]# vi /etc/ssh/sshd_config
# 开启 RSA 认证和公钥认证并制定公钥文件路径，此操作 4 个节点均需执行
# 将 RSAAuthentication yes、PubkeyAuthentication yes 和 #AuthorizedkeysFile .ssh/authorized_keys 前的“#”删除
[root@master .ssh]# ssh-copy-id -i slave1
[root@master .ssh]# ssh-copy-id -i slave2
```

第二步：在 master 节点下登录到 slave1 和 slave2 节点，过程中若无须输入密码则免密成功，如示例代码 CORE0221 所示。

示例代码 CORE0221 登录其他节点

```
[root@master ~]# ssh slave1
```

执行结果如图 2-15 所示。

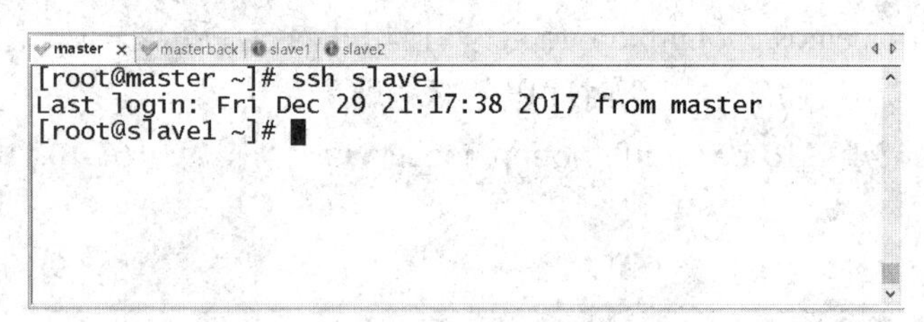

图 2-15 SSH 登录 slave1

第四部分：JDK 安装配置

第一步：卸载除 master 节点以外其他节点的 OpenJDK，卸载完成后在 masterback、slave1 和 slave2 节点上分别执行技能点四中 RPM 安装软件部分的代码安装 JDK。如示例代码 CORE0222 所示。

示例代码 CORE0222 JDK 安装

```
[root@masterback local]# rpm -qa | grep java  # 查询系统默认 JDK
# 卸载 CentOS7 中默认安装的 OpenJDk
[root@masterback ~]# rpm -e --nodeps java-1.7.0-openjdk-headless-1.7.0.141-2.6.10.5.el7.x86_64
[root@masterback ~]# rpm -e --nodeps java-1.8.0-openjdk-headless-1.8.0.131-11.b12.el7.x86_64
[root@masterback ~]# rpm -e --nodeps java-1.8.0-openjdk-1.8.0.131-11.b12.el7.x86_64
[root@masterback ~]# rpm -e --nodeps java-1.7.0-openjdk-1.7.0.141-2.6.10.5.el7.x86_64
```

第二步：分别在 masterback、slave1 和 slave2 这 3 个节点验证 JDK 是否安装成功，如示例代码 CORE0223 所示。

示例代码 CORE0223 验证 JDK

```
[root@master ~] # java –version
# 执行结果显示下
java version "1.8.0_144"
Java（TM）SE Runtime Environment（build 1.8.0_144-b01）
Java HotSpot（TM）64-Bit Server VM（build 25.144-b01，mixed mode）
```

第五部分：安装 MySQL

第一步：安装 MySQL，MySQL 安装成功后不能为无密码状态，所以系统默认会设置随机密码，查看 MySQL 默认密码，如示例代码 CORE0224 所示。

示例代码 CORE0224 安装 MySQL

```
[root@master ~]# wget -i -c http://dev.mysql.com/get/mysql57-community-release-el7-10.noarch.rpm   # 下载 Yum Repository
[root@master ~]# yum -y install mysql57-community-release-el7-10.noarch.rpm  # 安装 MySQL 服务器
[root@master ~]# yum -y install mysql-community-server
[root@master ~]# systemctl start  mysqld.service
[root@master ~]# cat /var/log/mysqld.log | grep 'password'
```

执行结果如图 2-16 所示。

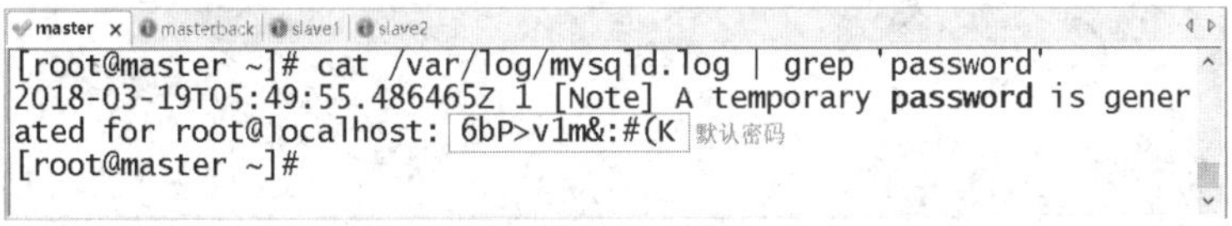

```
[root@master ~]# cat /var/log/mysqld.log | grep 'password'
2018-03-19T05:49:55.486465Z 1 [Note] A temporary password is gener
ated for root@localhost: 6bP>v1m&:#(K  默认密码
[root@master ~]#
```

图 2-16　查看 MySQL 默认密码

第二步：使用默认密码登录，登录成功后修改默认密码，否则不能对数据库进行操作，MySql5.7 中加入了密码强度验证，默认状态下密码至少由 8 位数字、小写字母、大写字母和特殊符号组成，可以对密码安全级别进行调整，并设置简单密码，如示例代码 CORE0225 所示。

示例代码 CORE0225 登录 MySQL

```
[root@master ~]# mysql -uroot –p6bp>v1m&:#(K        # 使用默认密码登录 mysql
# 密码共有 3 个级别：0，只检查长度；1，检查长度、数字、大小写；2，检查长度、数字、大小写、特殊字符字典文件
mysql> set global validate_password_policy=0;
mysql> set global validate_password_length=4;          # 设置密码最小长度
mysql> set password='123456';                          # 将密码设置为 123456
```

执行结果如图 2-17 所示。

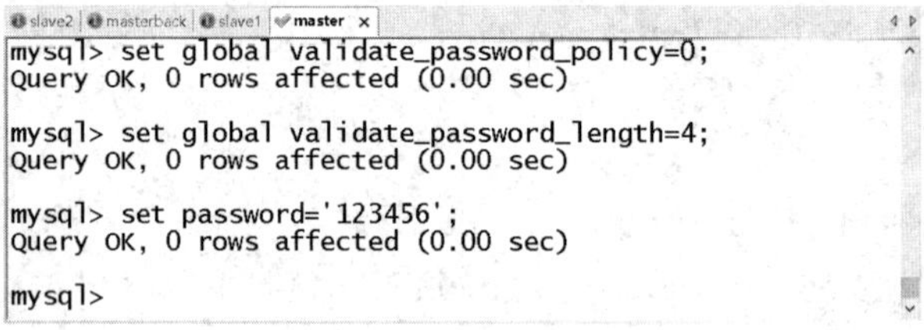

```
mysql> set global validate_password_policy=0;
Query OK, 0 rows affected (0.00 sec)

mysql> set global validate_password_length=4;
Query OK, 0 rows affected (0.00 sec)

mysql> set password='123456';
Query OK, 0 rows affected (0.00 sec)

mysql>
```

图 2-17　更改 MySQL 密码

第三步：将 MySQL 配置为可远程连接，可使用 MySQL 工具远程连接数据库，使用可视化查看数据库，如示例代码 CORE0226 所示。

示例代码 CORE0226 设置 MySQL

```
mysql> grant all privileges on *.* to 'root'@'%'identified by '123456' with grant option;
```

执行结果如图 2-18 所示。

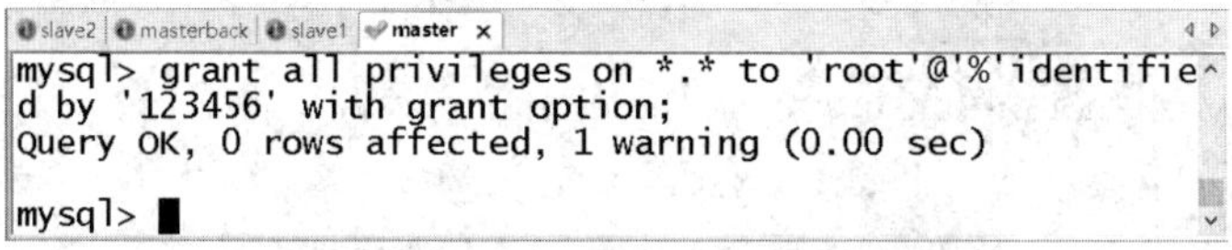

```
mysql> grant all privileges on *.* to 'root'@'%'identifie
d by '123456' with grant option;
Query OK, 0 rows affected, 1 warning (0.00 sec)

mysql>
```

图 2-18　设置 MySQL 允许远程连接

至此大数据集群的基础配置已经完成，基础配置最终结果如图 2-1 至图 2-3 所示。

本项目主要介绍了基础环境搭建的流程。学习本项目需要重点掌握免密配置的详细操作，通过 NTP 服务的学习深入了解同步时钟原理，通过 JDK 的卸载与安装，掌握 RPM 的使用方法，最终完成 Linux 的基础环境配置。

hostname	主机名	time	时间
device	装置	protocol	协议
netfilter	网络过滤器	group	组
broadcast	广播地址	authorized	合法的
server	服务器	keys	密钥
restrict	限制	version	版本
network	网络	pack	包
yellow	黄色	command	命令
update	更新		

1. 选择题

（1）以下哪个不是 NTP 的工作模式（　　）。

A. 客户端 / 服务器模式　　B. 广播模式

C. 对等体模式　　D. 主备模式

（2）RPM 支持的功能不包括（　　）。

A. install　　B. verbost　　C. write　　D. test

（3）在 CentOS7 中 IP 地址是通过（　　）表示的。

A. IPADDR　　B. DEVICE　　C. BOOTPROTO　　D. NETMASK

（4）防火墙是介于计算机和外部网络之间由访问规则、验证工具、过滤器和（　　）4 个部分组成的硬件或软件。

A. 网段　B. IP 地址　C. 网关　D. 子网掩码

（5）以下哪个选项，不属于 SSH 分层结构中的基础协议（　　）。

A. 传输协议　B. 安全协议　C. 用户认证协议　D. 连接协议

2. 填空题

（1）CentOS7 安装过程中，网卡配置默认从 ________ 获得地址。

（2）CentOS7 中，检查和配置网卡的命令是 ________。

（3）SSH 的认证方式有 ________ 和基于密钥认证。

（4）在 CentOS7 中软件安装的工具是 ______。

（5）在 Linux 下有两种时钟同步方式，分别为直接同步和 ________。

3. 简答题

（1）写出系统时钟同步过程并计算 NTP 报文的往返时延。

（2）简述 SSH 协议的概念以及它的作用。

项目三　ZooKeeper 分布式协调系统

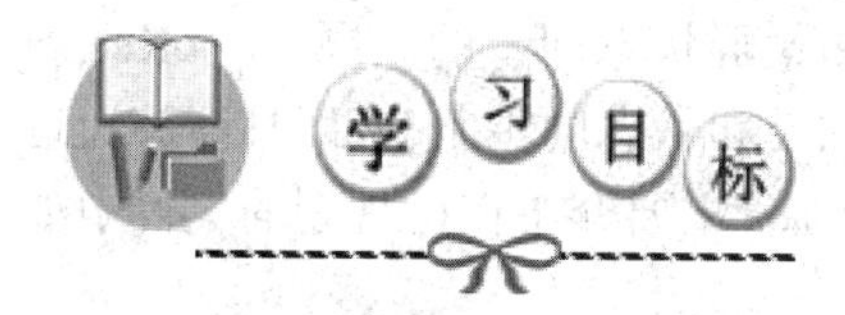

通过完成 ZooKeeper 的搭建和配置，了解 ZooKeeper 的功能、特性和数据模型，熟悉 ZooKeeper 的应用场景，掌握 ZooKeeper 的解决方案和常用指令，了解 ZooKeeper 的文件目录结构，在任务实施过程中：

- 了解 ZooKeeper 的下载与安装；
- 熟悉 ZooKeeper 的启用与验证；
- 掌握 ZooKeeper 配置文件修改。

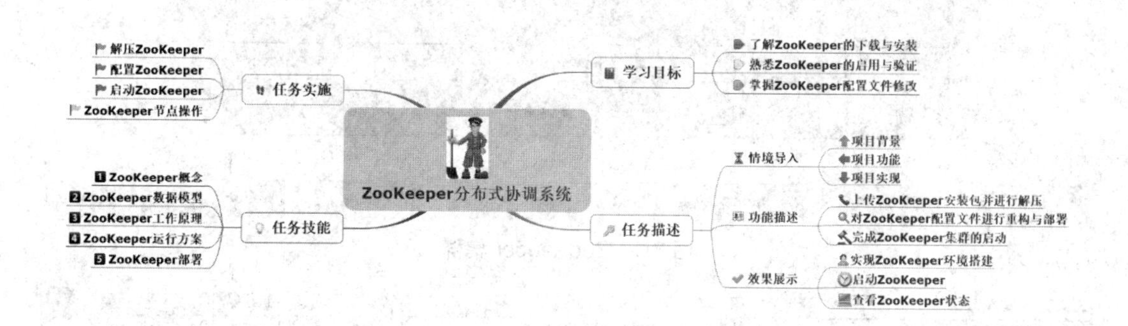

【情境导入】

在分布式集群运行过程中，数据的不一致和集群状态的不同步是最为致命的问题。ZooKeeper 分布式服务框架的出现解决了数据一致性和集群状态同步的问题。ZooKeeper 分布式的服务框架不仅可以为分布式集群提供数据一致性和状态同步服务，而且能够通过监控数据状态的变化达到基于数据的集群管理效果，本项目主要介绍在已规划的集群中如何正确地搭建 ZooKeeper 环境。

【功能描述】

- 上传 ZooKeeper 安装包并进行解压。
- 对 ZooKeeper 配置文件进行重构与部署。
- 完成 ZooKeeper 集群的启动。

【效果展示】

通过对本次任务的学习，实现 ZooKeeper 环境在主节点配置，然后部署到其他节点并启动，最后通过查看各节点 ZooKeeper 运行状态与系统进程信息完成 ZooKeeper 集群环境搭建，最终效果如图 3-1 和图 3-2 所示。

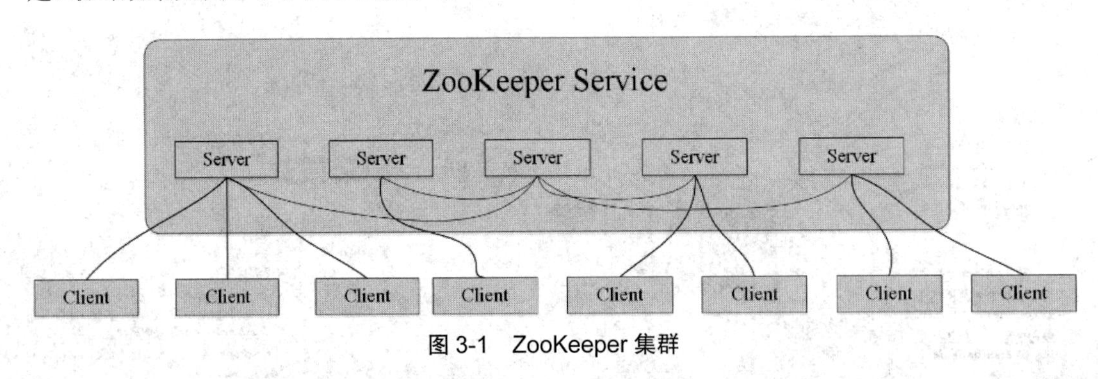

图 3-1 ZooKeeper 集群

```
[root@master ~]# jps
5425 QuorumPeerMain
5507 Jps
[root@master ~]# /usr/local/zookeeper/bin/zkServer.sh status
JMX enabled by default
Using config: /usr/local/zookeeper/bin/../conf/zoo.cfg
Mode: follower
[root@master ~]#
```

```
[root@slave1 ~]# jps
16502 QuorumPeerMain
16682 Jps
[root@slave1 ~]# /usr/local/zookeeper/bin/zkServer.sh status
JMX enabled by default
Using config: /usr/local/zookeeper/bin/../conf/zoo.cfg
Mode: follower
[root@slave1 ~]#
```

```
[root@slave2 ~]# jps
4743 QuorumPeerMain
4952 Jps
[root@slave2 ~]# /usr/local/zookeeper/bin/zkServer.sh status
JMX enabled by default
Using config: /usr/local/zookeeper/bin/../conf/zoo.cfg
Mode: leader
[root@slave2 ~]#
```

图 3-2 ZooKeeper 状态

技能点一　ZooKeeper 概述

1. ZooKeeper 简介

ZooKeeper 是一种专为分布式应用（应用程序分布在不同计算机上，通过网络来共同完成一项任务，通常为客户端 / 服务器模式）所设计的高性能、高可用、高一致性的开源协调服务。它提供了一项分布式锁服务。根据 ZooKeeper 的开源特性，开发者在分布式锁的基础上，找到了其他的使用方式：分布式消息队列、配置维护、组服务、分布式通知或协调等。

在分布式应用中，由于对锁机制不能良好运用，并且基于消息的协调机制不适合在某些应用中使用，因此需要有一种可扩展的、可靠的、分布式的、可配置的协调机制来统一系统的状态。ZooKeeper 针对上述问题，提供了基于类似于文件系统的目录节点树方式的数据存储方式。ZooKeeper 并不是用来专门存储数据的，它的作用主要是用来维护和监控存储数据的状态变化。通过监控数据状态的变化，实现基于数据的集群协调管理。

2. ZooKeeper 的特性

ZooKeeper 工作在集群中，对集群提供分布式协调服务，它提供的分布式协调服务具有如下特点。

➢ 顺序一致性：对于从同一个客户端发起的事务请求，ZooKeeper 会按照其发起顺序逐一执行。

➢ 原子性：所有事物请求的处理结果在整个集群中所有机器上的应用情况是一致的，要么整个集群中所有机器都成功应用了某一事务，要么都没有应用，不会出现集群中部分机器应用了该事务，另外一部分没有应用的情况。

➢ 单一视图：无论客户端连接的是哪个 ZooKeeper 服务器，其查询的服务端数据模型都是一致的。

➢ 可靠性：一旦服务器端成功地应用了一个事务并完成对客户端的响应，那么该事务所引起的服务端状态变更将会一直保留下来，除非有另一个事务又对其进行了改变。

➢ 实时性：ZooKeeper 并不保证强一致性，只能保证顺序一致性和最终一致性，或称之为达到了伪实时性。

3. ZooKeeper 的作用

1）配置维护

在分布式系统中，一般会把服务部署到多台机器上，服务配置文件都是相同的，如果配置文件的配置选项发生了改变，那就需要一台一台单独进行改动。这时候 ZooKeeper 就该发挥作用了，可以把 ZooKeeper 当成一个高可用的配置存储器，把配置的事情交给 ZooKeeper 去进行管理，将集群的配置文件拷贝到 ZooKeeper 的文件系统的某个节点上，然后用 ZooKeeper 监控所有分布式系统里的配置文件状态，一旦发现有配置文件发生了改变，那么每台客户机都同步 ZooKeeper 的配置文件，ZooKeeper 同时保证同步操作的原子性，确保每个服务器的配置文件都能被正确更新。如图 3-3 所示，客户端监听服务器中的配置文件信息并进行配置同步。

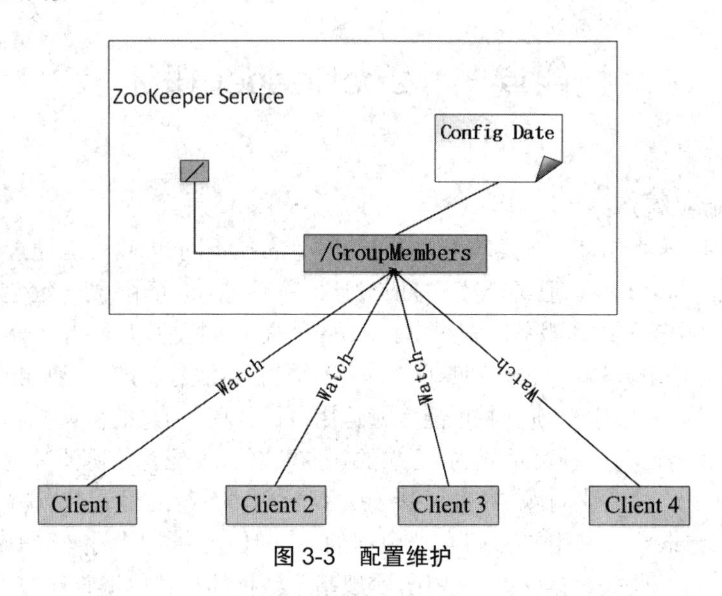

图 3-3 配置维护

2）命名服务

在分布式应用中，通常需要一个完整的命名规则约束，这个命名规则需要既能够产生唯一的名称，又便于人记住和识别，其类似于域名和 IP 之间的对应关系，通过名称来获取资源和服务的地址、提供者等信息。

3）分布式锁

分布式程序分布在不同主机上的进程中，各个主机对独立资源进行访问时需要加锁。可以理解为很多分布式系统有多个服务窗口，但在某个时刻只让一个服务去工作，当这台服务器出问题的时候锁释放，由其他服务器继续处理问题。

4）集群管理

分布式集群中，经常会出现各种问题，例如硬件故障、网络问题、添加一些节点或者有些节点宕机，等等。这时服务器需要感知到变化，然后根据变化作出相应的决策，ZooKeeper 实现了类似这种集群的管理。如图 3-4 所示，每个端口在 ZooKeeper 服务器中占用一个节点，存储对应节点信息，当节点发生变化，对节点进行管理。

5）队列管理

第一类，当一个队列的成员都聚齐时，这个队列才可用，否则一直等待所有成员到达即在指定目录下创建临时目录节点，监听节点数目是否符合要求的数目。第二类，队列按照 FIFO（先入先出）方式进行入队和出队操作，和分布式锁服务中的控制时序场景的基本原理一致，入列有编号，出列按编号。

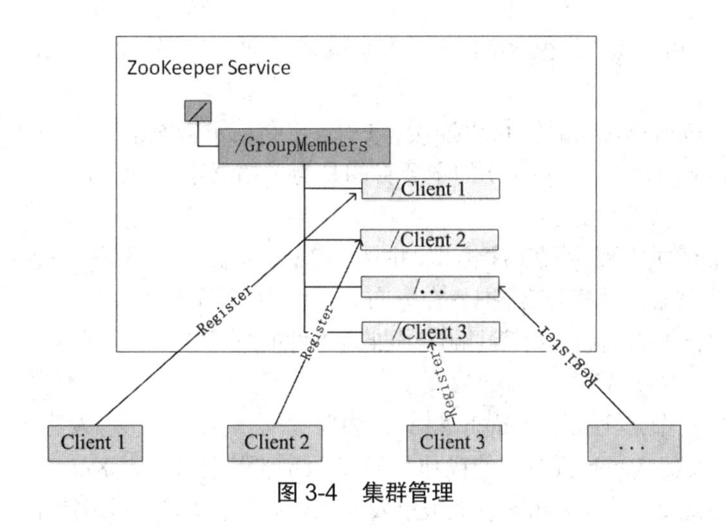

图 3-4　集群管理

技能点二　ZooKeeper 数据模型

1. 相关术语

1）节点（node）

ZooKeeper 的结构类似标准的文件系统，但这个文件系统中没有文件和目录，而是统一使用节点（node）的概念，ZooKeeper 中的节点称为 Znode。

Znode 节点主要有两种类型，短暂的（ephemeral）和持久的（persistent），在创建节点时可以根据需要进行创建，但 Znode 的类型一旦创建不能修改，并且 Znode 不可以有子节点。持久 Znode 不依赖于客户端会话，只有当该客户端明确要删除该持久 Znode 时才会被删除。Znode 有 4 种形式的目录节点，见表 3-1。

表 3-1　节点类型

类型	描述
PERSISTENT	持久化节点
PERSISTENT_SEQUENTIAL	顺序自动编号持久化节点，这种节点会根据当前已经存在的节点数自动加 1
EPHEMERAL	临时节点，当客户端 Session 超时这类节点会被自动删除
EPHEMERAL_SEQUENTIAL	临时自动编号节点

2）角色。

在 ZooKeeper 中是有角色概念的，主要分为以下角色。

➢ 领导者（Leader）角色：负责进行投票的发起和决议，更新系统状态，它会将每个更新状态的请求进行编号和排序，以便保证整个集群内部消息处理的 FIFO（先入先出）。

➢ 学习者（Learner）角色：包括跟随者（Follower）和观察者（ObServer）。

➤ 跟随者(Follower)角色:用于接受客户端请求向客户端返回结果,在选领导过程中参与投票。

➤ 观察者(ObServer)角色:可以连接客户端,将写请求转发给 Leader,但不参与投票过程,只同步 Leader 的状态;ObServer 的主要目的是为了拓展系统,提高读取速度。

3)顺序号

在创建 Znode 时需要设置顺序标识,并且在 Znode 名称后会附加一个值。顺序号是一个单调递增的计数器,由父节点维护。在分布式系统中,顺序号可以被用于为所有的事件进行全局排序,这样的客户端可以通过顺序号推断事件的顺序。

4)观察

客户端可以在节点上设置 Watch,将其称为监视器。当节点状态发生改变时(Znode 的增、删、改)将会触发 Watch 所对应的操作。当 Watch 被触发时,ZooKeeper 将会向客户端发送且仅发送一条通知,因为 Watch 只能被触发一次,这样可以减少网络流量。

5)Leader 选举

在 ZooKeeper 中,每个 Server 启动以后都询问其他的 Server 它要把票投给谁。对于其他 Server 的询问,Server 每次根据自己的状态都回复自己推荐的 Leader 的 id 和上一次处理事物的 Zxid(事务 id),收到所有 Server 回复后,计算出 Zxid 较大的 Server,并将这个 Server 相关信息设置成下一次要投票的 Server。计算这个过程中获得票数最多的 Server,若该 Server 所得票数过半,则该 Server 被选举为 Leader。否则继续这个过程,直到 Leader 被选举出来。之后 Leader 就会开始等待 Server 连接, Follower 连接 Leader,将最大的 Zxid 发送给 Leader, Leader 根据 Follower 的 Zxid 确定同步点,完成同步通知 Follower 已经成为 up-topdata 状态,Follower 收到更新消息后,又可以重新接受 Client 的请求进行服务了。

2. 数据模型

ZooKeeper 的数据模型,在结构上和标准文件系统非常相似,都是采取树形层次结构,和文件系统的目录树一样,ZooKeeper 树中的每个节点可以拥有子节点,如图 3-5 所示。

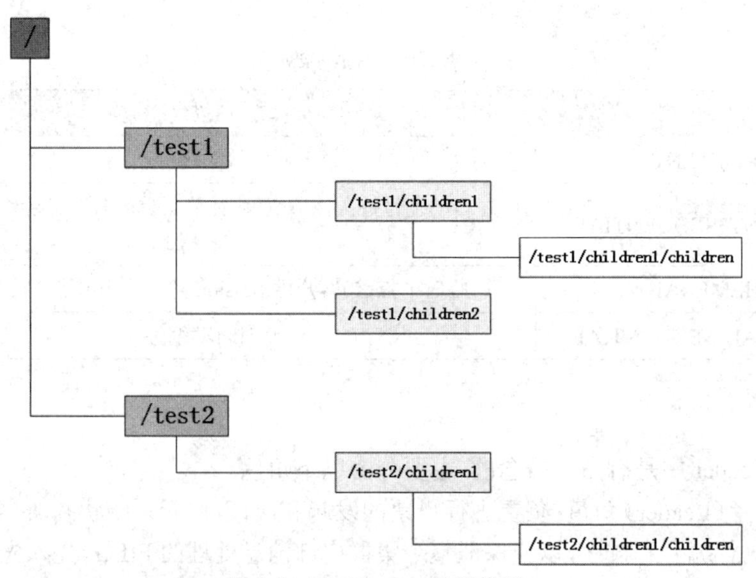

图 3-5 ZooKeeper 数据模型

从图中可以看出，ZooKeeper 的数据模型在结构上和常见的文件系统非常相似，都是采用这种树形层次结构进行布局，ZooKeeper 树中的每个节点被称为 Znode。ZooKeeper 数据模型有以下特点。

（1）每个节点都有其唯一的路径标识。

（2）Znode 可以存储数据。

（3）Znode 可以存储多个版本的数据。

（4）ZooKeeper 通过长连接方式进行客户端和服务器通信，如果 Znode 是临时节点，一旦节点失去通信就会自动删除此节点。

（5）Znode 节点有自动编号功能，如果 test1 命名已存在，在创建节点时会自动编号为 test2。

（6）Znode 可以被客户端监控，如果 Znode 中存储的数据被修改或子节点目录发生变化，客户端就会收到通知。此功能用于实现 ZooKeeper 的集群管理、分布式锁等服务。

ZooKeeper 中的时间与 Watch 问题通过扫描下方二维码即可了解。

技能点三　ZooKeeper 核心原理

1. 原子广播简介

原子广播是 ZooKeeper 的核心机制，原子广播通过 Zab 协议保证了各个 Server 之间的服务同步。Zab 协议有两种模式，分别是广播模式（同步）和恢复模式（选主）。当服务启动或者在 Leader 崩溃后，Zab 就进入了恢复模式，当新的 Leader 被选举出来且大多数 Server 完成了和 Leader 的状态同步以后结束恢复模式。状态同步保证了 Leader 和 Server 具有相同的系统状态。

当状态同步后，Zab 启动广播模式，广播模式需要保证事务的顺序一致性，ZooKeeper 采用了递增的事务 Zxid 号（Zxid 是使 ZooKeeper 节点状态改变的每一个操作，其都将使节点接收到一个 Zxid 格式的时间戳，并且这个时间戳全局有序）来标识事务。所有的提议（Proposal）都在被提出的时候加上了 Zxid。Zxid 是一个 64 位的数字，它的高 32 位被 epoch 用来标识 Leader 关系是否改变，每次一个 Leader 被选出来，它都会有一个新的 epoch，标识当前属于那个 Leader 的统治时期。低 32 位用于递增计数。

2. 选主流程

当 Leader 节点丢失或者 Leader 失去大多数的 Follower 时，ZooKeeper 自动进入恢复模式，恢复模式需要重新选举出一个新的 Leader，让所有的 Server 都恢复到一个正常状态。ZooKeeper 为选举提供了默认的 Fast Paxos 流程。

Fast Paxos 流程是在选举过程中运行的。某节点向所有节点提议要成为 Leader，其他节点收到此提议后，首先解决 Epoch 和 Zxid 的冲突问题，然后接受提议，并返回接受提议完成的消息，重复这个流程，最后一定能选举出 Leader。其流程图如图 3-6 所示。

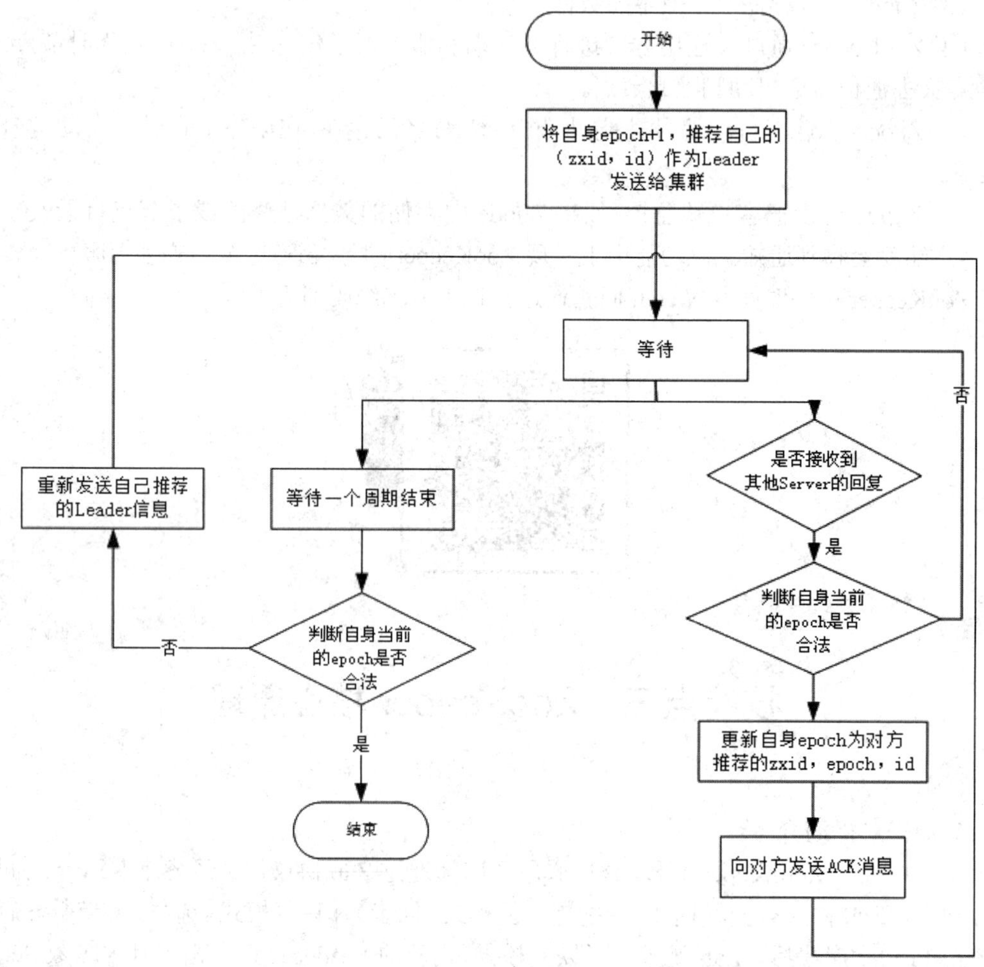

图 3-6 Fast Paxos 算法选主流程图

3. 工作流程

Follower 的工作流程如下。

（1）通过 PING 消息、REQUEST 消息、ACK 消息或 REVALIDATE 消息向 Leader 发送请求。

（2）接收 Leader 返回的消息并进行处理。

（3）接收 Client 的请求，发送给 Leader 进行投票。

（4）返回 Client 结果。

Leader 消息循环处理 Follower 消息方式见表 3-2。

表 3-2　消息传递方式

消息	作用
PING 消息	心跳消息
PROPOSAL 消息	Leader 发起的提案，要求 Follower 投票
COMMIT 消息	服务器端最新一次提案的信息
UPTODATE 消息	表明同步完成
REVALIDATE 消息	根据 Leader 的 REVALIDATE 结果，关闭等待 REVALIDATE 的 Session 还是允许其接收消息
SYNC 消息	返回 SYNC 结果到客户端，这个消息最初由客户端发起，用来强制得到最新的更新

Follower 的工作流程简图如图 3-7 所示，在实际实现中，Follower 通过 5 个线程来实现功能。

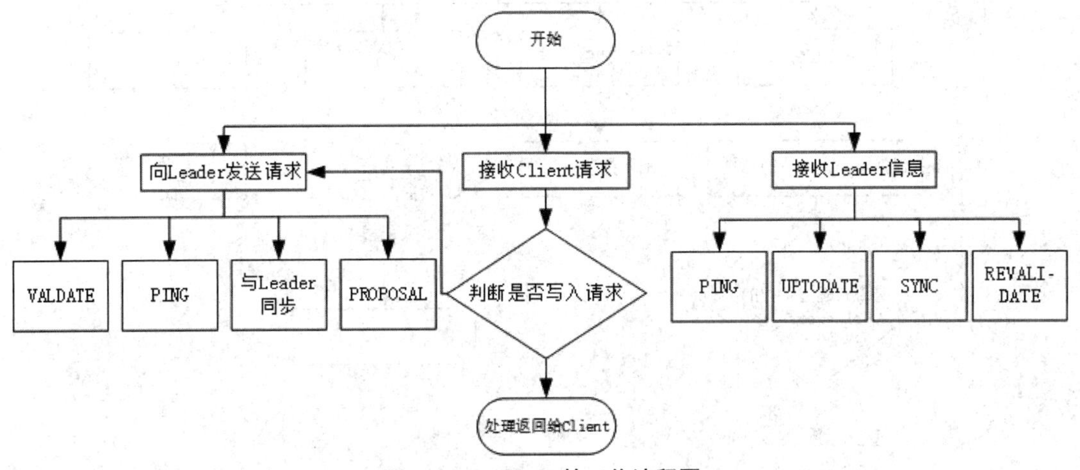

图 3-7　Follower 的工作流程图

Leader 工作流程主要实现以下功能。

（1）恢复因节点出错或宕机产生的数据差异。

（2）维持与 Follower 或 ObServer 的心跳，接收 Follower 或 ObServer 的请求并判断 Follower 或 ObServer 的请求消息类型。

（3）Follower 或 ObServer 与 Leader 通信的消息类型主要有 PING 消息、REQUEST 消息、ACK 消息、REVALIDATE 消息，根据不同的消息类型进行不同的处理。

PING 消息是指 Follower 或 ObServer 的心跳信息；REQUEST 消息是 Follower 发送的提议信息，包括写请求及同步请求；ACK 消息是 Follower 对提议的回复，超过半数的 Follower 通过，则确认该提议；REVALIDATE 消息用来延长 Session 有效时间。

Leader 的工作流程简图如图 3-8 所示，但在实际运用中流程要比图 3-8 复杂得多，下图 3-8 中启动了 3 个线程来实现功能。

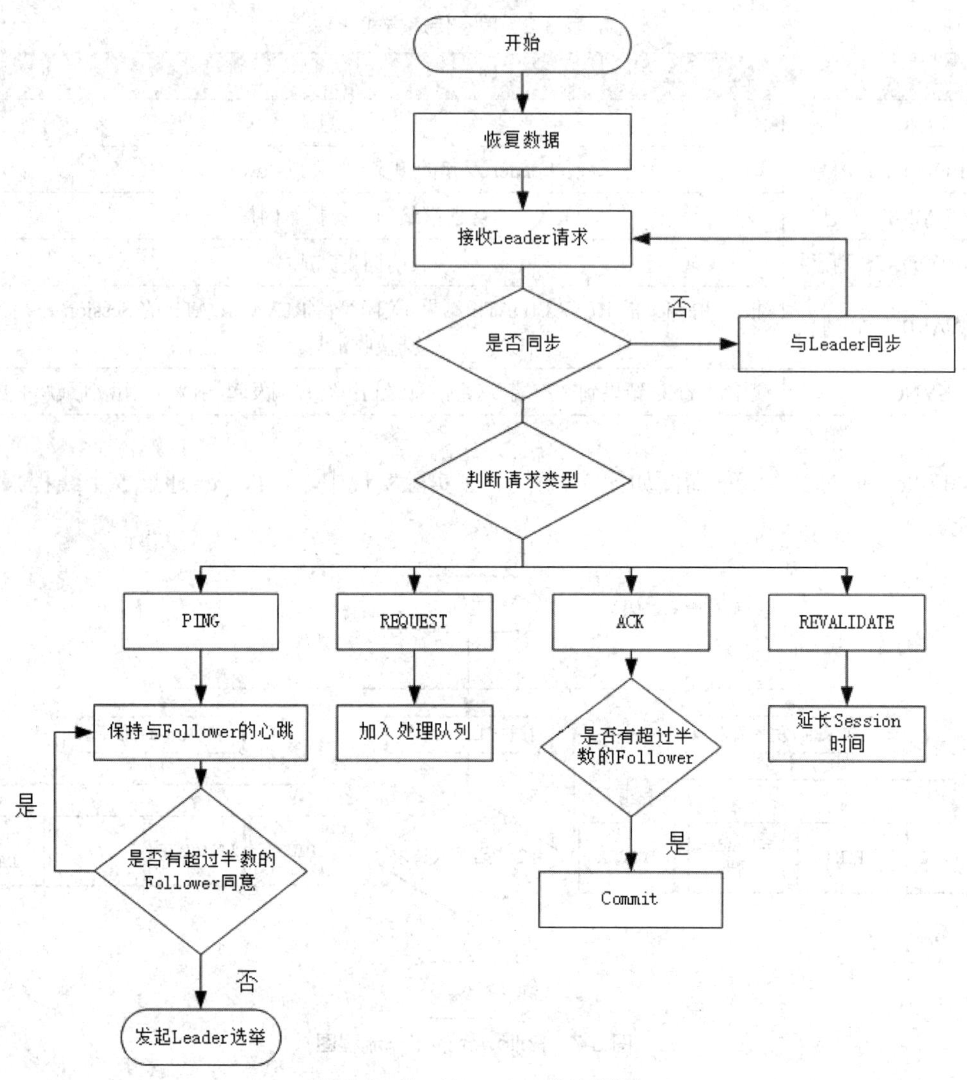

图 3-8 ZooKeeper 工作流程图

4. 同步流程

Leader 选取以后，ZooKeeper 就进入状态同步过程，如下。

（1）Leader 等待 Server 连接。

（2）Follower 连接 Leader，将最大的 Zxid 发送给 Leader。

（3）Leader 根据 Follower 的 Zxid 确定同步点。

（4）完成同步后通知 Follower 已经成为同步状态。

（5）Follower 收到同步消息后，又可以重新接受 Client 的请求进行服务了。

流程图如图 3-9 所示。

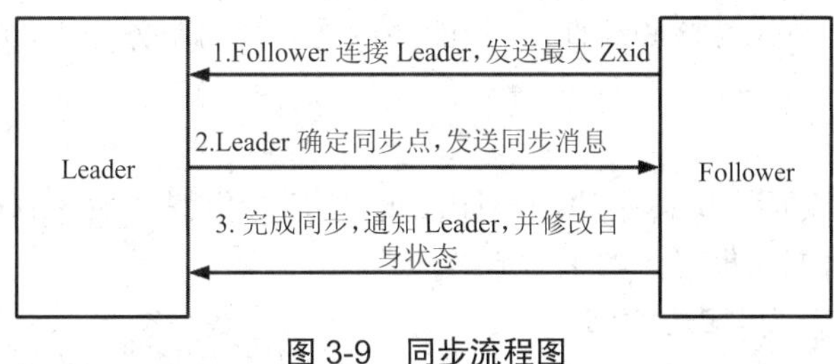

图 3-9　同步流程图

技能点四　ZooKeeper 运行方案

1. ZooKeeper 运行模式

1）集群模式

一个 ZooKeeper 集群通常由一组机器组成，一般由 3 台以上机器组成，ZooKeeper 集群中每台机器之间都会保持通信并在内存中维护当前服务，集群中节点发生故障数量不超过 50% 时仍能正常对外服务，当客户端与 ZooKeeper 集群中的任意服务器通过 TCP 连接发生故障时，客户端会自动寻找集群中的其他服务器，如图 3-10 所示。

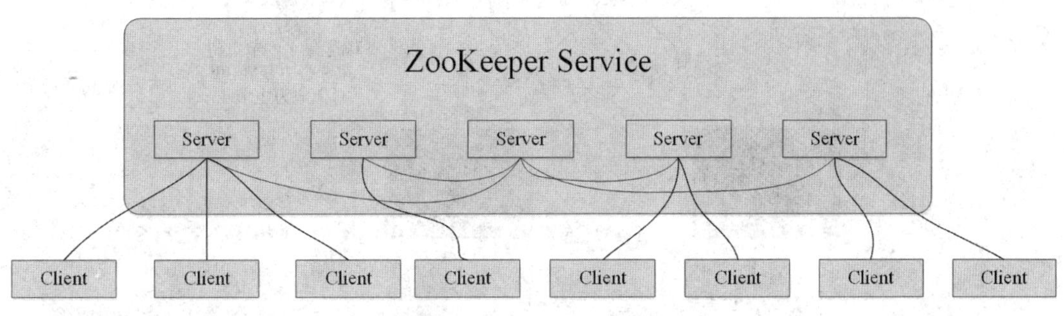

图 3-10　ZooKeeper 集群

2）伪集群模式

伪集群模式是一种特殊的集群模式，集群中只有一台机器，可以通过不同的端口启动 ZooKeeper 服务，以集群的模式对外服务。

3）单机模式

单机模式是一种不需要较高稳定性的部署方式，一般多用于学习和开发测试。

2. 水平扩容

水平扩容是对分布式集群在高可用性方面提出的一个非常重要的要求，通过水平扩容能够在集群不做任何改动或做极少改动的情况下，提高分布式系统的服务能力，向集群中添加更多的机器提高集群的服务质量，但 ZooKeeper 在水平扩容方面的技术还不是非常完美，需要对集群进行整体重启或逐台重启。

1）整体重启

整体重启是将整个分布式集群暂停，然后对集群进行扩容并更新 ZooKeeper 配置，如果系统中的 ZooKeeper 不作为核心组件，并且能够接受短暂的服务停止，可以选择整体重启的方式进行水平扩容。

2）逐台重启

逐台重启，即每次重启集群中的一台计算机，逐一对集群中的计算机进行配置更新，这种方法可以保证重启期间集群能够正常服务。

3. ZooKeeper 高可用解决方案

在启动 ZooKeeper 管理节点服务后，假设启动 2 个主节点，分别为 Master A 和 Master B，都执行 ZooKeeper 服务，Master A 锁注册的节点是“master-00001”，Master B 锁注册的节点是“master-00002”，注册完以后进行选举，编号最小的节点获胜成为主节点，所以 Master A 为主节点，Master B 成为备用节点，如图 3-11 所示。

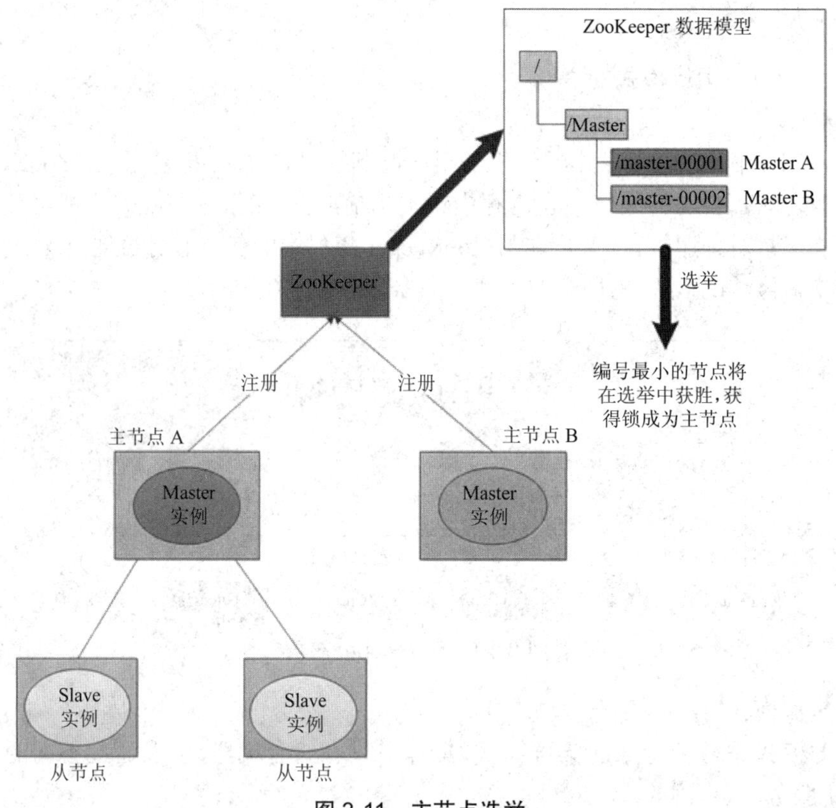

图 3-11 主节点选举

如果 Master A 节点发生故障，注册锁就自动断开，ZooKeeper 自动感知节点变化，然后再次发出选举流程，那么由于 Master B 锁注册编号较小，就会成为新的主节点，如图 3-12 所示。

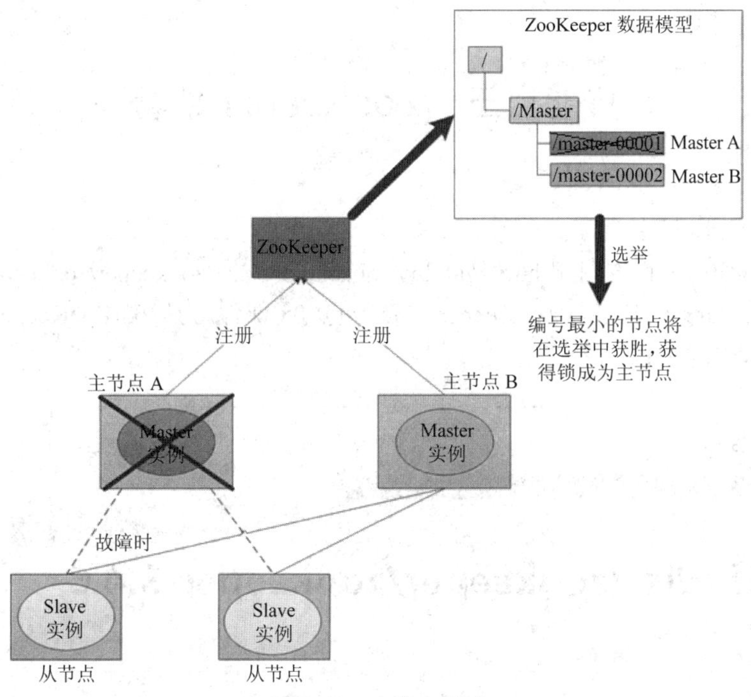

图 3-12　主节点故障

当 Master A 恢复故障时，会再次向 ZooKeeper 注册一个节点，这时注册的节点将会变成 master-00003，ZooKeeper 会感知节点变化再次发动选举，这时候 Master B 在选举中会再次获胜并继续作为主节点服务，Master A 作为备用节点，如图 3-13 所示。

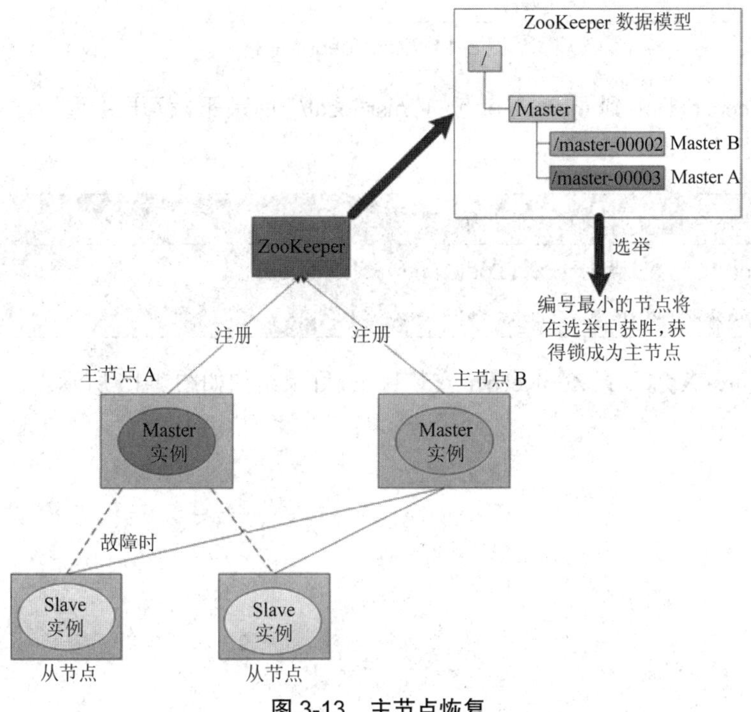

图 3-13　主节点恢复

技能点五　ZooKeeper 部署

1. ZooKeeper 安装

登录 ZooKeeper 官方网站 http：//archive.apache.org/dist/zookeeper/zookeeper-3.4.6/ 下载 zookeeper-3.4.6.tar.gz 安装包（ZooKeeper 在资料包 \08 课件工具 \03 ZooKeeper 分布式协调系统目录下），如图 3-14 所示。

图 3-14　ZooKeeper 下载

将 ZooKeeper 上传到 master 节点的"/usr/local/"目录下，解压并重命名，如示例代码 CORE0301 所示。

示例代码 CORE0301 解压并重命名

```
[root@master local]# tar -zxvf zookeeper-3.4.6.tar.gz
[root@master local]# mv zookeeper-3.4.6 zookeeper
```

使用 SecureFX 进入到 ZooKeeper 安装目录，目录结构如图 3-15 所示。

/usr/local/zookeeper

名字	大小	已改变	权限	拥有者
..		2018/1/12 0:20:47	rwxr-xr-x	root
bin		2014/2/20 18:48:05	rwxr-xr-x	1000
conf		2014/2/20 18:48:04	rwxr-xr-x	1000
contrib		2014/2/20 18:14:07	rwxr-xr-x	1000
dist-maven		2014/2/20 19:05:15	rwxr-xr-x	1000
docs		2014/2/20 18:48:04	rwxr-xr-x	1000
lib		2014/2/20 18:48:04	rwxr-xr-x	1000
recipes		2014/2/20 18:14:08	rwxr-xr-x	1000
src		2014/2/20 18:48:05	rwxr-xr-x	1000
build.xml	81 KB	2014/2/20 18:14:08	rw-rw-r--	1000
CHANGES.txt	79 KB	2014/2/20 18:14:08	rw-rw-r--	1000
ivy.xml	4 KB	2014/2/20 18:14:08	rw-rw-r--	1000
ivysettings.xml	2 KB	2014/2/20 18:14:08	rw-rw-r--	1000
LICENSE.txt	12 KB	2014/2/20 18:14:08	rw-rw-r--	1000
NOTICE.txt	1 KB	2014/2/20 18:14:08	rw-rw-r--	1000
README.txt	2 KB	2014/2/20 18:14:08	rw-rw-r--	1000
README_packaging.txt	2 KB	2014/2/20 18:14:08	rw-rw-r--	1000
zookeeper-3.4.6.jar	1,309 KB	2014/2/20 18:14:31	rw-rw-r--	1000
zookeeper-3.4.6.jar.asc	1 KB	2014/2/20 18:58:21	rw-rw-r--	1000
zookeeper-3.4.6.jar.md5	1 KB	2014/2/20 18:14:31	rw-rw-r--	1000
zookeeper-3.4.6.jar.sha1	1 KB	2014/2/20 18:14:31	rw-rw-r--	1000

图 3-15　ZooKeeper 目录结构

1）bin 目录

bin 目录用来存储 ZooKeeper 内置脚本文件，详见表 3-3。

表 3-3　ZooKeeper 脚本文件

Windows 脚本文件	Linux 脚本文件	功能
zkServer.cmd	zkServer.sh	ZooKeeper 安装包中内置的一个客户端
zkEnv.cmd	zkEnv.sh	用来设置 ZooKeeper 启动时的环境变量
zkCli.cmd	zkCli.sh	提供 ZooKeeper 启动、重启、停止、查看服务状态等功能
	zkCleanup.sh	日志和快照文件的清理

➢ zkServer.sh

zkServer.sh 能够启动、关闭、重启和查看 ZooKeeper 服务状态，其参数详情见表 3-4。

表 3-4 zkServer 参数

参数	说明
start	启动 ZooKeeper
stop	停止 ZooKeeper
restart	重启 ZooKeeper
status	查看 ZooKeeper 状态

命令格式如下。

```
[root@master ~]# $ZooKeeper_HOME/bin/zkServer.sh {start| stop |restart |status }
```

➢ zkCli.sh

zkCli.sh 是 ZooKeeper 安装包中自带的一个客户端，zkCli.sh 客户端连接到服务器的语法如下。

```
zkCli.sh -timeout 5000 -r -server ip:port
```

连接参数见表 3-5。

表 3-5 zkCli 参数

参数	说明
-timeout	表示客户端向 ZooKeeper 服务器发送心跳的时间间隔，单位为毫秒
-r	表示客户端以只读模式连接
-server	指定 ZooKeeper 服务器的 IP 与端口

连接操作如示例代码 CORE0302 所示。

示例代码 CORE0302 连接操作

```
[root@master ~]# /usr/local/zookeeper/bin/zkCli.sh -server localhost:2181
```

结果如图 3-16 所示。

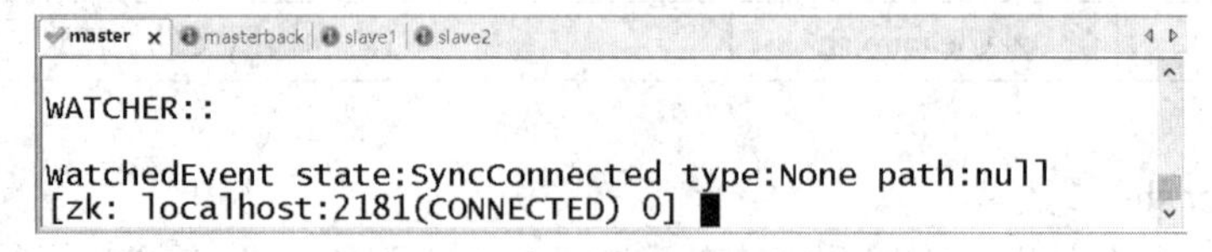

图 3-16 连接 ZooKeeper 服务器

➢ zkEnv.sh

zkEnv.sh 用于设置 ZooKeeper 启动时的环境变量，zkEnv.sh 不能够单独执行，需要嵌入到 zkServer.sh 脚本或其他脚本中使用。例如：可以对其中的 jdk/bin 路径和 zoo.cfg 路径进行配置。为了保护脚本文件的完整性，一般会单独定义环境变量的脚本然后嵌入到其他脚本中。

➢ zkCleanup.sh

zkCleanup.sh 清理 ZooKeeper 包括事务日志文件和快照数据文件在内的历史数据，但在实际生产环境中很少使用，因为 ZooKeeper 从 3.0 版本之后增加了自动清理历史事务日志和快照文件的功能。在实际生产环境中一般使用自动脚本文件定时定量清除日志文件。

2）conf 目录

conf 目录用于存储 ZooKeeper 相关配置文件，详情见表 3-6。

表 3-6　conf 目录文件

文件	功能
log4j.properties	控制信息传送
zoo.cfg	保存 ZooKeeper 相关设置

➢ log4j.properties

log4j.properties 通过使用 Log4j 控制日志文件的输送地址；同时还可以指定日志文件的输出格式；通过对每一条日志信息级别进行定义，能够对日志生成过程进行更细致的控制。这些功能可以通过对配置文件的修改得到灵活的控制，不需要修改应用代码。

➢ zoo.cfg

zoo.cfg 文件是通过对 zoo_sample.cfg 文件拷贝重命名得到的，ZooKeeper 包解压完成后并不存在，通过对 zoo.cfg 文件的配置能够做到指定日志文件输出路径、日志文件清理频率等，更多配置参数及功能见表 3-7。

表 3-7　zoo.cfg 参数

参数名	说明
tickTime	ZooKeeper 中的时间单元，ZooKeeper 中所有时间都以这个时间单元为基础，进行整数倍配置
dataDir	指定存储快照文件的目录，可以是任意目录
clientPort	客户连接 Server 的端口及对外服务端口
initLimit	Follower 和 Leader 之间的最长心跳时间
syncLimit	Leader 和 Follower 之间发送消息，请求和应答的最大时间长度
globalOutstandingLimit	最大请求堆积数
preAllocSize	设置磁盘空间
snapCount	事务日志输出 snapCount 后会触发一次快照（snapshot）
traceFile	用于记录所有请求的 log
maxClientCnxns	单个客户端与单台服务器之间的连接数的限制
clientPortAddress	指定不同 IP 的监听端口

续表

参数名	说明
minSessionTimeout 与 maxSessionTimeout	Session 会话时间超时限制
autopurge.purgeInterval	指定清理频率，单位为小时
autopurge.snapRetainCount	指定需要保留的文件数目，默认保留 3 个
leaderserves	Leader 是否允许客户端连接
cnxTimeout	Leader 选举过程中，打开一次连接的超时时间
forceSync	这个参数确定了是否需要在事务日志提交的时候调用 FileChannel.force 来保证数据完全同步到磁盘
jute.maxbuffer	每个节点最大数据量
server.x=[hostname]:nnnnn[:nnnnn]	设置每个 ZooKeeper 的通信 IP 及端口

3）docs 目录

docs 目录中提供了 ZooKeeper 官方提供的 .html 和 .pdf 格式的帮助文档，包括管理员指南、内部工作介绍、ZooKeeper 编程教程等。基础文档见表 3-8。

表 3-8 ZooKeeper 指南

文档	说明
zookeeperStarted.pdf	ZooKeeper 入门指南
zookeeperProgrammers.pdf	程序员指南
zookeeperOver.pdf	基础架构

2. ZooKeeper 指令使用

Znode（节点）主要有两种类型，分别为临时节点和永久节点，在创建节点时可以根据需要进行创建，但是 Znode 的类型一旦创建确定后是不能再修改的。短暂的 Znode 的客户端结束时，ZooKeeper 会将短暂 Znode 删除，并且这个 Znode 不可以有子节点。持久 Znode 不依赖于客户端会话，只有当该客户端明确要删除该持久 Znode 时才会被删除。Znode 有 4 种形式的目录节点，即 PERSISTENT、PERSISTENT_SEQUENTIAL、EPHEMERAL、EPHEMERAL_SEQUENTIAL。

- 临时节点：该节点的生命周期依赖于创建它们的会话（Session）。一旦会话结束，临时节点将被自动删除，当然也可以手动删除。虽然每个临时的 Znode 都会绑定到一个客户端会话，但对所有的客户端还是可见的。另外，ZooKeeper 的临时节点不允许拥有子节点。
- 永久节点：该节点的生命周期不依赖于会话，并且只有在客户端显示执行删除操作的时候，才能被删除。

使用 create 分别创建持久节点、顺序节点和临时节点，并通过 stat /myznode 检查

myznode 节点的状态信息，创建 Znode 顺序节点时 ZooKeeper 会向 Znode 的路径添加 10 位序列号，例如 Znode 的路径为 myznode 填充序列号后改为 myznode0000000001。

ZooKeeper 创建 Znode 的步骤如下。

（1）连接 ZooKeeper 服务器。

（2）创建持久节点。

（3）创建顺序节点。

（4）创建临时 znode 节点。

（5）检查 myznode 节点的状态信息。

参考流程如示例代码 CORE0303 所示。

<table>
<tr><th>步骤</th><th>示例代码 CORE0303 ZooKeeper 创建 Znode 步骤</th></tr>
<tr><td>1

2

3

4
5</td><td>[root@master ~]# /usr/local/zookeeper/bin/zkCli.sh -server localhost:2181
Welcome to ZooKeeper!
WATCHER::
WatchedEvent state:SyncConnected type:None path:null
[zk: localhost:2181(CONNECTED) 0] create /myznode“myzookeeper”
Created /myznode
[zk: localhost:2181(CONNECTED) 1] create -s /myznode "my-data"
Created /myznode0000000004
[zk: localhost:2181(CONNECTED) 2] create -e /temporaryznode "Ephemeral-data"
Created /temporaryznode
[zk: localhost:2181(CONNECTED) 3] stat /myznode
cZxid = 0x200000092
ctime = Sat Mar 17 23:34:39 CST 2018
mZxid = 0x200000092
mtime = Sat Mar 17 23:34:39 CST 2018
pZxid = 0x200000092
cversion = 0
dataVersion = 0
aclVersion = 0
ephemeralOwner = 0x0
dataLength = 17
numChildren = 0</td></tr>
</table>

一个节点自身拥有表示其状态的许多重要属性，节点的详细属性见表 3-9。

表 3-9　节点状态

属性	描述
cZxid	节点被创建的 Zxid 值

续表

属性	描述
mZxid	节点被修改的 Zxid 值
ctime	节点被创建的时间
mtime	节点最后一次被修改的时间
versoin	节点被修改的版本号
cversion	节点所拥有的子节点被修改的版本号
aversion	节点的 ACL 被修改的版本号
emphemeralOwner	如果此节点为临时节点，那么它的值为这个节点拥有者的会话 ID；否则，它的值为 0
dataLength	节点数据域的长度
numChildren	节点拥有的子节点个数

更多 ZooKeeper 操作通过扫描下方二维码即可了解。

本次任务通过以下步骤对 zoo.cfg 文件和 myid 文件进行配置，并将配置文件分发到子节点，最后启动 ZooKeeperoZooKeeper 启动后使用串讲 Znode 功能测试 ZooKeeper 是否能够正常使用。

第一步：将安装包上传到 /usr/local 目录下进行解压重命名操作，创建日志等相关目录并查看结果，如示例代码 CORE0304 所示。

示例代码 CORE0304 安装 ZooKeeper

```
[root@master ~]# cd /usr/local
[root@master local]# tar -zxvf zookeeper-3.4.6.tar.gz
[root@master local]# mv zookeeper-3.4.6 zookeeper
[root@master local]# cd /usr/local/zookeeper
[root@master zookeeper]# mkdir data
```

```
[root@master zookeeper]# mkdir logs
[root@master zookeeper]# ll
```

结果如图 3-17 所示。

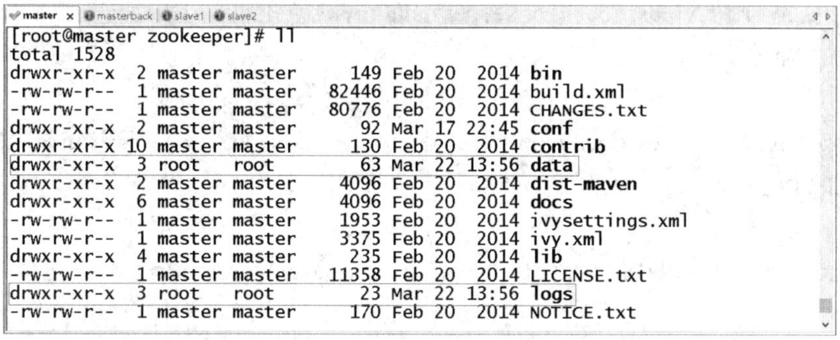

```
[root@master zookeeper]# ll
total 1528
drwxr-xr-x  2 master master    149 Feb 20  2014 bin
-rw-rw-r--  1 master master  82446 Feb 20  2014 build.xml
-rw-rw-r--  1 master master  80776 Feb 20  2014 CHANGES.txt
drwxr-xr-x  2 master master     92 Mar 17 22:45 conf
drwxr-xr-x 10 master master    130 Feb 20  2014 contrib
drwxr-xr-x  3 root   root       63 Mar 22 13:56 data
drwxr-xr-x  2 master master   4096 Feb 20  2014 dist-maven
drwxr-xr-x  6 master master   4096 Feb 20  2014 docs
-rw-rw-r--  1 master master   1953 Feb 20  2014 ivysettings.xml
-rw-rw-r--  1 master master   3375 Feb 20  2014 ivy.xml
drwxr-xr-x  4 master master    235 Feb 20  2014 lib
-rw-rw-r--  1 master master  11358 Feb 20  2014 LICENSE.txt
drwxr-xr-x  3 root   root       23 Mar 22 13:56 logs
-rw-rw-r--  1 master master    170 Feb 20  2014 NOTICE.txt
```

图 3-17　查看文件

第二步：对 ZooKeeper 进行修改配置，配置内容包括指定 ZooKeeper 服务端口，设置快照保存目录和事务日志输出目录，修改完成后通过 scp 命令将"zookeeper"目录分别分发到 masterback 节点、slave1 节点和 slave2 节点的 /usr/local 目录下。如示例代码 CORE0305 所示。

示例代码 CORE0305 设置 ZooKeeper

```
[root@master ~]# cd /usr/local/zookeeper/conf
[root@master conf]# vi zoo.cfg
# 找到 #example sakes 在方添加如下内容
dataDir=/usr/local/zookeeper/data
dataLogDir=/usr/local/zookeeper/logs
server.1=master:2888:3888    #2888 端口号是 zookeeper 服务之间通信的端口
server.2=slave1:2888:3888
server.3=slave2:2888:3888
[root@master ~]# scp -r /usr/local/zookeeper slave1:/usr/local  # 分发到各个节点
[root@master ~]# scp -r /usr/local/zookeeper slave2:/usr/local
[root@master ~]# scp –r /usr/local/zookeeper masterback:/usr/local
```

第三步：分别设置 master、masterback、slave1、slave2 节点中的 myid，每台节点的 myid 值不能重复且要与 zoo.cfg 配置文件中 server.X 的值相同，完成后分别启动 3 个节点的 ZooKeeper 服务，并查看其所分配到的角色。如示例代码 CORE0306 所示。

示例代码 CORE0306 设置节点 myid

```
[root@master ~]# vi /usr/local/zookeeper/data/myid # 在 master 中编辑 myid 文件
# 添加内容如下
```

```
1
[root@masterback ~]# vi /usr/local/zookeeper/data/myid  # 在 master 中编辑 myid 文件
# 添加内容如下
2
[root@ slave1~]# vi /usr/local/zookeeper/data/ myid  # 在 slave1 中编辑 myid 文件
# 添加内容如下
3
[root@ slave2~]# vi /usr/local/zookeeper/data/ myid  # 在 slave1 中编辑 myid 文件
# 添加内容如下
4
# 在 master，master back，slave1，slave2 上分别启动 QuorumPeerMain 进程，以 master
为例
[root@master ~]# /usr/local/zookeeper/bin/zkServer.sh start
[root@masterback ~]# /usr/local/zookeeper/bin/zkServer.sh start
[root@slave1~]# /usr/local/zookeeper/bin/zkServer.sh start
[root@slave2 ~]# /usr/local/zookeeper/bin/zkServer.sh start
# 查看 ZooKeeper 进程
[root@master ~]# jps
# 在 master、slave1、slave2 上查看所分配到的角色
[root@master ~]# /usr/local/zookeeper/bin/zkServer.sh status
[root@ slave1~]# /usr/local/zookeeper/bin/zkServer.sh status
[root@ slave2 ~]# /usr/local/zookeeper/bin/zkServer.sh status
```

结果如图 3-18 所示。

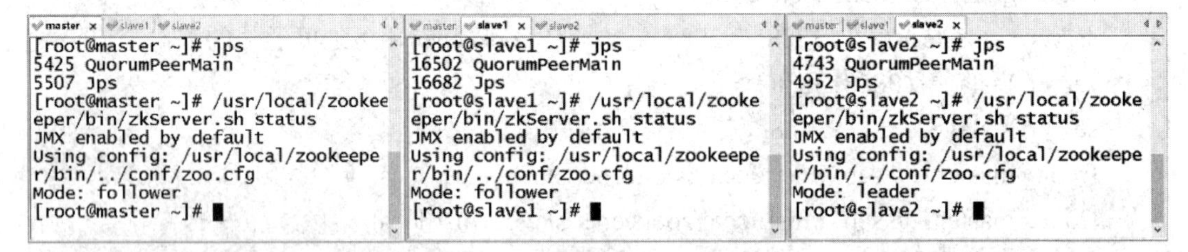

图 3-18　查看 ZooKeeper 状态

第四步：进入 ZooKeeper 命令模式，设置超时时间为 5 000 毫秒，连接 IP 为本机 IP，如示例代码 CORE0307 所示。

示例代码 CORE0307 进入 ZooKeeper 命令模式

```
[root@master ~]# cd /usr/local/zookeeper/bin
[root@master bin]# ./zkCli.sh -timeout 5000 -r -server 192.168.10.110:2181
```

结果如图 3-19 所示。

```
Welcome to ZooKeeper!
JLine support is enabled
2018-04-16 10:33:52,535 [myid:] - INFO  [main-SendThread(19
ClientCnxn$SendThread@852] - Socket connection established
92.168.10.110:2181, initiating session
2018-04-16 10:33:52,574 [myid:] - INFO  [main-SendThread(19
ClientCnxn$SendThread@1235] - Session establishment complet
.10.110/192.168.10.110:2181, sessionid = 0x162cbdd3a0b0002,
 = 5000

WATCHER::

WatchedEvent state:SyncConnected type:None path:null
[zk: 192.168.10.110:2181(CONNECTED) 0]
```

图 3-19　进入 ZooKeeper 客户端命令

第五步：在 ZooKeeper 客户端执行命令创建节点命令，并进行查看，如示例代码 CORE0308 所示。

示例代码 CORE0308 创建节点并进行查看

```
[Zookeeper: 192.168.10.110:2181（CONNECTED）0] create /master test
[Zookeeper: 192.168.10.110:2181（CONNECTED）1] ls /
```

结果如图 3-20 所示。

```
[zk: 192.168.10.110:2181(CONNECTED) 0] create /master test
Created /master
[zk: 192.168.10.110:2181(CONNECTED) 1] ls /
[zookeeper, yarn-leader-election, hadoop-ha, rmstore, mast
er]
[zk: 192.168.10.110:2181(CONNECTED) 2]
```

图 3-20　创建节点

至此 ZooKeeper 分布式协调系统已经配置完成，最终效果如图 3-1 和图 3-2 所示。

本项目重点介绍 ZooKeeper 的安装配置和各节点间的关系以及选举流程，针对 ZooKeeper 的应用场景、节点操作和 ZooKeeper 运行方案进行了详细说明，并简要地讲解了 ZooKeeper 的角色、架构和数据模型，最终通过对 ZooKeeper 安装目录的结构及目录中包含的配置文件和脚本文件的详细介绍完成了 ZooKeeper 的搭建。

client	客户端	follower	跟随者
server	服务端	observer	观察者
watcher	监察者	node	节点
ephemeral	短暂的	children	子
persistent	持久的	distribute	分发
leader	领导者	lock	锁
learner	学习者	start	启动
stop	停止	status	状态
restart	重启	sequence	序列
cluster	集群、簇		

1. 选择题

（1）以下哪个选项不属于 ZooKeeper 提供的分布式协调服务的特点（　）。

A. 顺序一致性　　B. 可靠性　　C. 原子性　　D. 聚合性

（2）以下哪个选项不属于 ZooKeeper 的作用（　　）。

A. 配置维护　　B. 集群规划　　C. 分布式锁　　D. 命名服务

（3）ZooKeeper 的角色主要分为领导者、跟随者、学习者、（　　）。

A. 观察者　　B. 被领导者　　C. 监督者　　D. 指导者

（4）ZooKeeper 数据模型不具有以下特点（　　）。

A. Znode 可以存储数据

B. Znode 可以存储多个版本数据，查询时使用版本查询即可

C. Znode 节点有自动编号功能

D. 每个节点有多个标识

（5）在 ZooKeeper 中，当 Leader 节点丢失或者 Leader 失去大多数的 Follower 时，ZooKeeper 自动进入恢复模式，恢复模式的作用是（　　）。

A. 重新选出一个 Leader 让所有服务恢复到一个正常状态

B. 暂停服务并恢复之前 Leader 节点的信息

C. 重新分配 Follower 至之前的 Leader

D. 打乱 Follower 并重新分配至任一一个正常运行的 Leader

2. 填空题

(1)Znode 节点主要有两种类型,________ 和持久的。

(2)ZooKeeper 集群中每台机器之间都会保持通信并在内存中维护当前服务,集群中节点发生故障数量不超过 ________ 仍能正常对外服务。

(3)ZooKeeper 中的节点称为 _______。

(4)ZooKeeper 中跟随者用于接受客户端请求向客户端返回结果,并在 _________ 中参与投票。

(5)ZooKeeper 的数据模型是采用 __________ 结构层次。

3. 简答题

(1)简述 ZooKeeper 的作用。

(2)简述 ZooKeeper 的工作原理。

项目四　Hadoop 高可用

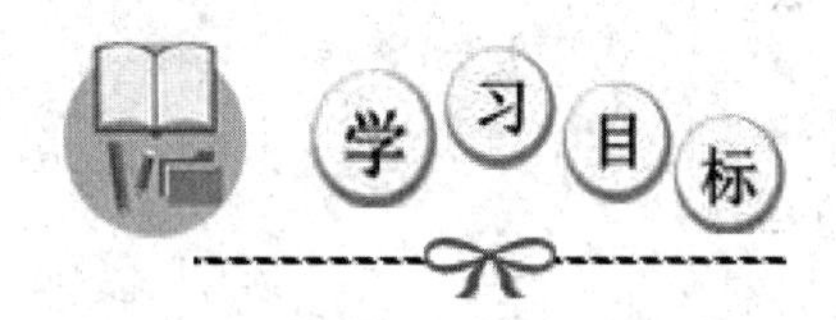

通过对本项目的学习，了解 Hadoop 的发展历程，熟悉 Hadoop1.X 版本和 Hadoop2.X 版本各自的特点和相互之间的区别，掌握 HDFS 高可用解决方案，熟悉 Hadoop 的目录结构以及配置文件和 Hadoop 核心组件，在任务实施过程中：

- 熟悉 MapReduce 的运行方式；
- 熟悉 Hadoop 页面的参数及其含义；
- 掌握配置文件修改及环境变量的配置方法；
- 掌握 Hadoop 高可用集群的搭建方法。

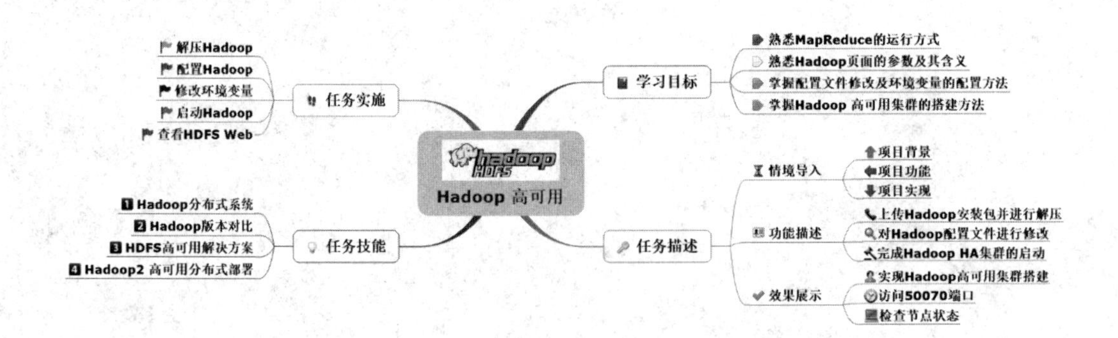

【情境导入】

网络技术的飞速发展，导致互联网用户愈来愈多，基数庞大的网民会同时产生的海量数据，普通的集群不仅难以满足长时间、高强度的计算需求，而且极易出现故障。因此搭建 Hadoop 高可用集群成为广大企业迫切的需求。本项目从 HDFS HA（高可用）解决方案和 Hadoop2 高可用分布式部署入手，介绍如何能够正确地完成 Hadoop HA 的环境搭建。

【功能描述】

- 上传 Hadoop 安装包并进行解压。
- 对 Hadoop 配置文件进行修改。
- 完成 Hadoop 高可用集群的启动。

【效果展示】

通过对本次任务的学习，实现 Hadoop 高可用集群的搭建并通过访问 50070 端口查看主节点与备份节点的状态，当前处于启动状态的节点为主节点，当主节点发生故障备份节点会自动启动，最终效果如图 4-1 所示。

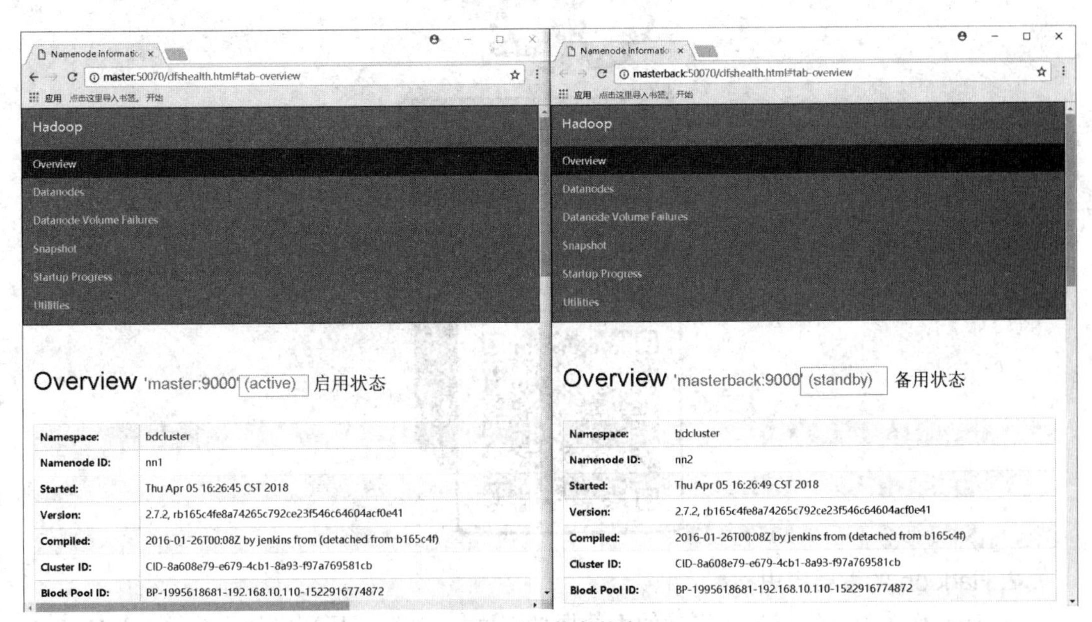

图 4-1　节点状态

技能点一　Hadoop 分布式系统

1. Hadoop 简介

人类产生数据的速度越来越快，机器生产数据的速度则更快，面对如此海量并不断增长的数据，人类需要另一种处理数据的方法。Hadoop 就是这样一种处理数据的框架。

Hadoop 是一个由 Apache 基金会所开发的分布式系统基础架构，其被用来对大量数据进行分布式处理。

Hadoop 这个名字不是一个缩写，而是一个虚构的名字。该项目的创建者 Doug Cutting 在解释 Hadoop 的名字时说："这个名字是我的孩子给一个棕黄色的大象玩具命名的。我的命名标准就是简短，容易发音和拼写。"Hadoop 的 LOGO（标识）如图 4-2 所示。

图 4-2　Hadoop 的 LOGO

想要了解其他大数据框架请扫描下方二维码。

2. Hadoop 的发展历史

Hadoop 作为目前发展最为迅猛的大数据处理框架，其发展历程必然十分丰富。Hadoop 的发展历史见表 4-1。

表 4-1　Hadoop 的发展历史

时间	版本	历程
2003 年前	原型	Hadoop 由 Apache Lucene 项目下的搜索引擎的子项目 Nutch 演变而来
2003—2004 年	MapReduce	Google 公司研究开发了 MapReduce，并在 2004 年的 OSDI 国际会议上发表了一篇题为《MapReduce：大型集群上的简化数据处理》的论文，说明了 MapReduce 的原理
2004 年	MapReduce	Doug Cutting 使用 Java 语言设计实现新的 MapReduce
2006 年	Hadoop 的最初版本	NDFS 和 MapReduce 从 Nutch 项目中分离出来，成为一套独立的大规模数据处理软件系统
2008 年	Hadoop	Hadoop 成为 Apache 最大的一个开源项目，成为一个包含 HDFS、MapReduce、HBase、Hive、Zookeeper 相关子项目的大数据处理平台
2011 年 5 月	Hadoop 0.20.203.X	经过 4 500 台服务器产品级测试的最早的稳定版
2011 年 10 月	Hadoop 0.23.0 测试版	该版本系列最终演化为 Hadoop2.0 版本
2011 年 12 月	Hadoop1.0.0	在 0.20.205 版基础上发布
2013 年 8 月	Hadoop1.2.1	稳定版
2013 年 10 月	Hadoop2.2.0	稳定版
2016 年 1 月	Hadoop2.7.2	Apache 官方所标注的最新版本也是目前为止被广大企业使用最广泛的版本
2018 年 4 月	Hadoop3.0.2	目前的最新版本，但并非稳定版

3. Hadoop 应用

Hadoop 由于其易用和开源的特点，被国内外的广大企业所使用。

1）百度

百度在 2006 年就开始关注 Hadoop 并开始调研和使用，截至目前，百度拥有全球最大的 Hadoop 集群规模。

百度的 Hadoop 集群为整个百度的数据团队、大搜索团队、社区产品团队、广告团队以及 LBS（基于位置的服务）团体提供统一的计算和存储服务，主要应用包括以下方面。

- 数据挖掘与分析。
- 日志分析平台。
- 数据仓库系统。
- 推荐引擎系统。
- 用户行为分析系统。

百度在 Hadoop 的基础上开发了自己的日志分析平台、数据仓库系统，对 Hadoop 进行了深度改造。

2）阿里巴巴

阿里巴巴的 Hadoop 集群为“淘宝”“天猫”“一淘”“聚划算”“支付宝”提供底层的基础

计算和存储服务，其主要应用包括以下内容。

- 数据平台系统。
- 搜索支撑。
- 广告系统。
- “数据魔方”。
- “量子系统”。
- “淘数据”。
- 推荐引擎系统。
- 搜索排行榜。

为了便于开发，阿里巴巴还开发了 WebIDE 继承开发环境，使用的相关系统包括 Hive、Pig、Mahout、HBase 等。

3）腾讯

腾讯是使用 Hadoop 最早的中国互联网公司之一。腾讯的 Hadoop 为腾讯各个产品线提供基础云计算和云存储服务，其支持以下产品。

- “腾讯社交”广告平台。
- “腾讯罗盘”。
- “QQ 会员”。
- “腾讯游戏”支撑。
- “QQ 空间”。
- “腾讯开放平台”。
- “财付通”。
- “手机 QQ”。
- “QQ 音乐”。

腾讯利用 Hadoop-Hive 构建了自己的数据仓库系统 TDW，同时还开发了自己的 TDW-IDE 基础开发环境。

技能点二　Hadoop 版本对比

1. Hadoop 版本介绍

Hadoop1 主要是由 MapReduce1 和 HDFS 组成的，而 Hadoop2 是在 Hadoop1 的基础上发展而来的。Hadoop2 为了克服很多 Hadoop1 中的不足，在 Hadoop1 的基础上对 HDFS 进行改进并增加 Yarn 的概念，Hadoop1 和 Hadoop2 对比如图 4-3 所示。

1）HDFS 介绍

HDFS（Hadoop Distributed File System）是 Hadoop 的分布式文件系统，被设计在普通的硬件之上。HDFS 的设计目的是为了存储大体积文件，这些文件能够以“流”的方式被访问，并能够运行于日常用的硬件设备集群中。

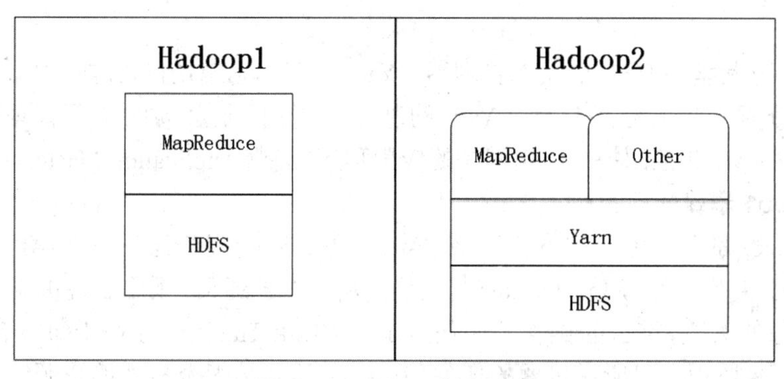

图 4-3　Hadoop 版本对比

Hadoop 2 中的 HDFS 与 Hadoop 1 相比作出了改进。Hadoop 1 中的 HDFS 由一个 NameNode（领导者，负责调度）和多个 DateNode（负责调度存储和检索数据）组成。在 Hadoop 2 中 NameNode 可以扩展成多个，每个 NameNode 分别管理一部分目录，进而产生了 HDFS Federation。HDFS Federation 是为了解决 HDFS 单节点故障而提出的（NameNode）横向解决方案，该机制的引入不仅增强了 HDFS 的扩展性，也使 HDFS 具备了隔离性。HDFS 数据格式如下。

文件数据

文件数据是指 HDFS 中文件的具体内容，HDFS 系统将文件分为固定大小的块存储在 DataNode 上。每一块称为一个 Block，副本数量默认为 3 份（用户可以指定副本数量），相同块的副本分别存储在不同的 DataNode 上，可以有效地保证数据的可靠性。

元数据

数据文件在 NameNode 中存储的路径信息，称之为元数据（Metadata）。HDFS 文件系统与 Windows 文件系统一样，提供了便于维护的分级文件存储格式，便于维护。元数据由 NameNode 进程管理，NameNode 启动时，元数据文件会从本地磁盘加载到内存中，由于（Hadoop 1）NameNode 是单节点，一旦 NameNode 服务无法正常运行，HDFS 服务也将无法正常运行，在 Hadoop 2 中该问题已经解决了。

2）MapReduce

MapReduce 是一个编程模型，核心思想是“Map（映射）”和“Reduce（归纳）”。简而言之，就是将一些数据通过 Map 来分别处理，将分别处理的数据结果递交给 Reduce，由 Reduce 归纳在一起。举个例子，有相当数量的纸质文件，任务是将这些文件的字数统计出来。如果将任务只交给一个人，工作量大且容易出错。Map 的工作类似于将文件分成若干份并分派给不同的人，接到任务的人分别对属于自己的部分进行字数统计；Reduce 的工作类似于将每个人统计的结果集合在一起。这就是 MapReduce 的工作原理。

MapReduce 的核心思想源自于函数式编程语言和矢量编程语言。MapReduce 使编程人员即使在不会分布式并行编程的情况下也可以将自己的程序运行在分布式系统上。MapReduce 目前分为两个版本，即 MapReduce1（对应于 Hadoop 1）和 MapReduce2（对应于 Hadoop 2）。MapReduce1 用于大规模数据集（大于 1 TB）的并行运算。MapReduce 2 具有和 MapReduce 1 相同的编程模型和数据处理引擎，唯一的区别是运行环境不同。MapReduce 2 运行在资源管理框架 Yarn 之上。

3）Yarn

Yarn 是一种新型的 Hadoop 资源管理器。Yarn 的基本思想是将资源管理器和作业调度/监控的功能分解为单独守护进程。Yarn 的基本组成：控制全局的资源管理器（Resource Manager，简称 RM）和控制每个应用程序的应用程序控制（Application Master，简称 AM）。

2. Hadoop1 暴露的问题

MapReduce1 的具体流程如下：工作客户端（Job Client）提交任务（Job）给工作追踪（Job Tracker：存在于主节点上），Job Tracker 与集群的所有机器通信（采用心跳机制，Heartbeat），管理所有任务的失败、重启的操作。而任务追踪（Task Tracker）存在于每一台机器（从节点）上，主要用来监视自己所在机器的任务（Task）的运行情况及机器的资源情况，然后把这些信息通过 Heartbeat 发送给 Job Tracker，如图 4-4 所示。

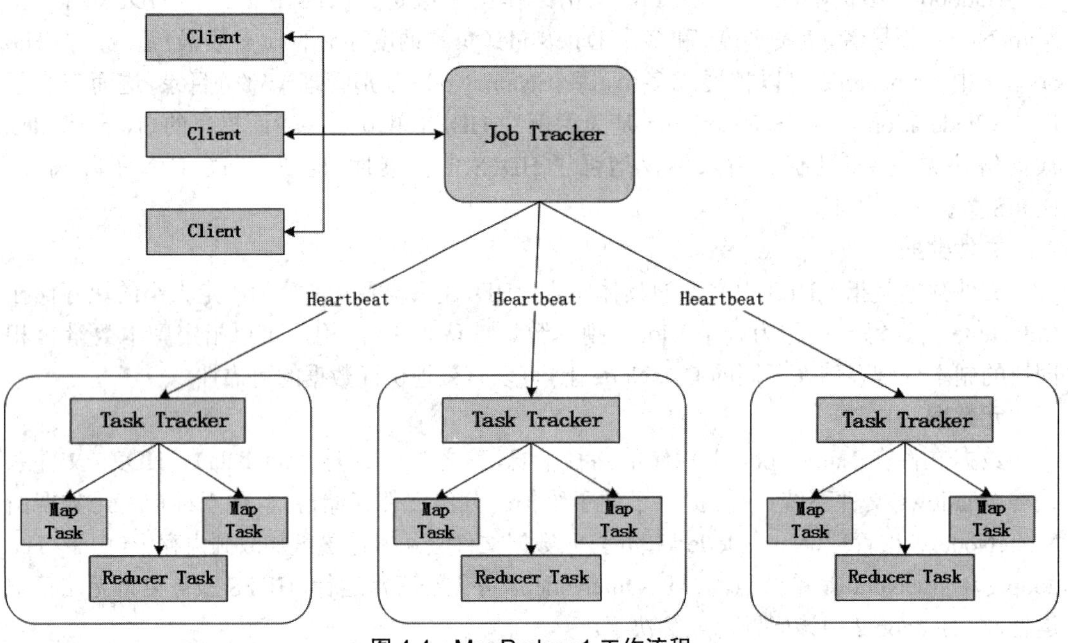

图 4-4　MapReduce1 工作流程

从机制的介绍可知，MapReduce1 的主要组件包含 Job Tracker 和 Task Tracker。这种看似设计很“健康”的机制也会有很多的安全隐患，如：Job Tracker 并不能保持长期稳定的运行，Job Tracker 存在出现单点故障的可能。当 Job Tracker 完成了太多任务，或 MapReduce 任务非常多时，会造成很大的内存开销。Task Tracker 在两个大内存消耗任务一起调度时，容易出现 OOM（内存耗尽）的情况，如果只有 Map 任务执行或 Reduce 任务执行时会造成资源的浪费。

3. Hadoop2 的改进策略

1）MapReduce 的改进

Hadoop 存在的隐患随着 MapReduce2 的出现得到了良好的解决。

由于 MapReduce2 运行在 Yarn 上，而 Yarn 与 MapReduce1 相比引入了一个新类型的组件——Node Manager。在 Yarn 中负责全局资源调配的是 ResourceManager（相当于 MapReduce 中的 Job Tracker），父子节点的调度和协调资源的组件是 Application Master（相当

于 MapReduce 中的 Task Tracker）。而 Node Manager 相当于每个节点的代理，其作用是监控应用程序的资源使用情况，并汇报给 Resource Manager。因此可见，Node Manager 的出现大大减轻了 Job Tracker 的压力。综上所述可知，在 Yarn 中资源管理与任务调度的工作被分离开来。

MapReduce2 由于 Yarn 的引入主要具备了以下 3 点优势。

➢ Yarn 极大地减少了 Job Tracker 的资源消耗，并且让监测每个 Job 子任务状态的程序变得分布式化。

➢ Yarn 中 Application Master 并不是一成不变的，用户可以针对不同编程模型编写适合自己需求的 Application Master，让更多类型的编程模型能运行在 Hadoop 集群中。

➢ 在 MapReduce 框架中，Job Tracker 一个很大的负担就是监控 Job 下任务的运行状况，现在该任务由 Application Master 去做，而 Resource Manager 的任务是监测 Application Master 的运行状况，如果出问题，会将其在其他机器上重新启动。

2）HDFS 的改进

Hadoop 2 针对 Hadoop 1 单 NameNode 制约 HDFS 的扩展性问题，提出 HDFS Federation。HDFS Federation 让多个 NameNode 分管不同的目录，进而实现访问隔离和横向扩展，同时彻底解决了 NameNode 单点故障问题。

Hadoop 1 与 Hadoop 2 的区别见表 4-2。

表 4-2　Hadoop 1 和 Hadoop 2 的区别

	Hadoop 1	Hadoop 2
MapReduce	单独模块	运行在 Yarn 之上
Yarn	无	有
HDFS	单个 NameNode 容易出现单节点故障	引入 HDFS Federation，可以使 NameNode 横向扩展，解决 NameNode 单节点故障问题

技能点三　HDFS 高可用解决方案

1. 高可用集群的定义

高可用集群是一种以减少服务中断时间为目的的服务器集群技术。高可用集群通过保护用户的业务程序提供不间断的服务，将因为故障产生的对业务的影响降到最低。高可用集群的用途越来越多样化，但是多样化的用途也带来了复杂的配置和操作。

高可用集群如果要保证任务能够连续执行，一般由两个以上节点组成，即主节点（活动节点）和备用节点，当主节点发生故障无法正常服务时，系统会自动切换备用节点为活动节点，此时备用节点称为主节点，之前的主节点作备用节点，从而实现任务不间断或短时间间断执行。

HDFS（Hadoop Distributed File System）的 HA（High Availability）分布式文件系统能够提高元数据的可靠性，减少 NameNode 服务恢复时间。HDFS 文件系统由负责管理的 NameNode 和负责存储具体文件的 DateNode 组成。HDFS 文件系统存储文件的类型分为 2 种：元数据（Metadata）文件和源数据文件。HDFS 文件管理系统能够提供高性能、高可靠、高扩展的存储服务，架构如图 4-5 所示。

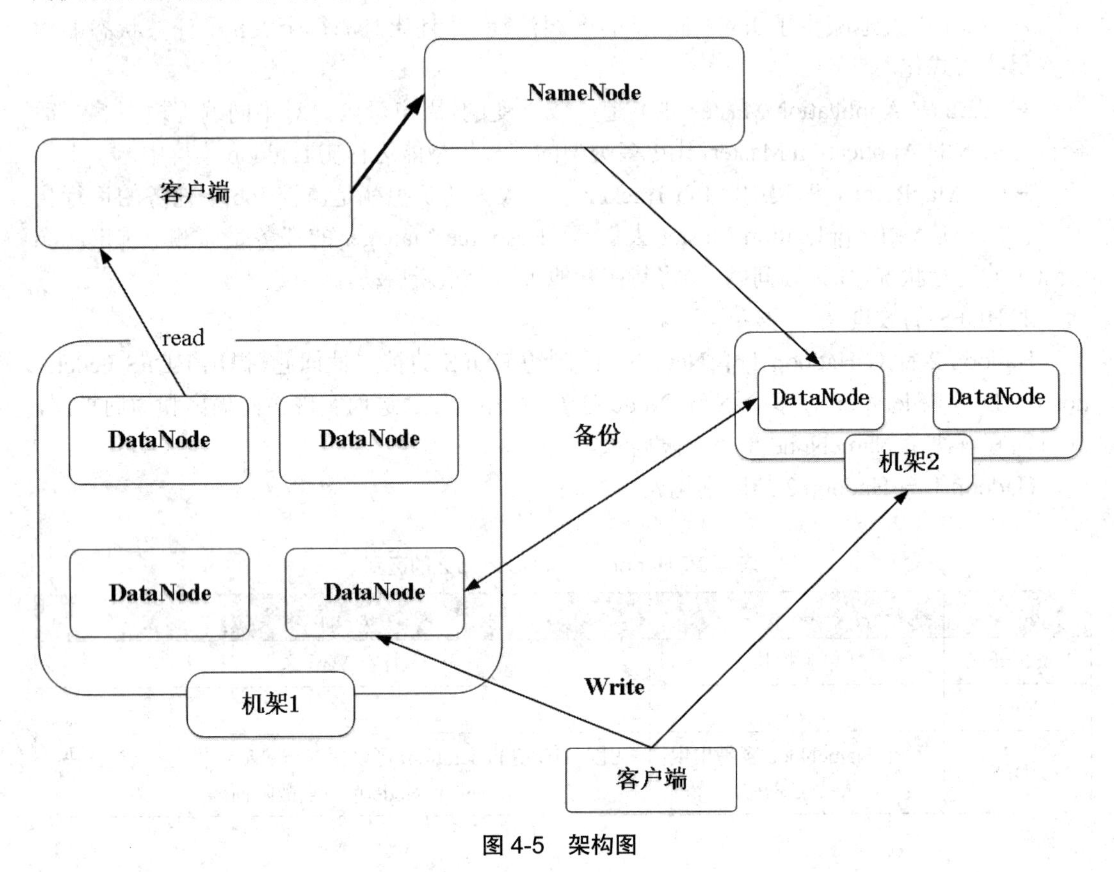

图 4-5 架构图

2. HDFS 与 ZooKepper 实现高可用

在 Hadoop 1 中，HDFS NameNode 单点故障问题尤其严重。所幸在 Hadoop 2 中该问题已经解决。经过多个版本的更替，Hadoop 已经可以被用于生产环境。HDFS NameNode 和 YARN Resource Manage 的高可用方案十分相似，并且复用了部分代码。但由于 HDFS 对数据存储要求比较高，所以 HDFS 的高可用实现较为复杂。其整体架构如图 4-6 所示。

（1）启用主节点和备用主节点：两台主节点形成互相备份，一台为启用状态，另一台为备用状态。只有启用的主节点才能对外提供读写服务。备用的主节点仅仅可以同步启用主节点的日志文件和接受数据节点的数据块报告。

（2）故障转移控制器：作为独立的进程运行，主要是对主备节点切换进行总体的控制。故障转移控制器运行在主节点上，当检测到故障时，借助 ZooKeeper 实现自动的主备选举和切换。ZooKeeper 为故障转移控制器提供选举支持。

（3）共享存储系统：实现 HDFS 高可用的最重要的部分，保存了主节点运行过程中所产生的 HDFS 的元数据。主节点和备用主节点可以通过共享存储系统实现元数据同步。在主备切换时，新启用的主节点在确认元数据完全同步完成之后，才可以对外提供服务。

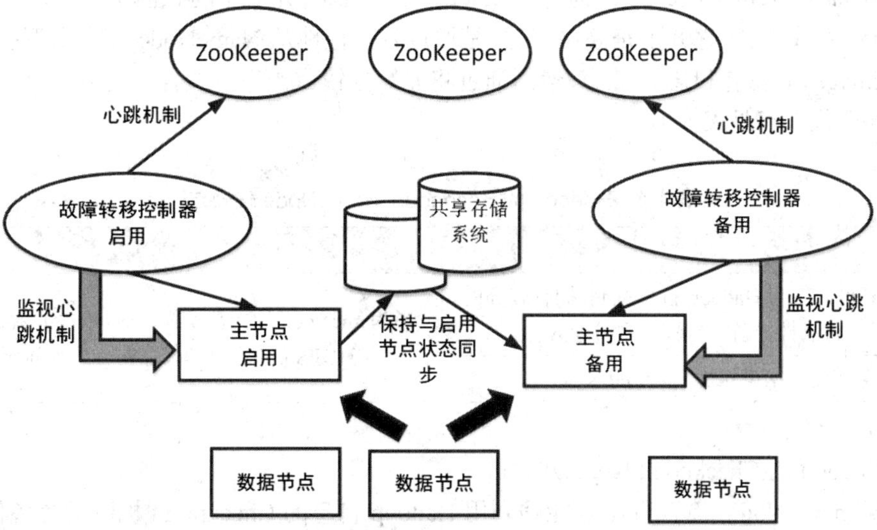

图 4-6　HDFS NameNode 的高可用整体架构

（4）数据节点：除了通过共享存储系统共享元数据之外，启用的主节点和备用的主节点还需要共享数据块（Block）与数据节点之间的映射关系。

3. HDFS 高可用解决方案

HDFS 高可用的解决方案主要有：Hadoop 的元数据备份、Hadoop 的 Secondary NameNode 方案、Hadoop 的 Checkpoint Node 方案、DRDB 方案和 Hadoop 的 Backup Node 方案，本次任务实施中主要用到 Hadoop 的元数据备份和 Hadoop 的 Secondary NameNode2 种解决方案。

1）Hadoop 的元数据备份方案

元数据备份方案依靠 Hadoop 自身 Failover（故障切换）机制，NameNode 可以使用多个目录保存元数据，一般设置一个本地目录和一个远程目录，通过 HDFS 文件系统进行共享，当 Master 节点的 NameNode 发生故障时可以启用 masterback 节点的 NameNode，通过 HDFS 系统加载远程目录的元素数据提供服务。优缺点见表 4-3。

表 4-3　Hadoop 元数据备份的优缺点

优点	缺点
元数据备份方案为 Hadoop 自身机制，拥有较高的可靠性，配置简单，使用方便	多个备份目录需要同步写入元数据，相对于单个 NameNode 效率较低
	当 NameNode 需要重启时，消耗的时间和文件系统规模成正比
可将元数据保存到多个目录，保证元数据的安全和状态	当 HDFS 文件系统阻塞时，备份在远程的元数据无法正常使用

2）Hadoop 的 Secondary NameNode 方案

Secondary NameNode 能够为 NameNode 内存中的元数据创建检查点，用来辅助 NameNode 完成任务，它并不是高可用，只是通过阶段性地从 NameNode 节点上下载元数据信息（fsimage）和操作日志（edits），然后通过将元数据镜像操作日志合并的方式缩短启动集群的时间。优缺点见表 4-4。

表 4-4　Hadoop 的 Secondary NameNode 优缺点

<table>
<tr><th>优点</th><th>缺点</th></tr>
<tr><td>元数据备份方案为 Hadoop 自身机制，拥有较高的可靠性，配置简单，使用方便</td><td rowspan="2">当 NameNode 的元数据损坏时，恢复的数据不是 HDFS 的最新数据，存在一致性问题</td></tr>
<tr><td>保证元数据可靠性，显示 edits 大小</td></tr>
</table>

3）Hadoop 的 Checkpoint Node 方案

Checkpoint Node（检查节点），能够利用 Hadoop 自身的 Checkpoint 机制进行备份，需要配置一个 Checkpoint Node 节点。该节点会阶段性地从 Priamry NameNode 中下载元数据信息（fsimage）和操作日志（edits），进行合并形成最新的 Checkpoint，上传到 Primary NameNode 进行更新。优缺点见表 4-5 所示。

表 4-5　Hadoop 的 Checkpoint Node 优缺点

优点	缺点
配置简单，无须开发，配置简单	备份节点切换时间较长，没有做到热备份
多个元数据备份	只备份最后一次 Check 时的元数据信息，不是发生故障时的最新信息，可能造成信息丢失

4）DRDB 方案

DRDB 是一种基于软件的、无共享的、复制的存储解决方案。利用 DRDB 机制进行备份能够在 NameNode 发生故障时，启动备用机器的 NameNode，为读取 DRDB 元数据备份信息提供服务。优缺点见表 4-6。

表 4-6　DRDB 的优缺点

<table>
<tr><th>优点</th><th>缺点</th></tr>
<tr><td>备份机制较为成熟</td><td rowspan="2">节点切换时间长，没有做到热备份</td></tr>
<tr><td>元数据有多个最新状态的备份</td></tr>
<tr><td>NameNode 无须将日志文件写入到多个备份目录，备份工作交由 DRDB 完成</td><td>需要引入新机制有一定可靠性问题</td></tr>
</table>

5）Hadoop 的 Backup Node 方案

Backup Node 能够利用 Hadoop 自身的 Failover（故障切换）在本地磁盘和内存中保存

HDFS 文件系统中最新的元数据信息。这些信息在 NameNode 发生故障时，可以直接使用。优缺点见表 4-7。

表 4-7　Backup Node 方案的优缺点

优点	缺点
配置简单，使用简单，无须开发	无法直接替换 NameNode，NameNode 发生故障时，只能重启 NameNode 恢复服务
储存的为最新的元数据信息	Backup Node 未存储 Block 位置信息，需要一定时间等待 DataNode 进行上报
直接利用内存中的元数据信息进行备份，效率较高	

方案优缺点见表 4-8。

表 4-8　方案优缺点

方案名称	切换时间	元数据一致性	是否做 checkpoint	使用复杂度	成熟度	相关资料
元数据备份	长	一致	否	低	高	较多
Secondary NameNode	长	不一定	是	中	高	较多
Backup Node	长	不一定	是	中	高	较少
Checkpoint Node	中	一致	是	中	中	较少
DRDB	长	一致	否	高	高	多

其中元数据备份方案和 DRDB 方案需要和 Secondary NameNode（辅助 NameNode 完成数据存储）、Checkpoint Node（检查点）或 Backup Node（检查点）配合使用，否则会造成日志无限增长。而对于 Secondary NameNode、Checkpoint Node 机制，只能做到 Checkpoint，需要在 NameNode 上配置元数据保存路径才能做到实时备份。Backup Node 同样需要在 NameNode 节点上配置元数据备份路径进行本地备份，否则会造成 Backup Node 成为单一节点。

综上所述：

- 原数据备份方案功能上可替代 DRDB 且使用方便简单；
- Backup Node 方案是 Checkpoint Node 的升级版，效率更高；
- Secondary NameNode 方案为 Hadoop 较早的自身机制，对版本要求较低。

技能点四　Hadoop2 高可用分布式部署

1. Hadoop 目录与指令

登录 http://archive.apache.org/dist/hadoop/common/hadoop-2.7.2/ 下载 hadoop-2.7.2.tar.gz

安装包（Hadoop 在资料包 \08 课件工具 \04 项目四 Hadoop 高可用目录下），如图 4-7 所示。

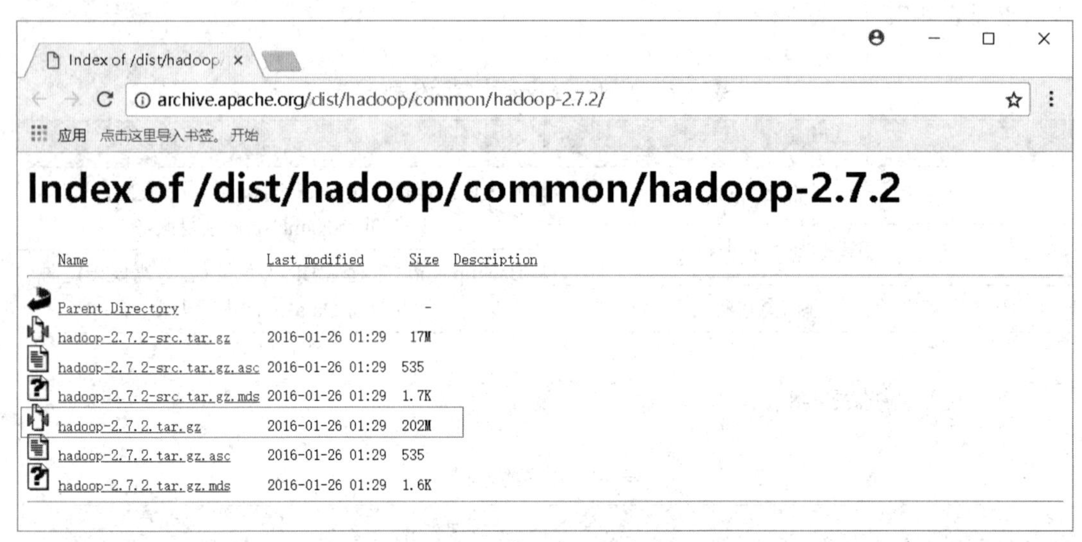

图 4-7　下载 Hadoop 安装包

将 Hadoop 上传到 master 节点的 /usr/local/ 目录下，解压并重命名，命令如示例代码 CORE0401 所示。

示例代码 CORE0401 解压并重命名

```
[root@master local]# tar -zxvf hadoop-2.7.2.tar.gz
[root@master local]#  mv hadoop-2.7.2 hadoop
```

使用 SecureFX 进入到 Hadoop 安装目录，目录结构如图 4-8 所示。

/usr/local/hadoop

名字	大小	已改变
..		2018/1/9 12:33:37
bin		2016/1/26 8:20:20
etc		2016/1/26 8:20:20
hdfs		2018/1/9 13:02:55
include		2016/1/26 8:20:20
lib		2016/1/26 8:20:20
libexec		2016/1/26 8:20:20
logs		2018/1/11 16:45:08
pids		2018/1/9 13:03:37
sbin		2016/1/26 8:20:20
share		2016/1/26 8:20:20
LICENSE.txt	16 KB	2016/1/26 8:20:20
NOTICE.txt	1 KB	2016/1/26 8:20:20
README.txt	2 KB	2016/1/26 8:20:20

图 4-8　Hadoop 目录结构

1）etc/hadoop 目录

Hadoop 的配置文件目录用于存放 Hadoop 的配置文件，配置文件及说明见表 4-9。

表 4-9　Hadoop 配置文件

文件名	说明
core-site.xml	Hadoop 核心全局配置文件
hdfs-site.xml	HDFS 配置文件
Mapred-site.xml	MapReduce 的配置文件
yarn-site.xml	yarn 框架的配置文件
slaves	用于设置所有的 slave 的名称或 IP

➢ core-site.xml

可以在其他配置文件中引用该文件中定义的属性，如：在 hdfs-site.xml 及 mapred-site.xml 中会引用该文件的属性。core-site.xml 配置属性说明见表 4-10。

表 4-10　core-site.xml 配置属性

属性	说明
fs.defaultFS	指定 HDFS 的 nameservice
hadoop.tmp.dir	指定 Hadoop 临时目录
ha.zookeeper.quorum	指定 ZooKeeper 地址
ha.zookeeper.session-timeout.ms	ZooKeeper 的 session 会话超时时间

➢ hdfs-site.xml

此配置文件中主要针对 HDFS 文件系统作详细设置，包括设置 HDFS 文件系统本地的真实存储路径等，配置属性说明见表 4-11。

表 4-11　hdfs-site.xml 配置属性详解

属性	说明
dfs.nameservices	指定 HDFS 的 nameservice
dfs.ha.namenodes.bdcluster	每个 NameNode 在名称服务中的唯一标识
dfs.namenode.rpc-address.bdcluster.nn1	配置 nn1 节点 RPC 通道
dfs.namenode.http-address.bdcluster.nn1	配置 nn1 对外服务 http 地址
dfs.namenode.shared.edits.dir	指定 NameNode 的元数据在 JournalNode 上的存放位置
dfs.journalnode.edits.dir	指定 JournalNode 在本地磁盘存放数据的位置
dfs.ha.automatic-failover.enabled	是否启动失败自动切换

续表

属性	说明
dfs.client.failover.proxy.provider.bdcluster	客户端与 active NameNode 进行交互的 Java 实现
dfs.ha.fencing.methods	配置隔离机制
dfs.ha.fencing.ssh.private-key-files	配置私钥
dfs.ha.fencing.ssh.connect-timeout	配置 sshfence 隔离机制超时时间
dfs.namenode.name.dir	指定 NameNode 名称空间的存储地址
dfs.datanode.data.dir	指定 DataNode 数据存储地址
dfs.replication	指定数据冗余份数

➢ mapred-site.xml

通过对 mapred-site.xml 文件的配置指定执行 MapReduce 的运行程序，并配置 JobHistory 地址等，配置属性说明见表 4-12。

表 4-12　maprd-site.xml 配置

属性	说明
mapreduce.framework.name	指定运行 MapReduce 的程序
mapreduce.jobhistory.address	配置 MapReduce JobHistory Server 的地址
mapreduce.jobhistory.webapp.address	配置 MapReduce JobHistory Server web ui 地址

➢ yarn-site.xml

通过对 yarn-site.xml 文件的配置能够对 yarn 框架的一些属性进行设置，如指定 RM 的 cluster id，RM1 的地址等，配置属性说明见表 4-13。

表 4-13　yarn-site.xml 配置

属性	说明
yarn.resourcemanager.ha.enabled	是否开启 ResourceManager HA
yarn.resourcemanager.recovery.enabled	是否开启自动恢复功能
yarn.resourcemanager.cluster-id	指定 RM 的 cluster id
yarn.resourcemanager.ha.rm-ids	设置 ResourceManager 的逻辑名
yarn.resourcemanager.hostname.rm1	指定 ResourceManager1 的地址
yarn.resourcemanager.hostname.rm2	指定 ResourceManager2 的地址
ha.zookeeper.quorum	指定 ZooKeeper 集群
yarn.resourcemanager.zk-state-store.address	设置 ZooKeeper 的连接地址
yarn.resourcemanager.store.class	设置状态存储类

2）sbin 目录

sbin 目录存放启动或停止 Hadoop 相关服务的脚本，详情见表 4-14。

表 4-14　sbin 目录文件功能

文件名	说明
hadoop-daemon.sh	启动 / 停止一个守护进程（daemon）
start-all.sh	全部启动
start-dfs.sh	启动 NameNode、DataNode 以及 SecondaryNameNode
start-mapred.sh	启动 MapReduce
stop-all.sh	全部停止
stop-balancer.sh	停止 balancer
stop-dfs.sh	停止 NameNode、DataNode 及 SecondaryNameNode
stop-mapred.sh	停止 MapReduce

3）bin 目录

bin 目录用来存放对 Hadoop 相关服务进行操作的脚本，详情见表 4-15。

表 4-15　Hadoop 脚本文件

Windows	Linux	功能
hadoop.cmd	Hadoop	用于执行 Hadoop 脚本命令
yarn.cmd	Yarn	用于执行 Yarn 脚本命令
hdfs.cmd	HDFS	用于执行 HDFS 脚本命令

2. 节点进程详解

Hadoop HA 集群中每个进程都有其特有的功能和任务，正因如此 master 主节点和 slave1、slave2 分支节点会因分工不同导致其所要启动的进程也有所不同。masterback 节点是 master 节点的备用节点，在 master 节点出现故障是由 masterback 节点完成 master 节点的任务的，不同节点进程说明见表 4-16 和表 4-17。

表 4-16　master 节点进程

节点名称	说明
QuorumPeerMain	ZooKeeper 集群的入口类
DFSZKFailoverController	负责整体的故障转移控制
NameNode	负责调度文件实现文件分布式存储
ResourceManager	负责资源的统一管理和分配

表 4-17　slave 节点进程

节点名称	说明
QuorumPeerMain	启动 ZooKeeper 集群的入口类，用来启动 QuorumPeer 线程并加载配置
NodeManager	运行在分支节点的代理，负责 Hadoop 集群中单个计算节点
JournalNodes	负责 NameNode 之间的通信
DataNode	调度存储和检索数据

3. Web UI 详细介绍

在任务 Hadoop 安装成功后，登录浏览器 master 节点。接下来详细介绍 Hadoop master 节点的页面，如图 4-9 和 4-10 所示。

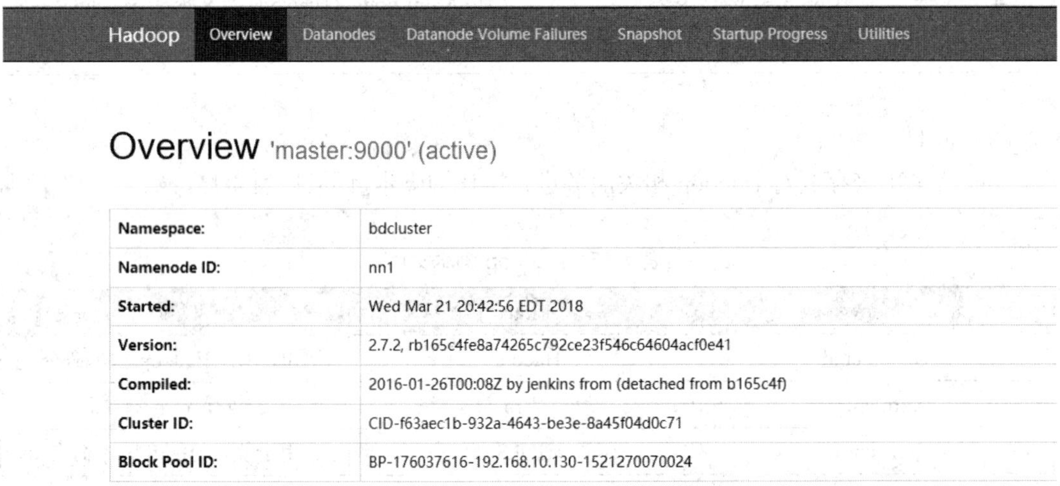

Hadoop　Overview　Datanodes　Datanode Volume Failures　Snapshot　Startup Progress　Utilities

Overview 'master:9000' (active)

Namespace:	bdcluster
Namenode ID:	nn1
Started:	Wed Mar 21 20:42:56 EDT 2018
Version:	2.7.2, rb165c4fe8a74265c792ce23f546c64604acf0e41
Compiled:	2016-01-26T00:08Z by jenkins from (detached from b165c4f)
Cluster ID:	CID-f63aec1b-932a-4643-be3e-8a45f04d0c71
Block Pool ID:	BP-176037616-192.168.10.130-1521270070024

图 4-9　Overview 详细介绍

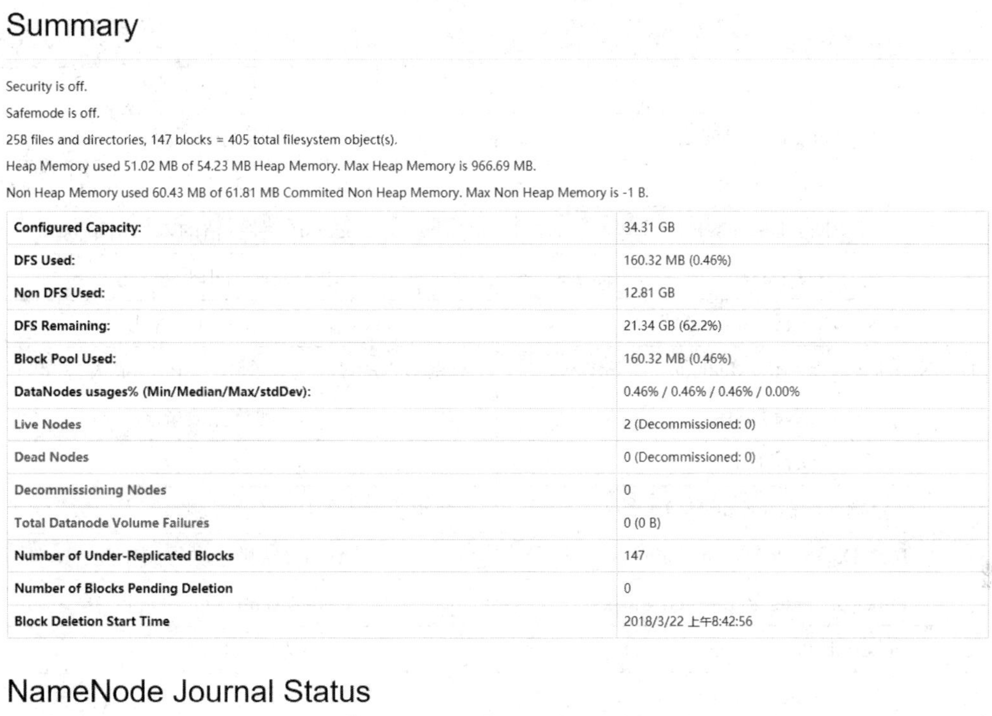

Summary

Security is off.

Safemode is off.

258 files and directories, 147 blocks = 405 total filesystem object(s).

Heap Memory used 51.02 MB of 54.23 MB Heap Memory. Max Heap Memory is 966.69 MB.

Non Heap Memory used 60.43 MB of 61.81 MB Commited Non Heap Memory. Max Non Heap Memory is -1 B.

Configured Capacity:	34.31 GB
DFS Used:	160.32 MB (0.46%)
Non DFS Used:	12.81 GB
DFS Remaining:	21.34 GB (62.2%)
Block Pool Used:	160.32 MB (0.46%)
DataNodes usages% (Min/Median/Max/stdDev):	0.46% / 0.46% / 0.46% / 0.00%
Live Nodes	2 (Decommissioned: 0)
Dead Nodes	0 (Decommissioned: 0)
Decommissioning Nodes	0
Total Datanode Volume Failures	0 (0 B)
Number of Under-Replicated Blocks	147
Number of Blocks Pending Deletion	0
Block Deletion Start Time	2018/3/22 上午8:42:56

NameNode Journal Status

图 4-10　Summary 详细信息

Overview 页面详解见表 4-18。

表 4-18　名词解释

名词	说明
Overview（概览）	查看当前节点的整体信息
DataNode	数据节点的信息
DataNode Volume Failures	数据节点的故障信息
Snapshot	快照
Startup Progress	查看所启动的进程
utilities	应用程序可以查看日志文件和系统文件内容
Namespace	命名空间：系统识别的标识
NameNode ID	节点的 ID
Started	当前集群的启动时间
Version	当前 Hadoop 的版本信息

Summary 页面详细解释见表 4-19。

表 4-19 名词解释

名词	说明
Summary	当前节点信息的总结
Configured Capacity	当前节点的配置容量
DFS Used	Hadoop 文件系统占用空间以及占比
Non DFS Used	为 Hadoop 文件预留的未使用空间
DFS Remaining	集群剩余空间以及占比
Block Pool Used	块池使用空间及占比
DataNodes usages（Min/Median/Max/stdDev）	数据节点的使用方法（最小、中间、最大、标准差）
Live Nodes	活动节点数量
Dead Nodes	非活动节点数量
Decommissioning Nodes	退役节点的数量（已经删除节点的数量）
Total DataNode Volume Failures	数据节点失败总数占用空间
Number of Under-Replicated Blocks	Under-Replicated 块数量
Number of Blocks Pending Deletion	等待删除块的数量
Block Deletion Start Time	块等待开始的时间
NameNode Journal Status	名称节点的日志状态
NameNode Storage	名称节点的存储位置

本次任务通过以下步骤完成 Hadoop HA 集群搭建，主要对 core-site.xml、mapred-site.xml、hdfs-site.xml 等文件进行修改，设置 hdfs 的真实目录地址和文件的块大小等，最后通过 kill 操作模拟节点故障测试主节点自动切换是否能够正常使用。

第一步：在 master（主节点）进行如下配置。如示例代码 CORE0402 所示。

示例代码 CORE0402 进入 Hadoop 配置文件目录

```
[root@master ~]# cd /usr/local/hadoop/etc/hadoop
```

第二步：打开 core-site.xml 配置文件，并对 Hadoop 临时文件存放目录和 ZooKeeper 地址等进行设置并配置 hdfs-sire.xml 文件中设置的集群名称，如示例代码 CORE0403 所示。

示例代码 CORE0403 修改 core-site.xml 配置文件

```
# 打开 core-site 配置文件
[root@master hadoop]# vi core-site.xml
# 将如下内容添加到 <configuration></configuration> 标签中
<property>
<name>fs.defaultFS</name>
<value>hdfs://bdcluster</value>
</property>
<property>
<name>hadoop.tmp.dir</name>
<value>/usr/local/hadoop/tmp</value>
</property>
<property>
<name>ha.zookeeper.quorum</name>
<value>master:2181,masterback:2181,slave1:2181,slave2:2181</value>
</property>
<property>
<name>ha.zookeeper.session-timeout.ms</name>
<value>3000</value>
</property>
```

第三步：打开 mapred-site.xml 配置文件，设置运行 MapReduce 的程序，并设置 Hadoop 历史服务器 JobHistory 查看已经运行完的 MapReduce 的作业记录，如示例代码 CORE0404 所示。

示例代码 CORE0404 修改 mapred-site.xml 配置文件

```
# 拷贝 mapred-site.xml 文件并重命名为 mapred-sitef
[root@master hadoop]# cp mapred-site.xml.template mapred-site.xml
# 打开 hdfs-site.xml 配置文件
[root@master hadoop]# vi mapred-site.xml
# 将如下内容添加到 <configuration></configuration> 标签中
<property>
<name>mapreduce.framework.name</name>
<value>yarn</value>
</property>
<property>
<name>mapreduce.jobhistory.address</name>
<value>0.0.0.0:10020</value>
```

```
</property>
<property>
<name>mapreduce.jobhistory.webapp.address</name>
<value>0.0.0.0:19888</value>
</property>
```

第四步：修改 hdfs-site.xml 配置文件，配置命名空间，设置 nn1 与 nn2 的 RPC 通信地址和 http 通信地址，将 master 节点的监控管理网页端口改为 50070，如示例代码 CORE0405 所示。

示例代码 CORE0405 修改 hdfs-site.xml 配置文件

```
# 打开 /usr/local/hadoop/etc/hadoop/ 目录下的配置文件 hdfs-site.xml
[root@master hadoop]# vi hdfs-site.xml
# 将如下内容添加到 <configuration></configuration> 标签中
<property>
<name>dfs.nameservices</name>
<value>bdcluster</value>
</property>
<property>
<name>dfs.ha.namenodes.bdcluster</name>
<value>nn1,nn2</value>
</property>
<property>
<name>dfs.namenode.rpc-address.bdcluster.nn1</name>
<value>master:9000</value>
</property>
<property>
<name>dfs.namenode.rpc-address.bdcluster.nn2</name>
<value>masterback:9000</value>
</property>
<property>
<name>dfs.namenode.http-address.bdcluster.nn1</name>
<value>master:50070</value>
</property>
<property>
<name>dfs.namenode.http-address.bdcluster.nn2</name>
<value>masterback:50070</value>
</property>
```

```
<property>
<name>dfs.namenode.shared.edits.dir</name>
<value>qjournal://slave1:8485;slave2:8485/bdcluster</value>
</property>
<property>
<name>dfs.journalnode.edits.dir</name>
<value>/usr/local/hadoop/tmp/journal</value>
</property>
<property>
<name>dfs.ha.automatic-failover.enabled</name>
<value>true</value>
</property>
<property>
<name>dfs.client.failover.proxy.provider.bdcluster</name>
<value>org.apache.hadoop.hdfs.server.namenode.ha.ConfiguredFailoverProxyProvider
</value>
</property>
<property>
<name>dfs.ha.fencing.methods</name>
<value>
sshfence
shell(/bin/true)
</value>
</property>
<property>
<name>dfs.ha.fencing.ssh.private-key-files</name>
<value>/root/.ssh/id_rsa</value>
</property>
<property>
<name>dfs.ha.fencing.ssh.connect-timeout</name>
<value>30000</value>
</property>
<property>
<name>dfs.namenode.name.dir</name>
<value>file:///usr/local/hadoop/hdfs/name</value>
</property>
<property>
<name>dfs.datanode.data.dir</name>
```

```
<value>file:///usr/local/hadoop/hdfs/data</value>
</property>
<property>
<name>dfs.replication</name>
<value>3</value>
</property>
```

第五步：修改 yarn-site.xml 配置文件，开启 ResourceManager HA 并开启自动回复功能，指定 RM 的 cluster id，配置 ResourceMagager 并分别制定 RM 的地址，指定 ZooKeeper 集群地址和连接地址等功能，如示例代码 CORE0406 所示。

示例代码 CORE0406 修改 yarn-site.xml 配置文件

```
# 进入 /usr/local/hadoop/etc/hadoop 目录下修改 yarn-site.xml 文件
[root@master hadoop]# vi yarn-site.xml
# 将如下内容添加到 <configuration></configuration> 标签中
<property>
<name>yarn.resourcemanager.ha.enabled</name>
<value>true</value>
</property>
<property>
<name>yarn.resourcemanager.recovery.enabled</name>
<value>true</value>
</property>
<property>
<name>yarn.resourcemanager.cluster-id</name>
<value>yrc</value>
</property>
<property>
<name>yarn.resourcemanager.ha.rm-ids</name>
<value>rm1,rm2</value>
</property>
<property>
<name>yarn.resourcemanager.hostname.rm1</name>
<value>master</value>
</property>
<property>
<name>yarn.resourcemanager.hostname.rm2</name>
<value>masterback</value>
```

```
</property>
<property>
<name>ha.zookeeper.quorum</name>
<value>master:2181,masterback:2181,slave1:2181,slave2:2181</value>
</property>
<property>
<name>yarn.resourcemanager.zk-state-store.address</name>
<value>master:2181,masterback:2181,slave1:2181,slave2:2181</value>
</property>
<property>
<name>yarn.resourcemanager.store.class</name>
<value>org.apache.hadoop.yarn.server.resourcemanager.recovery.ZKRMStateStore
</value>
</property>
<property>
<name>yarn.resourcemanager.zk-address</name>
<value>master:2181,masterback:2181,slave1:2181,slave2:2181</value>
</property>
<property>
<name>yarn.resourcemanager.ha.automatic-failover.zk-base-path</name>
<value>/yarn-leader-election</value>
</property>
<property>
<name>yarn.nodemanager.aux-services</name>
<value>mapreduce_shuffle</value>
</property>
```

第六步：设置子节点名称，将子节点 slave1 和 slave2 添加到 master 节点的 slaves 文件中，如示例代码 CORE0407 所示。

示例代码 CORE0407 设置子节点名称

```
# 打开 slaves 配置文件
[root@master hadoop]# vi slaves
# 添加如下内容
slave1
slave2
```

第七步：配置环境变量，指定 Hadoop 运行安装目录，脚本文件如 stop-all.sh，start-all.sh 在任意目录都能执行，如示例代码 CORE0408 所示。

示例代码 CORE0408 配置环境变量

```
# 回到根目录打开 bashrc 文件配置环境变量
[root@master hadoop]# cd
[root@master ~]# vi  ~/.bashrc
# 文件末尾添加如下内容
export HADOOP_HOME=/usr/local/hadoop
export HADOOP_PID_DIR=/usr/local/hadoop/pids
export HADOOP_COMMON_LIB_NATIVE_DIR=$HADOOP_HOME/lib/native
export HADOOP_OPTS="$HADOOP_OPTS-Djava.library.path=$HADOOP_HOME/lib/
native"
export HADOOP_PREFIX=$HADOOP_HOME
export HADOOP_MAPRED_HOME=$HADOOP_HOME
export HADOOP_COMMON_HOME=$HADOOP_HOME
export HADOOP_HDFS_HOME=$HADOOP_HOME
export YARN_HOME=$HADOOP_HOME
export HADOOP_CONF_DIR=$HADOOP_HOME/etc/hadoop
export HDFS_CONF_DIR=$HADOOP_HOME/etc/hadoop
export YARN_CONF_DIR=$HADOOP_HOME/etc/hadoop
export JAVA_LIBRARY_PATH=$HADOOP_HOME/lib/native
export PATH=$PATH: $JAVA_HOME/bin: $HADOOP_HOME/bin: $HADOOP_HOME/
sbin
```

第八步：将 master 节点中配置完成的 Hadoop 和环境变量分发到各个节点，如示例代码 CORE0409 所示。

示例代码 CORE0409 环境变量分发到各个节点

```
# 将配置文件分发到子节点
[root@master ~]# scp -r /usr/local/hadoop/ masterback:/usr/local/
[root@master ~]# scp -r /usr/local/hadoop/ slave1:/usr/local/
[root@master ~]# scp -r /usr/local/hadoop/ slave2:/usr/local/
# 将环境变量分发到子节点
[root@master ~]# scp –r ~/.bashrc masterback:~/
[root@master ~]# scp –r ~/.bashrc slave1:~/
[root@master ~]# scp –r ~/.bashrc slave2:~/
# 在每个节点执行命令使环境变量生效
[root@master ~]# source ~/.bashrc
```

第九步：启动高可用集群，启动高可用集群时应当注意区分，主节点和备份节点与分支节点需要启动的进程是不同的，如示例代码 CORE0410 所示。

示例代码 CORE0410 启动高可用集群

```
# 在 master 节点上启动 JournalNode 集群
[root@master ~]# /usr/local/hadoop/sbin/hadoop-daemons.sh start journalnode
# 格式化 HDFS 文件系统和 ZooKeeper
[root@master ~]# hdfs zkfc –formatZK
[root@master ~]# hadoop namenode –format
# 在 master 节点上生成的 hdfs 文件拷贝到 maserback 节点中
[root@master ~]# scp -r /usr/local/hadoop/hdfs/ masterback: /usr/local/hadoop
# 在主节点 master 中启动 hadoop 集群
[root@master ~]# start-all.sh
# 在 masterback 上同步 namenode 的数据
[root@masterback ~]# hdfs namenode –bootstrapStandby
# 在 master 节点启动 resourcemanager 进程
[root@masterback ~]# yarn-daemon.sh start resourcemanager
```

第十步：分别查看 master，masterback，slave1，slave2 4 个节点的进程，master 与 masterback 进程相同，slave1 与 slave2 进程相同，如示例代码 CORE0411 所示。

示例代码 CORE0411 查看进程

```
[root@masterback ~]# jps
```

结果如图 4-11 和图 4-12 所示。

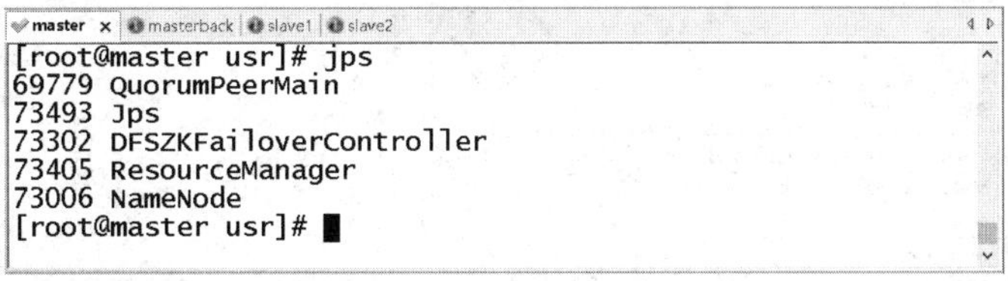

```
master × | masterback | slave1 | slave2
[root@master usr]# jps
69779 QuorumPeerMain
73493 Jps
73302 DFSZKFailoverController
73405 ResourceManager
73006 NameNode
[root@master usr]#
```

图 4-11　master 与 masterback 进程

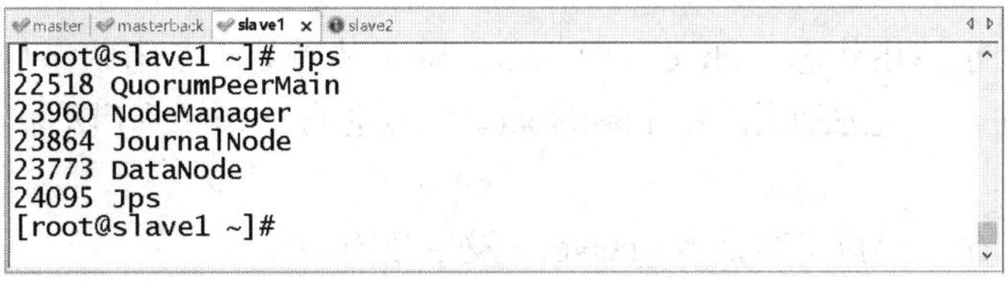

```
master | masterback | slave1 × | slave2
[root@slave1 ~]# jps
22518 QuorumPeerMain
23960 NodeManager
23864 JournalNode
23773 DataNode
24095 Jps
[root@slave1 ~]#
```

图 4-12　slave1 与 slave2 进程

第十一步：验证配置是否成功。

（1）使用浏览器分别登录 master 和 masterback 的 50070 端口查看 NameNode 的状态，如图 4-13 和图 4-14 所示。

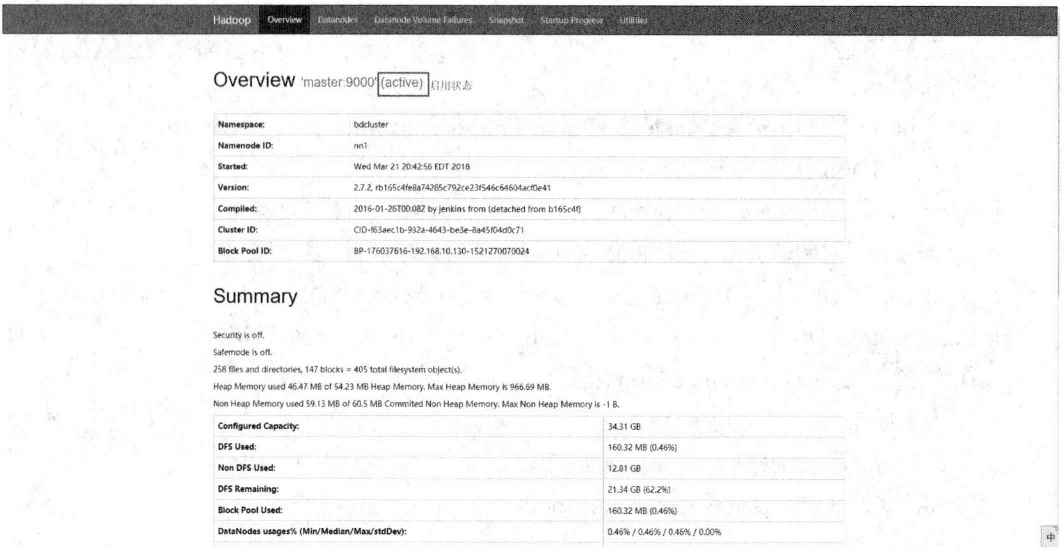

Hadoop Overview Datanodes Datanode Volume Failures Snapshot Startup Progress Utilities

Overview 'master:9000' (active) 启用状态

Namespace:	bdcluster
Namenode ID:	nn1
Started:	Wed Mar 21 20:42:56 EDT 2018
Version:	2.7.2, rb165c4fe8a74265c792ce23f546c64604acf0e41
Compiled:	2016-01-26T00:08Z by jenkins from (detached from b165c4f)
Cluster ID:	CID-f63aec1b-932a-4643-be3e-8a45f04d0c71
Block Pool ID:	BP-176037616-192.168.10.130-1521270070024

Summary

Security is off.
Safemode is off.
258 files and directories, 147 blocks = 405 total filesystem object(s).
Heap Memory used 46.47 MB of 54.23 MB Heap Memory. Max Heap Memory is 966.69 MB.
Non Heap Memory used 59.13 MB of 60.5 MB Commited Non Heap Memory. Max Non Heap Memory is -1 B.

Configured Capacity:	34.31 GB
DFS Used:	160.32 MB (0.46%)
Non DFS Used:	12.81 GB
DFS Remaining:	21.34 GB (62.2%)
Block Pool Used:	160.32 MB (0.46%)
DataNodes usages% (Min/Median/Max/stdDev):	0.46% / 0.46% / 0.46% / 0.00%

图 4-13　master HDFS 管理界面

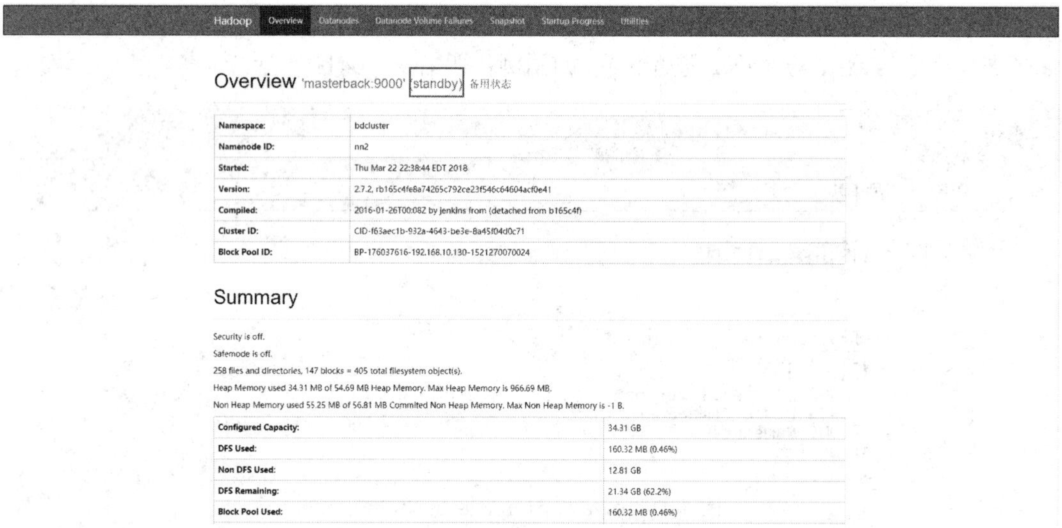

Hadoop Overview Datanodes Datanode Volume Failures Snapshot Startup Progress Utilities

Overview 'masterback:9000' (standby) 备用状态

Namespace:	bdcluster
Namenode ID:	nn2
Started:	Thu Mar 22 22:38:44 EDT 2018
Version:	2.7.2, rb165c4fe8a74265c792ce23f546c64604acf0e41
Compiled:	2016-01-26T00:08Z by jenkins from (detached from b165c4f)
Cluster ID:	CID-f63aec1b-932a-4643-be3e-8a45f04d0c71
Block Pool ID:	BP-176037616-192.168.10.130-1521270070024

Summary

Security is off.
Safemode is off.
258 files and directories, 147 blocks = 405 total filesystem object(s).
Heap Memory used 34.31 MB of 54.69 MB Heap Memory. Max Heap Memory is 966.69 MB.
Non Heap Memory used 55.25 MB of 56.81 MB Commited Non Heap Memory. Max Non Heap Memory is -1 B.

Configured Capacity:	34.31 GB
DFS Used:	160.32 MB (0.46%)
Non DFS Used:	12.81 GB
DFS Remaining:	21.34 GB (62.2%)
Block Pool Used:	160.32 MB (0.46%)

图 4-14　masterback HDFS 管理界面

master 节点处于启用状态（active），而 masterback 节点处于备用状态（standby），当主节点 NameNode 发生故障无法使用时，masterback 节点会自动切换到启动状态主节点变为备用状态。

通过使用 kill 命令模拟主节点 NameNode 发生故障。

（2）查看 NameNode 进程编号，如示例代码 CORE0412 所示。

示例代码 CORE0412 查看进程编号

```
[root@master ~]# jps
```

结果如图 4-15 所示。

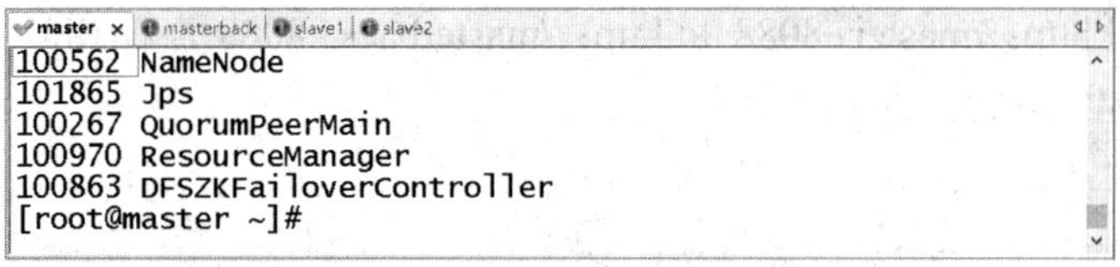

```
100562 NameNode
101865 Jps
100267 QuorumPeerMain
100970 ResourceManager
100863 DFSZKFailoverController
[root@master ~]#
```

图 4-15　查看 NameNode 编号

（3）使用 kill 命令结束任务模拟主节点故障，如示例代码 CORE0413 所示。

示例代码 CORE0413 杀死进程

```
[root@master ~]# kill 100562
```

结果如图 4-16 所示。

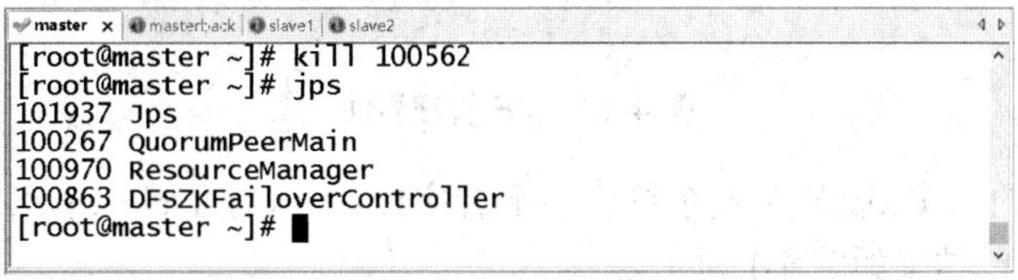

```
[root@master ~]# kill 100562
[root@master ~]# jps
101937 Jps
100267 QuorumPeerMain
100970 ResourceManager
100863 DFSZKFailoverController
[root@master ~]#
```

图 4-16　结束任务进程

（4）刷新 masterback 的 HDFS UI 界面，如图 4-17 所示，为启动状态。

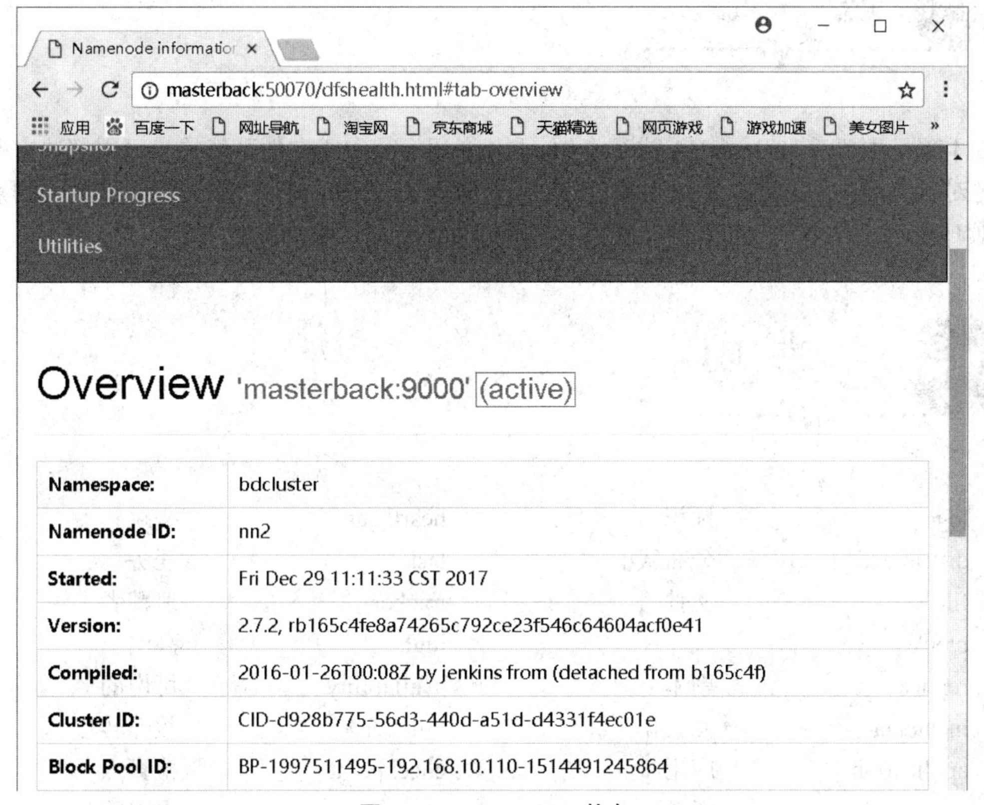

图 4-17　masterback 状态

(5)通过访问 http://master:8088 和 http://masterback:8088 查看 MR 管理界面,进一步验证集群是否搭建成功,如图 4-18 所示。

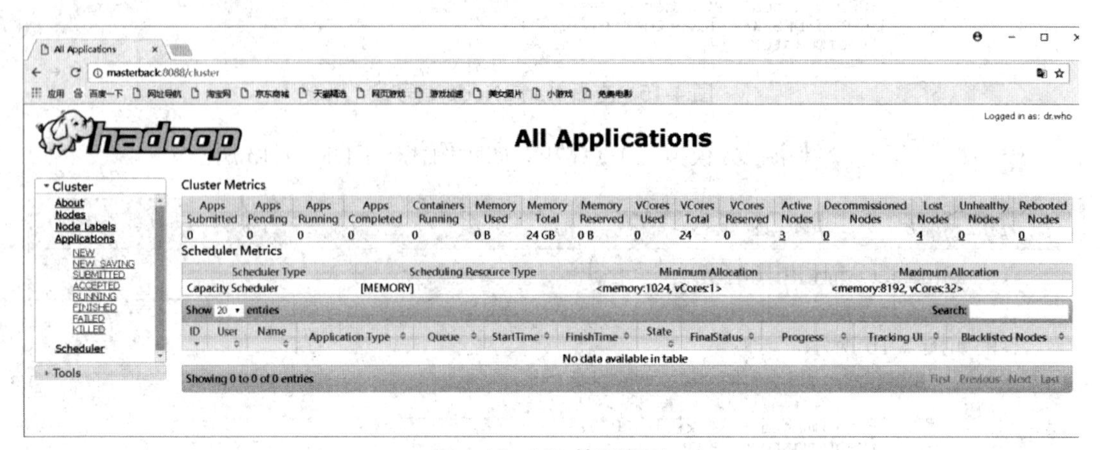

图 4-18 MR 管理界面

至此高可用的 Hadoop 分布式系统已经配置完成,并进行了模拟节点故障主备节点自动切换的操作,最终结果如图 4-1 所示。

本项目主要对 Hadoop HA 进行介绍,重点介绍了分布式文件系统的高可用解决方案,通过对 Hadoop1 和 Hadoop2 的对比,详细地讲解了 MapReduce1 和 MapReduce2 的不同点,根据 Hadoop 2 高可用分布式部署方案,完成对 Hadoop 高可用集群的搭建。

logo	标识	heartbeat	心跳
distributed	分布式的	task	任务
file	文件	tracker	追踪者
block	块	high	高的
replica	副本	availability	可用的
metadata	元数据	failover	故障转移
application	应用	checkpoint	检查点
resource	资源	primary	主要的

manager	管理者	secondary	副的、次要的
federation	联盟	backup	备用的
storage	存储	system	系统

1. 选择题

（1）Hadoop 2 与 Hadoop 1 相比在架构上增加了（　　）。

A. MapReduce　　B. Yarn　　C. HDFS　　D. NameNode

（2）HDFS 系统将文件默认备份为（　　）份。

A.1　　B. 2　　C. 3　　D. 4

（3）HDFS 数据格式分为（　　）和文件数据。

A. 文本数据　　B. 数据库数据　　C. 结构化数据　　D. 元数据

（4）OOM 被称为（　　）。

A. 资源耗尽　　B. 存储耗尽　　C. 内存耗尽　　D. 线程耗尽

（5）在 Hadoop 高可用集群搭建完成之后，Overview 页面中，Namespace 代表（　　）。

A. 数据节点的信息　　B. 命名空间

C. 当前集群的启动时间　　D. 查看所启动的进程

2. 填空题

（1）HDFS 文件系统与 Windows 文件系统一样，提供了 ______ 文件存储格式，便于维护。

（2）Yarn 是一种新型的 Hadoop________。

（3）Task Tracker 在两个大内存消耗任务一起调度时，容易出现 ________ 的情况。

（4）高可用集群是指：以减少 ________ 为目的的服务器集群技术。

（5）HDFS 文件系统存储文件的类型分为两种：____________ 和实际文件数据类型。

3. 简答题

（1）Hadoop2 的特点。

（2）HDFS 与 ZooKepper 如何实现高可用。

项目五　Hive 分布式数据仓库工具

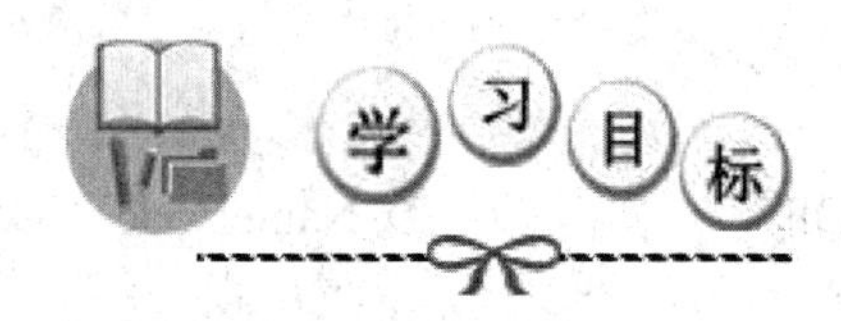

通过对本项目的学习，了解 Hive 的功能特点和应用场景，了解 Hive 采用 MySQL 作为源数据库的原因，熟悉 Hive 的数据类型，掌握 Hive 的目录结构及配置文件的作用，在任务实现过程中：

- 了解 Hive 与 HwiWEB 的操作；
- 掌握 Hive 数据仓库配置方法；
- 掌握 HwiWEB 的搭建方法；
- 掌握 HiveServer2 的搭建。

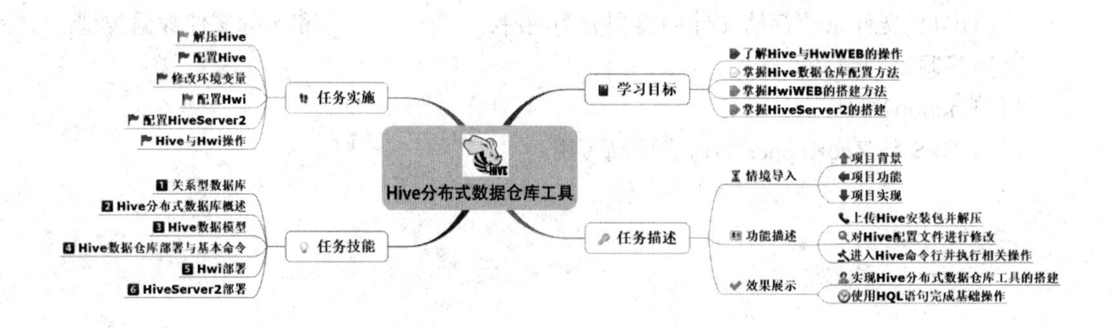

【情境导入】

当数据量过于庞大时，使用传统数据库对数据进行存储和操作，很容易发生系统崩溃和数据丢失的问题，而 Hive 可以很好地解决这些问题。Hive 是一种基于 Hadoop 分布式系统且类似于关系型数据库的分布式数据仓库工具，使用该工具能够将结构化数据文件映射为数据库表并提供完整的查询功能。本项目通过对 Hive 数据模型、Hive 分布式数据仓库工具的部署以及 Hive 部署的学习，完成对 Hive 数据仓库工具的搭建并对 Hive 进行简单的操作。

【功能描述】

- 上传 Hive 安装包并解压。
- 对 Hive 配置文件进行修改。
- 进入 Hive 命令行并执行相关操作。

【功能描述】

通过对本次任务的学习，实现 Hive 数据仓库工具及相关组件的搭建，使用 HQL 语句创建表并向表中插入数据，使用 HwiWeb 统计表中的数据，最终效果如图 5-1 和图 5-2 所示。

```
master | masterback | slave1 | slave2
hive> create table student (
    >      name string,
    >      stuno string,
    >      class string,
    >      age string,
    >      idcard string)
    >      ROW FORMAT DELIMITED
    >  FIELDS TERMINATED BY '\t' ;
OK
Time taken: 1.555 seconds
hive> show tables;
OK
student
Time taken: 0.168 seconds, Fetched: 1 row(s)
hive>
```

图 5-1　创建 student 表

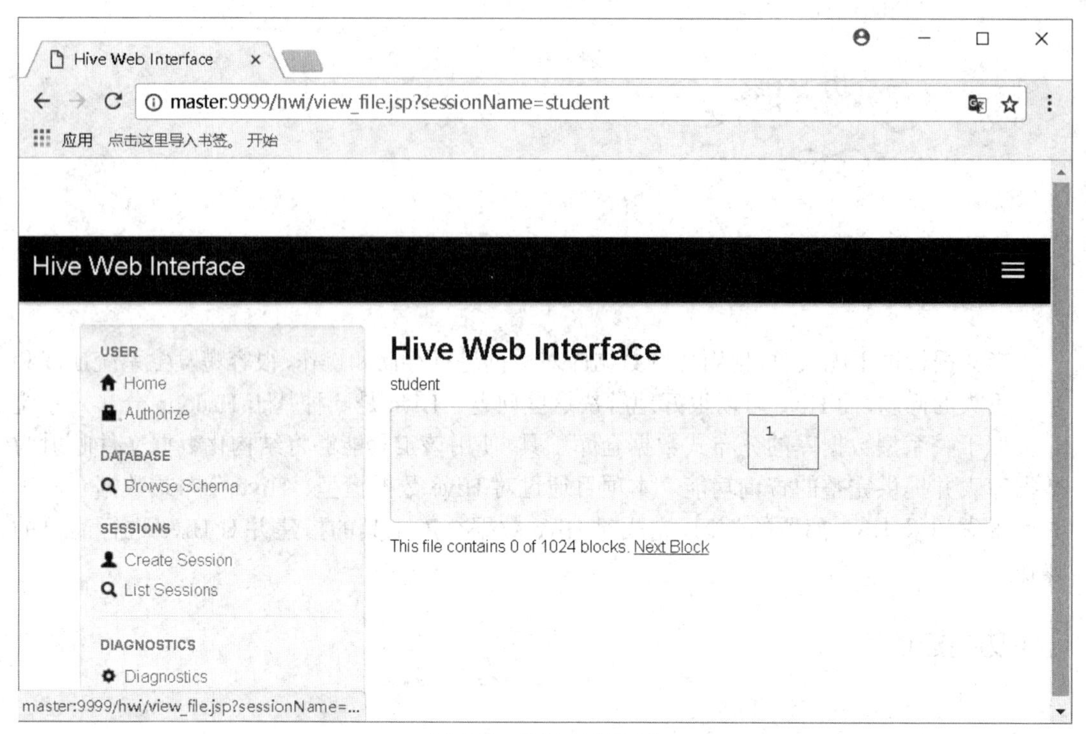

图 5-2 统计表中数据

技能点一 关系型数据库

1. 关系型数据库简介

建立在关系模型之上的数据库称为关系型数据库(关系模型是由埃德加•科德于 1970 年提出的),关系型数据库借助集合代数等数学概念处理数据库中的数据。数据查询语言 SQL 是基于关系型数据库的语言,能够对关系型数据库中的数据进行检索和操作。关系模型由关系数据结构、关系操作集合、关系完整性约束 3 个部分组成。当前主流的关系型数据库有 Oracle、SQL Server、Access、MySQL 等,见表 5-1。

表 5-1　关系型数据库

数据库	简单介绍
Oracle	Oracle 是一个开放式关系型数据库管理系统。采用 SQL 结构化查询语言，支持多种数据类型，提供面向对象存储的数据支持，具有第四代语言开发工具，支持 Unix、Windows NT、0S/2、Novell 等多种平台
SQL Server	SQL Server 使用结构化查询语言 SQL。在易用性、可靠性、可收缩性、支持数据仓库、系统集成等方面表现尤为突出。可在大多数操作系统上运行，并针对海量数据的查询进行了优化
Access	Access 关系型数据库只能在 Windows 系统操作运行。以 Windows 特有的技术设计并查询用户界面、报表等数据对象，内嵌 VBA 程序设计语言，具有集成的开发环境并提供图形化的查询工具
MySQL	MySQL 使用 SQL 结构化查询语言。MySQL 使用了双授权政策，由于其体积小、速度快、成本低并开放源代码，所以被广泛应用

2. 关系型数据库的瓶颈

1）高并发读写需求

大型网站中用户的并发性会非常高，往往能够达到每秒数以万计的请求，对于传统关系型数据库来说，硬盘 I/O（读写操作）是一个很大的瓶颈。

2）海量数据的高效率读写

在信息时代飞速发展的情况下，单位时间内所产生的数据量是非常巨大的，而关系型数据库查询一张包含海量数据的表的效率是非常低的。

3）高扩展性和可用性

在基于 Web 的结构中，数据库的横向扩展是非常困难的，当某个应用系统的用户量和访问量剧增时，传统数据库无法添加更多的硬件或服务节点来扩展其性能和负载能力。

技能点二　Hive 分布式数据仓库工具概述

1. Hive 简介

Hive 是基于 Hadoop 的一个类关系型数据库的数据仓库工具，能够将结构化数据文件映射为数据库表并提供完整的查询功能。Hive 定义了简单的类 SQL 查询语言 HiveQL 或 HQL，它使熟悉 SQL 的用户查询数据更加方便。Hive 的学习成本低，不需要专门开发 MapReduce 应用就可以通过类 SQL 语句快速实现 MapReduce 的统计，能够对数据仓库进行高效的数据统计分析。

2. 组件

Hive 架构包括如下组件：Driver、Metastore、Thrift Server、CLI（Command Line Interface）、Metastore、Thrift 和 Web GUI，这些组件可分为两大类——服务端组件和客户端组件。

1）服务端组件

➢ Driver：该组件包括 Complier、Optimizer 和 Executor，能将用户编写的 HQL 语句进行编译、解析、生成执行计划，然后调用 MapReduce 进行数据分析。

➢ Metastore：元数据服务组件，用来存储 Hive 元数据，因此 Hive 能够把 Metastore 服务分离并安装到远程集群，做到降低 Hive 服务与 Metastore 服务的耦合度，保证 Hive 运行的健壮性；

➢ Thrift Server：Thrift 是 Facebook 旗下的软件框架，能够进行跨语言服务的开发，Hive 集成了该服务，支持不同语言调用 Hive 接口。

2）客户端组件

➢ CLI：Command Line Interface，命令行接口。

➢ Thrift 客户端：Hive 架构中多数客户端接口是建立在 Thrift 之上的，包括 JDBC 和 ODBC 接口。

➢ Web GUI：Hive 提供了通过网页访问 Hive 服务的服务，对应 Hive 的 HWI 组件。

3. Hive 特性

Hive 作为 Hadoop 的基础数据仓库工具，可以对存储在 Hadoop 中的大规模数据进行查询和分析。Hive 提供了一系列数据提取、转化、加载的工具。Hive 定义了类 SQL 的查询语言 HiveQL 或 HQL，它使熟悉 SQL 的用户查询数据更方便。同时，HiveQL 允许开发者通过自定义 Mapper 和 Reducer 来完成自带 Mapper 和 Reducer 无法完成的分析工作，Hive 的设计特点如下。

➢ 支持索引，加快数据的查询。

➢ 存储类型具有多样性。

➢ 使用关系型数据库储存元数据，减少查询过程中执行语句检查的时间。

➢ 能够直接使用存储在 HDFS 中的数据。

➢ 内置大量 UDF（Hive 内置函数）函数来操作时间、字符串和其他的数据挖掘工具并支持 UDF 函数扩展。

➢ 类 SQL 的查询方式，将 SQL 查询转换为 MapReduce 的 job 在 Hadoop 集群上执行。

4. 应用场景

因为 Hive 是基于 Hadoop 框架上的数据仓库工具，而 Hadoop 具有较高的延迟并且在提交作业时有大量的消耗，所以 Hive 在数百兆的数据集上进行查询时一般会有分钟级的时间延迟，导致 Hive 不适合在低延迟的应用中使用。

5. Hive 与关系型数据库的区别

Hive 使用了类 SQL 的查询语言 HQL，从 Hive 结构来看除了和数据库拥有类似语言外，并无其他类似之处。Hive 和数据库的比较见表 5-2。

表 5-2 Hive 与数据库比较

	HQL	SQL
数据存储	HDFS	Raw Device 或者 Local FS
数据格式	用户定义	系统决定

续表

	HQL	SQL
数据更新	不支持	支持
索引	无	有
执行	MapReduce	Executor
执行延迟	高	低
处理数据规模	人	小
可扩展性	高	低

使用 HiveQL 语句进行操作时类似于操作关系型数据库，但是 Hive 和关系型数据库的设计模式有很大不同，具体如下。

➢ 文件系统：Hive 使用 HDFS（分布式文件系统）作为文件系统，关系数据库使用的是服务器本地的文件系统。

➢ 计算模型：Hive 使用 MapReduce 作为计算模型，关系数据库使用独立的计算模型。

➢ 设计目的：关系数据库是为实时查询业务而设计的，而 Hive 是为对海量数据做数据挖掘而设计的。

➢ 存储能力：Hive 在存储和计算方面具有较强的扩展能力，而关系型数据库的扩展能力很差。

6. Hive 使用 MySQL 原因

MySQL 关系型数据库管理系统由瑞典 MySQL AB 公司开发，目前属于甲骨文公司旗下。Hive 内部对 MySQL 提供了很好的支持并提供了类 SQL 查询语言（即 HiveQL 或 HQL），它允许能够熟练使用 SQL 查询的用户对数据进行查询。同时也允许能够熟练使用 MapReduce 的开发者通过开发自定义 Mapper 和 Reducer 来处理内建的 Mapper 和 Reducer 无法完成的复杂分析工作。

MySQL 支持 FreeBSD、Linux、MAC、Windows 等多种操作系统，Hive 数据仓库工具借助 MySQL 数据库进行文件存储主要基于以下几点。

➢ 数据较为安全。

➢ 使用便捷。

➢ 多语言支持：MySQL 为 C、C++、Python、JAVA、Perl、PHP、Ruby 等多种编程语言提供了 API，访问和使用方便。

➢ 移植性好：MySQL 是跨平台的，安装简单小巧。

➢ 免费开源。

➢ 高效：MySQL 的核心程序采用完全的多线程编程。

➢ 支持大量数据查询和存储：MySQL 可以承受大量的并发访问。

➢ 支持 Linux 系统。

技能点三　Hive 数据模型

1. Hive 支持的数据类型

1）数值型

Hive 数据仓库工具常用数据类型见表 5-3。

表 5-3　Hive 数据类型

类型	占用字节	取值范围
TINYINT	1 byte	-128 到 127 之间
SMALLINT	2 byte	-32,768 到 32,767
INT/INTEGER	4 byte	-2,147,483,648 到 2,147,483,647
BIGINT	8 byte	-9,223,372,036,854,775,808 到 9,223,372,036,854,775,807
FLOAT	4 byte	单精度浮点数
DOUBLE	8 byte	双精度浮点数
DECIMAL	自定义	自定义精度和范围

➢ Integral 类型

Integral 类型包括 TINYINT，SMALLINT，INT/INTEGER 和 BIGINT。在默认情况下，整数型为 INT 类型，当数字大于 INT 型取值范围时，Hive 会自动解释执行为 BIGINT，也可以使用表 5-4 中的后缀对数据类型进行说明。

表 5-4　后缀

类型	后缀	例子
TINYINT	Y	100Y
SMALLINT	S	100S
BIGINT	L	100L

➢ Decimal 类型

Hive 的 Decimal 类型是基于 JAVA BigDecimal 做的，BigDecimal 在 JAVA 中用于表示任意精度的小数类型，常用数值运算有“+、-、*、/”。Decimal 类型不仅可以与其他数值型互相转换，且支持科学计数法和非科学计数法。

2）字符串型

String 型可以用单引号或双引号表示。日期是用 String 型表示的，见表 5-5。

表 5-5　日期类型

类型	格式	介绍
Timestamps	yyyy-mm-dd hh：mm：ss [.f …]	支持传统的 UNIX 时间戳和可选的纳秒精度
Date	yyyy-mm-dd（年 - 月 - 日）	描述特定的年 / 月 / 日

➢ Timestamps 类型

所有现有的日期时间（年、月、日、小时等）都使用 Timestamp 数据类型。

Text files 中的时间戳必须使用格式 yyyy-mm-dd hh：mm：ss [.f …]。如果是另一种格式则声明为适当的类型（INT、FLOAT、STRING 等），并使用 UDF 转换为时间戳，转换规则如下。

➢ 整数数字类型：以秒为单位解释为 UNIX 时间戳。

➢ 浮点数值类型：以秒为单位解释为 UNIX 时间戳，带小数精度。

➢ 字符串：符合 JDBC java.sql.Timestamp 格式“yyyy-mm-dd hh：mm：ss.fffffffff”（9 位小数位精度）。

日期类型转换见表 5-6。

表 5-6　日期类型转换

其他类型转日期	结果
Timestamp-Date	根据当地时区返回日期值
String-Date	如果字符串的格式为“yyyy-mm-dd”，则返回与该年 / 月 / 日对应的日期值；如果字符串值不符合这个合成，则返回 NULL
Date-Timestamp	根据当地时间，生成与日期值相对应的时间戳值
Date-String	转换为”yyyy-mm-dd”形式的字符串

2. Hive 数据模型

1）表（Table）

类似于关系型数据库中的表，Hive 表逻辑由真实数据和元数据组成，元数据和真实数据分别存储在关系数据库和数据仓库中，表中数据都存储在 hive-site.xml 配置文件中指定的 HDFS 目录中，使用 create table 命令创建 Hive 数据仓库工具时会在 HDFS 仓库目录下新建一个文件夹，Hive 中的表分为内部表和外部表两种。

2）元数据

Hive 会将元数据储存在关系型数据库管理系统中，例如 MySQL 和 DERBY。

Apache Derby 是完全使用 JAVA 编写的关系型数据库系统，derby.jar 作为 Apache Derby 的核心只有 2MB，所以 Derby 可以作为单独的数据库服务器使用，也可以嵌套在程序中使用。因此 Hive 选择 Derby 作为内嵌的元数据库。Hive 将所有元数据保存到同一库里，实现不同开发者所创建的表能够实现共享。Hive 元数据对应表约有 20 张，其中 9 张与表结构信息有关，其余 10 余张存放简单记录或为空，部分主要表说明见表 5-7。

表 5-7 表说明

表名	关联键	说明
TBLS	TBL_ID,SD_ID	所有 Hive 表的基本信息
TABLE_PARAM	TBL_ID	表级属性,如是否外部表、表注释等
COLUMNS	SD_ID	Hive 表字段信息
SDS	SD_ID,SERDE_ID	所有 Hive 表、表分区所对应的 HDFS 数据目录和数据格式
SERDE_PARAM	SERDE_ID	序列化反序列化信息,如行分隔符、列分隔符、NULL 的表示字符等
PARTITIONS	PART_ID,SD_ID,TBL_ID	Hive 表分区信息
PARTITION_KEYS	TBL_ID	Hive 分区表分区键
PARTITION_KEY_VALS	PART_ID	Hive 表分区名(键值)

3)Database

Database 相当于关系型数据库里的命名空间(Namespace),它的作用是将用户和数据库的应用隔离到不同的数据库或模式中,在 Hive 0.6.0 之后的版本支持该模型。Hive 提供了 create database dbname,use dbname 以及 drop database dbname 这样的语句。

4)分区表(Partition)

Hive 会根据列值进行分区,每个分区对应 HDFS 的一个目录,例如:HDFS 中的目录"/usr/hive/ warehouse/2018/01/usr/hive/warehouse/2018/02"两个目录,文件夹的名字为分区列的名字并不是表中的列值,进行分区能够有效地提高查询效率。使用 Hive Select 查询时会扫描整个表的内容,有时候只需要扫描表中的一部分数据,因此 Hvie 引入了分区(Partition)概念。如:当前互联网应用每天都要存储 TB 级的日志文件,日志文件中必然会有日志产生的时间属性,在创建分区时,可以根据日志的日期列进行划分,把每一天的日志当作一个分区。

5)桶表(Bucket)

Hive 可以将每一个表或分区进一步组织成桶,也就是说桶是细粒度更高的数据范围划分,使用桶的表会将源数据文件拆分为多个文件。物理上,每个桶就是表(或分区)目录里的一个文件。

把表或者分区组织成桶的好处如下。

(1)Hive 在处理某些查询时能够利用桶为表附加的额外格式有效地提高查询处理效率。当需要连接两个在相同列上划分了桶的表,可以使用 Map 端实现高效的连接,如 JOIN 操作。对于 JOIN 操作两个表有一个相同的列,如果对这两个表都进行了桶操作,那么对保存相同列值的桶进行 JOIN 操作就可以减少 JOIN 的数据量。

(2)在处理较大规模的数据集或在开发、修改和查询的阶段,能够在数据集中选取小部分数据进行试运行,会使取样(sampling)更高效。

6)视图

视图是一种虚表,是一个逻辑概念,在已有表的基础上可以跨越多张表进行复杂查询。

技能点四　Hive 数据仓库部署与基本命令

1. Hive 安装

登陆 Hive 的镜像网站 http：//mirror.bit.edu.cn/apache/hive/hive-2.2.0/ 下载 apache-hive-2.2.0-bin.tar.gz 安装包（Hive 在资料包 \08 课件工具 \05 Hive 分布式数据仓库目录下），如图 5-3 所示。

图 5-3　下载 Hive

下载 apache-hive-2.2.0-bin.tar.gz 安装包并上传到 master 节点的 /usr/local/ 目录下，执行解压命令并重命名，如示例代码 CORE0501 所示。

示例代码 CORE0501 解压 apache 安装包

```
[root@master local]# tar -zxvf apache-hive-2.2.0-bin.tar.gz
[root@node local]# mv apache-hive-2.2.0-bin hive
```

将 hive-default.xml.template 配置文件拷贝并重命名为 hive-site.xml，对 hive-site.xml 进行配置修改，如示例代码 CORE0502 所示。

示例代码 CORE0502 修改 hive-site.xml 文件

```
[root@master local]# mv /usr/local/hive/conf/hive-default.xml.template /usr/local/hive/conf/hive-site.xml
```

使用 SecureFX 进入到 Hive 安装目录，目录结构如图 5-4 所示。

图 5-4 Hive 安装目录

1)conf 目录

conf 目录是 Hive 的配置文件目录,存放 Hive 的配置文件,配置文件详情见表 5-8。

表 5-8 conf 目录文件

文件	说明
hive-site.xml	hive 配置文件
beeline-log4j.properties.template	用来设置记录器的级别、存放器和布局

hive-site.xml 参数详解见表 5-9。

表 5-9 hive-site.xml 属性详解

属性	说明
hive.exec.scratchdir	设置 HDFS 路径
hive.downloaded.resources.dir	在远程文件系统中添加资源的临时本地目录
hive.exec.local.scratchdir	作业的本地暂存空间
hive.querylog.location	日志文件位置
hive.metastore.warehouse.dir	Hive 库表在 HDFS 中的存放路径
hive.server2.thrift.port	HiveServer2 远程连接的端口
hive.server2.thrift.bind.host	Hive 所在集群的 IP 地址
hive.server2.long.polling.timeout	超时时间
javax.jdo.option.ConnectionURL	Hive 的元数据库
javax.jdo.option.ConnectionDriverName	描述一个 JDBC 驱动程序类的名称
javax.jdo.option.ConnectionUserName	连接元数据库用户名
javax.jdo.option.ConnectionPassword	连接元数据库密码

2）bin 目录

bin 目录中保存 Hive 内置工具，其中常用命令行工具见表 5-10。

表 5-10 内置工具

工具	功能
beeline	HiveServer2 中提供的命令行工具
hive	HiveServer1 中提供的命令行工具

2. Hive 基本命令

Hive 的命令和 SQL 语言比较类似，Hive 工具的操作都是通过编写 HiveQL 语句来实现的，Hive 中常用的基本操作见表 5-11。

表 5-11 Hive 常用操作

基本操作	具体命令
创建一个简单的表	hive> create table test1（columna int，columnb string）
显示所有表	hive> show tables
显示所有数据库	hive> show databases
查询数据	hive> select count（*）from test1

技能点五 HWI 部署

1. HWI 介绍

HWI（Hive Web Interface）Hive 的 Web 接口，能够实现通过访问 Web 页面的方式对 Hive 数据仓库中的数据进行可视化的检索查询，是 CLI 的替代方案，一旦用户通过身份验证，就可以启动 HwiWebSessions。HwiWebSession 驻留在服务器上，用户可以提交查询并稍后返回以查看查询的状态并查看其生成的结果。

2. 应用

HWI（Hive Web Interface）的功能与 CLI 命令行基本相同，HWI 是客户端的替代方案，能够使用户在可视化的页面上完成对 Hive 数据仓库工具中数据的检索。在 HWI 启动成功会通过使用浏览器访问 master：9999/hwi，即可登陆到 HWI 的主服务页面，配置详细流程详见任务实施。HWI 的操作流程如下。

第一步：创建会话页面，如图 5-5 所示，在 Session Name 处任意输入会话名称创建一个新会话，并点击 Submit 提交。

第二步：如图 5-6 所示，任意输入 Result File（结果文件名），并在 Query 处输入 SQL 语句，Start Query（开始查询）选择 yes，点击 Submit 后系统会在后台完成查询，结果查看方法详见任务实施的实践部分。

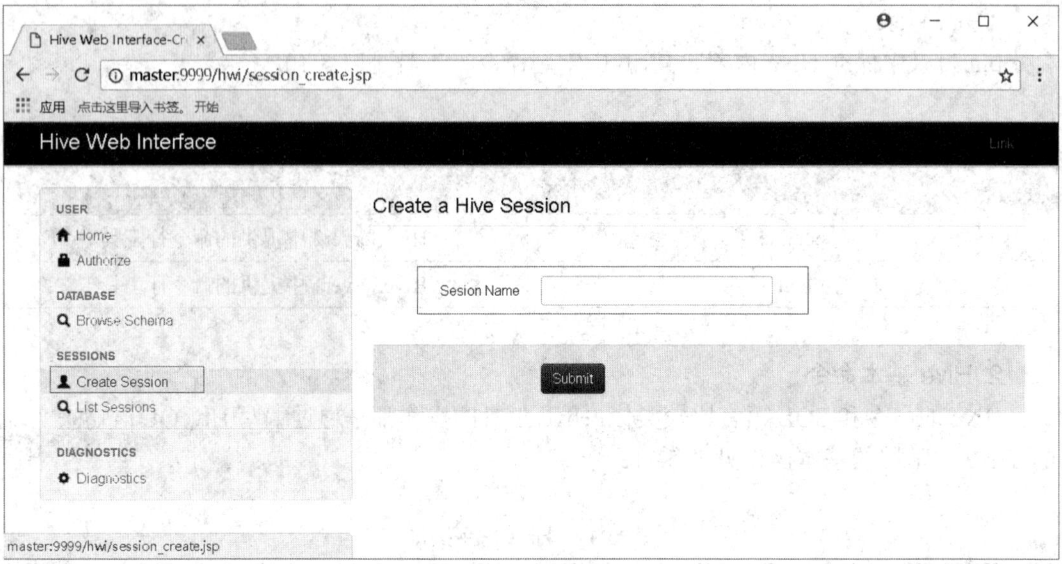

Hive Web Interface-Cr ×
master:9999/hwi/session_create.jsp
应用 点击这里导入书签。开始
Hive Web Interface　Link
USER
Home
Authorize
DATABASE
Browse Schema
SESSIONS
Create Session
List Sessions
DIAGNOSTICS
Diagnostics
Create a Hive Session
Sesion Name
Submit
master:9999/hwi/session_create.jsp

图 5-5　创建会话

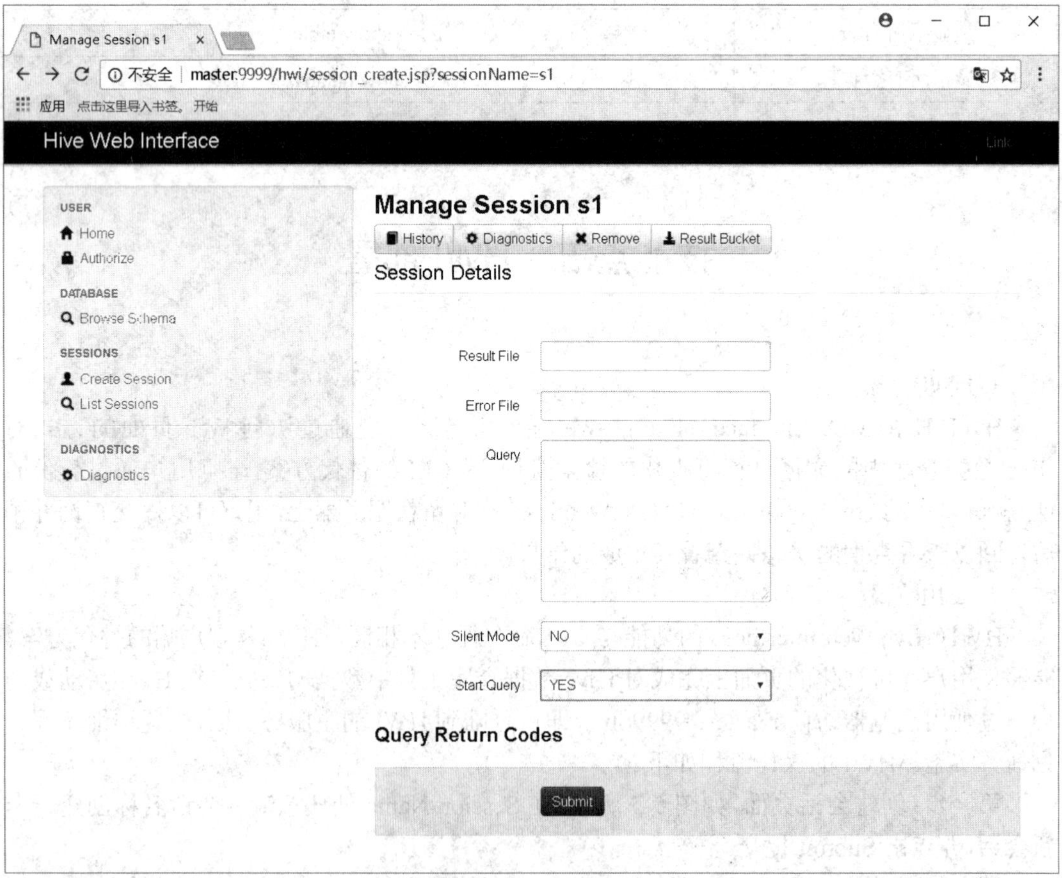

Manage Session s1 ×
不安全 | master:9999/hwi/session_create.jsp?sessionName=s1
应用 点击这里导入书签。开始
Hive Web Interface　Link
USER
Home
Authorize
DATABASE
Browse Schema
SESSIONS
Create Session
List Sessions
DIAGNOSTICS
Diagnostics
Manage Session s1
History　Diagnostics　Remove　Result Bucket
Session Details
Result File
Error File
Query
Silent Mode　NO
Start Query　YES
Query Return Codes
Submit

图 5-6　创建查询

- History：历史，可列出查询的历史记录。
- Diagnostics：设置。
- Remove：移除会话。
- Result Bucket：结果集，可查看 SQL 语句的查询结果。

技能点六　HiveServer2 部署

1. HiveServer2 简介

HiveServer 是一种可选服务，允许远程客户端使用各种编程语言向 Hive 提交请求并检索结果。HiveServer 是建立在 Apache ThriftTM（负责系统内各语言之间的 RPC 通信）之上的，因此有时会被称为 Thrift Server，这可能会导致混乱，因为新服务 HiveServer2 也是建立在 Thrift 之上的。自从引入 HiveServer2 后，HiveServer 也被称为 HiveServer1。

HiveServer2（HS2）是一种能使客户端执行 Hive 查询的服务，它是 HiveServer1 的改进版，HiveServer1 已经被废弃。HiveServer2 可以支持多客户端并发和身份认证，旨在为开放 API 客户端（如 JDBC 和 ODBC）提供更好的支持。HiveServer2 不仅是单进程运行，还提供包括基于 Thrift 的 Hive 服务（TCP 或 HTTP）和用于 Web UI 的 Jetty Web 服务在内的组合服务。

基于 Thrift 的 Hive 服务是 HiveServer2 的核心，负责维护 Hive 查询（例如从 Beeline 查询）。Thrift 是构建跨平台服务的 RPC 框架，其堆栈由 4 层组成：Server、Transport、Protocol 和处理器，它们的具体应用见表 5-12。

表 5-12　HiveServer2 组件应用

堆栈层	说明
Server	HiveServer2 在 TCP 模式下使用 TThreadPoolServer（来自 Thrift），在 HTTP 模式下使用 Jetty Server。TThreadPoolServer 为每个 TCP 连接分配一个工作线程，即使连接处于空闲状态，每个线程也始终与连接相关联。因此，由于大量并发连接产生大量线程，从而导致潜在的性能问题。在将来，HiveServer2 可能切换到 TCP 模式下的另一个不同类型的 Server 上，例如 TThreadedSelectorServer
Transport	如果客户端和服务器之间需要代理（例如：为了负载均衡或出于安全原因），则需要 HTTP 模式。这就是它与 TCP 模式被同样支持的原因。可以通过 Hive 配置属性 hive.server2.transport.mode 指定 Thrift 服务的传输模式
Protocol	协议序列化和反序列化。HiveServer2 目前正在使用 TBinaryProtocol 作为 Thrift 的协议进行序列化。在未来，可以更多考虑其他协议，如 TCompactProtocol，也可以考虑更多的性能评估
处理器	处理流程是处理请求的应用程序逻辑。例如，ThriftCLIService.ExecuteStatement（）方法实现了编译和执行 Hive 查询的逻辑

更多 HiveServer2 的相关知识可通过扫描下方二维码进行了解。

2. HiveServer2 页面介绍

HiveServer2 页面可以对监控 HiveServer2 的活跃期、打开查询、最后 25 次关闭查询等信息进行直观的查看和监控，如图 5-7 所示。

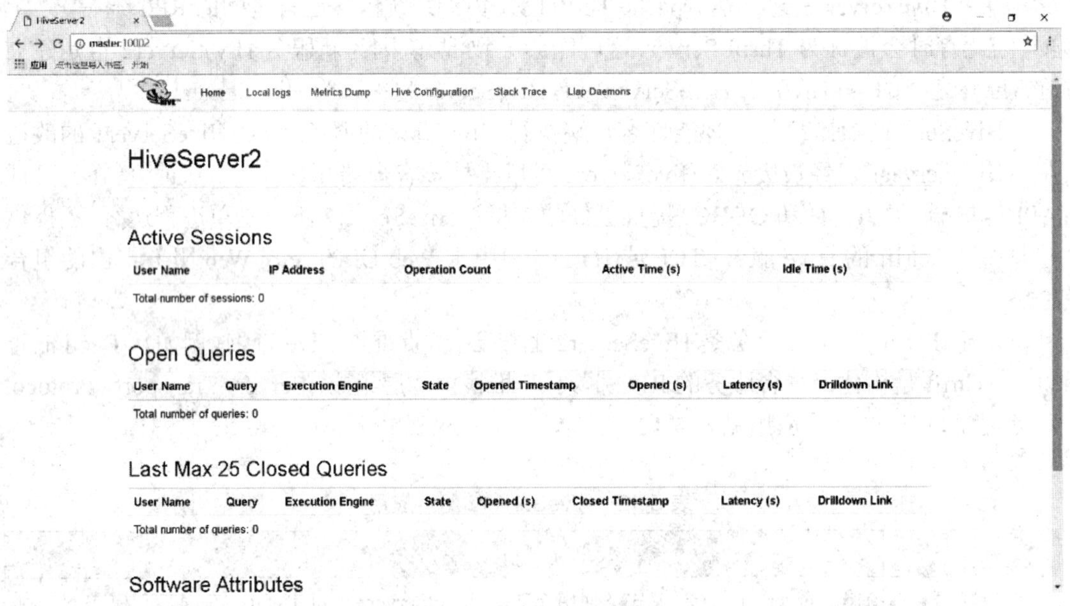

图 5-7 HiveServer2 界面

HiveServer2 页面说明见表 5-13。

表 5-13 HiveServer2 页面说明

监控项	说明
Active Sessions	活跃期
Open Queries	打开查询
Last Max 25 Closed Queries	最后 25 次关闭查询
Software Attributes	软件属性

3. HiveServer2 配置

HiveServer2 允许在配置文件 hive-site.xml 中进行配置管理，具体的参数见表 5-14。

表 5-14　hive-site.xml 参数

具体参数	解释
hive.server2.thrift.min.worker.threads	最小工作线程数，默认为 5
hive.server2.thrift.max.worker.threads	最大工作线程数，默认为 500
hive.server2.thrift.port	TCP 的监听端口，默认为 10 000
hive.server2.thrift.bind.host	TCP 绑定的主机，默认为 localhost

也可以通过设置环境变量 HIVE_SERVER2_THRIFT_BIND_HOST 和 HIVE_SERVER2_THRIFT_PORT 覆盖 hive-site.xml 设置的主机和端口号。从 Hive-0.13.0 开始，HiveServer2 支持通过 HTTP 传输消息，该特性在客户端和服务器之间存在代理中介时特别有用。与 HTTP 传输相关的参数见表 5-15。

表 5-15　hive-site.xml 文件

具体参数	解释
hive.server2.transport.mode	默认值为 binary（TCP），可选值 HTTP
hive.server2.thrift.http.ports	HTTP 的监听端口，默认值为 10001
hive.server2.thrift.http.path	服务的端点名称，默认为 cliservice
hive.server2.thrift.http.min.worker.threads	服务池中的最小工作线程，默认为 5
hive.server2.thrift.http.max.worker.threads	服务池中的最小工作线程，默认为 500

Hive 的配置安装以及 HWI 和 HiveServer2 的配置及应用可以通过以下步骤完成，以上 3 项配置主要对 hive-site.xml、hive-env.sh 和环境变量进行了修改，并使用 HQL 语句测试 Hive 的功能是否能够正常使用。

第一步：对 hive-site.xml 配置文件进行修改，设置资源的临时目录、作业本地暂存空间和日志文件存储位置等，如示例代码 CORE0503 所示。

示例代码 CORE0503 Hive 基础配置

```
[root@master ~]# vi /usr/local/hive/conf/hive-site.xml    # 编辑 hive-site.xml 文件
# 对以下属性进行修改
<property>
<name>hive.exec.scratchdir</name>
```

```
<value>/usr/local/hive/iotmp/hive</value>
</property>
<property>
<name>hive.downloaded.resources.dir</name>
<value>/usr/local/hive/iotmp<value>
</property>
<property>
<name>hive.exec.local.scratchdir</name>
<value>/usr/local/hive/iotmp</value>
<property>
<name>hive.querylog.location</name>
<value>/usr/local/hive/iotmp</value>
</property>
<property>
<name>hive.metastore.warehouse.dir</name>
<value>/user/hive/warehouse</value>
</property>
<property>
<name>hive.server2.thrift.port</name>
<value>10000</value>
</property>
<property>
<name>hive.server2.thrift.bind.host</name>
<value>master</value>
</property>
<property>
<name>hive.server2.long.polling.timeout</name>
<value>5000</value>
</property>
<property>
<name>javax.jdo.option.ConnectionURL</name><value>jdbc：mysql：//master：3306/
hive_metadata？createDatabaseIfNotExist=true</value>
</property>
<property>
<name>javax.jdo.option.ConnectionDriverName</name><value>com.mysql.jdbc.Driv-
er</value>
</property>
<property>
```

```
<name>javax.jdo.option.ConnectionUserName</name>
<value>root</value>
</property>
<property>
<name>javax.jdo.option.ConnectionPassword</name>
<value>123456</value>
</property>
```

第二步：修改 /usr/local/hive/conf 目录下的 hive-env.sh 配置文件，该文件默认不存在，需要拷贝模板文件 hive-env.sh.template 并重命名为 hive-env.sh，配置文件中需要指定 Hadoop 工作目录、Hive 配置目录和外部库文件，如示例代码 CORE0504 所示。

示例代码 CORE0504 Hive 工作目录配置

```
[root@master conf]# cp /usr/local/hive/conf/hive-env.sh.template /usr/local/hive/conf/hive-env.sh
[root@master conf]# vi hive-env.sh  # 对如下配置进行修改
HADOOP_HOME = /usr/local/hadoop  # 指定 hadoop 工作目录配置时前面需要加一个空格
export  HIVE_CONF_DIR = /usr/local/hive /conf  # 指定 hive 配置目录
export  HIVE_AUX_JARS_PATH = /usr/local/hive/ lib  # 指定配置单元库
```

执行结果如图 5-8 所示。

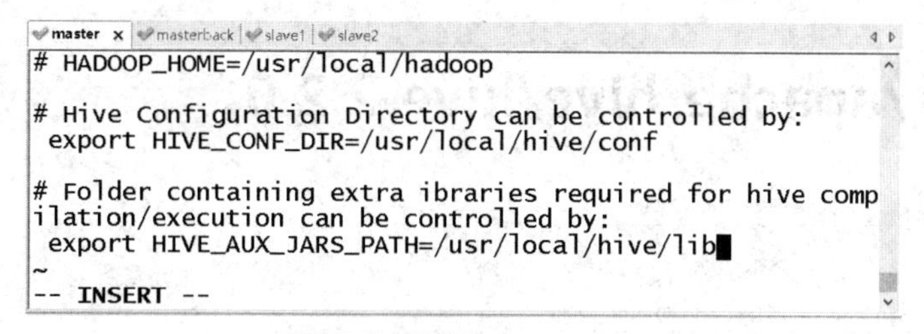

图 5-8　配置 hive-env.sh

第三步：将 MySQL 驱动包通过 FX 工具上传到"/usr/local/hive/lib/"下，修改环境变量并启动 Hive，如示例代码 CORE0505 所示。

示例代码 CORE0505 配置 JDBC 驱动

```
[root@master ~]# vi ~/.bashrc
# 配置 hive 的执行目录
export HIVE_HOME=/usr/local/hive
export PATH=$HIVE_HOME/bin: $PATH
[root@master ~]# source ~/.bashrc
```

```
[root@master ~]# /usr/local/hive/bin/schematool -initSchema -dbType mysql  # 首次启动需要初始化源数据库
[root@master ~]# hive
```

执行结果如图 5-9 所示。

```
[root@master conf]# hive
SLF4J: Class path contains multiple SLF4J bindings.
SLF4J: Found binding in [jar:file:/usr/local/hive/lib/log4j-slf4j-impl-2.6.2.jar!/org/slf4j/impl/StaticLoggerBinder.class]
SLF4J: Found binding in [jar:file:/usr/local/hadoop/share/hadoop/common/lib/slf4j-log4j12-1.7.10.jar!/org/slf4j/impl/StaticLoggerBinder.class]
SLF4J: See http://www.slf4j.org/codes.html#multiple_bindings for an explanation.
SLF4J: Actual binding is of type [org.apache.logging.slf4j.Log4jLoggerFactory]

Logging initialized using configuration in jar:file:/usr/local/hive/lib/hive-common-2.2.0.jar!/hive-log4j2.properties Async: true
Hive-on-MR is deprecated in Hive 2 and may not be available in the future versions. Consider using a different execution engine (i.e. spark, tez) or using Hive 1.X releases.
hive>
```

图 5-9 启动 Hive

第四步：HWI（Hive Web Interface）安装配置，登陆"http://mirrors.shu.edu.cn/apache/hive/hive-2.2.0/"页面下载 apache-hive-2.2.0-src.tar.gz 压缩包（apache-hive-2.2.0-src.tar.gz 在资料包\08 课件工具\05 Hive 分布式数据仓库目录下），如图 5-10 所示。

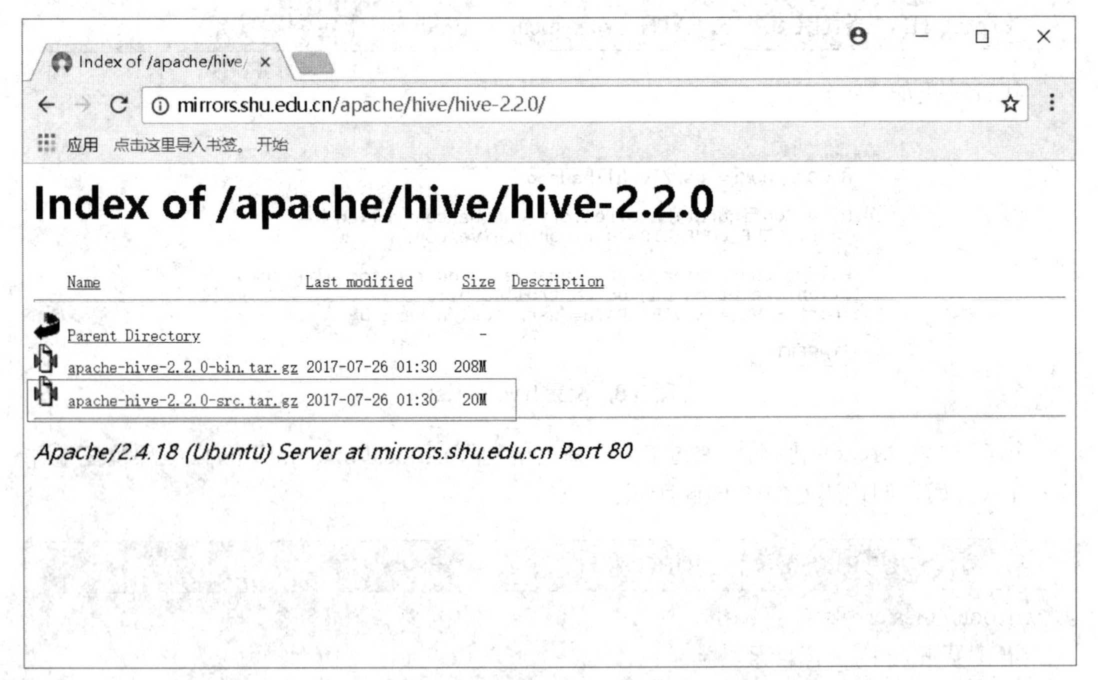

图 5-10 hive-2.2.0-src 下载界面

第五步：将 apache-hive-2.2.0-src.tar.gz 压缩包上传到"/usr/local/"目录下，使用 tar 命令解压并进入"/usr/local/hive-2.2.0/hwi/"目录，将 web 目录压缩为 hive-hwi-2.2.0.war，最后复

制到"/hive/lib"目录下，如示例代码 CORE0506 所示。

示例代码 CORE0506 解压 HWI

```
[root@master ~]# cd /usr/local
[root@master local]# tar -zxvf apache-hive-2.2.0-src.tar.gz
[root@master local]# cd ./hive-2.2.0/hwi
[root@master hwi]# jar cfM hive-hwi-2.2.0.war -C web .  #web 目录压缩为 hive-hwi-2.2.0.war 文件
[root@master hwi]# ll
[root@master hwi]# cp hive-hwi-2.2.0.war /usr/local/hive/lib/
```

执行结果如图 5-11 所示。

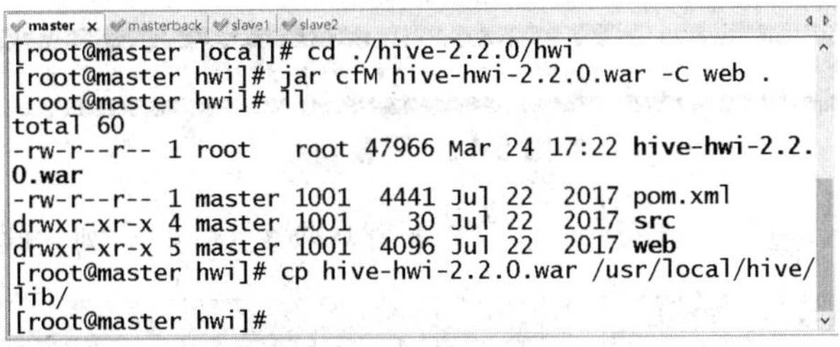

```
[root@master local]# cd ./hive-2.2.0/hwi
[root@master hwi]# jar cfM hive-hwi-2.2.0.war -C web .
[root@master hwi]# ll
total 60
-rw-r--r-- 1 root   root 47966 Mar 24 17:22 hive-hwi-2.2.0.war
-rw-r--r-- 1 master 1001  4441 Jul 22  2017 pom.xml
drwxr-xr-x 4 master 1001    30 Jul 22  2017 src
drwxr-xr-x 5 master 1001  4096 Jul 22  2017 web
[root@master hwi]# cp hive-hwi-2.2.0.war /usr/local/hive/lib/
[root@master hwi]#
```

图 5-11　制作 Web 压缩包

第六步：修改配置文件 hive-site.xml，将 hive.hwi.war.file 属性指定为 HWI 的 Web 包，路径为相对路径，如示例代码 CORE0507 所示。

示例代码 CORE0507 配置 HWI Web 包

```
[root@master ~]# vi /usr/local/hive/conf/hive-site.xml
# 属性配置如下
<property>
<name>hive.hwi.war.file</name>
<value>lib/hive-hwi-2.2.0.war</value>
</property>
```

第七步：登陆 https://ant.apache.org/bindownload.cgi 下载 ant 压缩包（apache-ant-1.9.4-bin.tar.gz 在资料包 \08 课件工具 \05 Hive 分布式数据仓库目录下），如图 5-12 所示，进行下载。

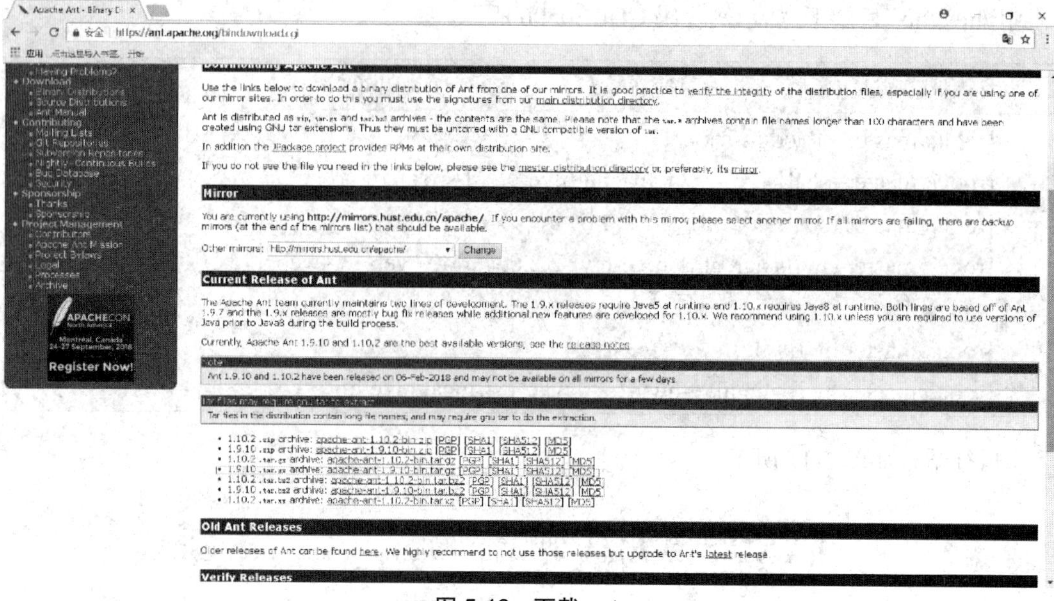

图 5-12 下载 ant

第八步：将 ant 压缩包进行解压重命名并配置环境变量，如示例代码 CORE0508。

示例代码 CORE0508 配置 ant 环境

```
[root@master local]# tar -zxvf apache-ant-1.9.4-bin.tar.gz
[root@master local]# mv apache-ant-1.9.4 ant
[root@master local]# vi ~/.bashrc
# 将如下配置添加到 .bashrc 文件最低端
export ant_home=/usr/local/ant
export ant_lib=$ant_home/lib
export path=$path: $ant_home/bin
[root@master local]# source ~/.bashrc
```

执行结果如图 5-13 所示。

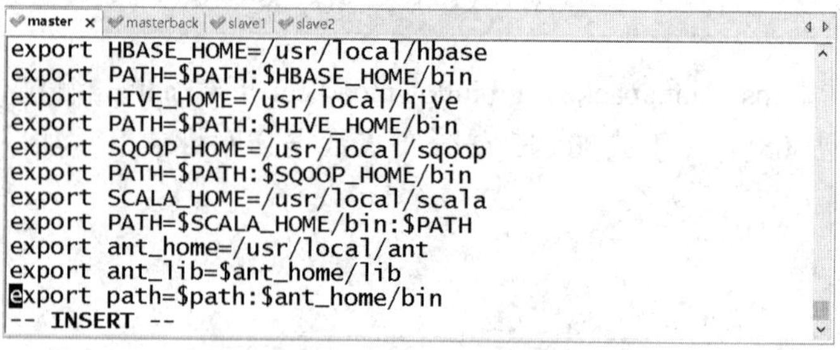

```
master × | masterback | slave1 | slave2
export HBASE_HOME=/usr/local/hbase
export PATH=$PATH:$HBASE_HOME/bin
export HIVE_HOME=/usr/local/hive
export PATH=$PATH:$HIVE_HOME/bin
export SQOOP_HOME=/usr/local/sqoop
export PATH=$PATH:$SQOOP_HOME/bin
export SCALA_HOME=/usr/local/scala
export PATH=$SCALA_HOME/bin:$PATH
export ant_home=/usr/local/ant
export ant_lib=$ant_home/lib
export path=$path:$ant_home/bin
-- INSERT --
```

图 5-13 配置 ant 环境变量

第九步：将"/ant/lib"中的 ant-launcher.jar、ant.jar 和 /java/jdk1.8.0_144/lib 目录下的 tools.jar 拷贝到"/hive/lib"目录下并赋予 777 可读写权限，如示例代码 CORE0509 所示。

示例代码 CORE0509 赋予执行目录权限

```
[root@master ~]# cp /usr/local/ant/lib/ant-launcher.jar /usr/local/hive/lib/
[root@master ~]# cp /usr/local/ant/lib/ant.jar /usr/local/hive/lib/
[root@master ~]# cp /usr/java/jdk1.8.0_144/lib/tools.jar /usr/local/hive/lib/
[root@master ~]# chmod 777 /usr/local/hive/lib/ant-launcher.jar
[root@master ~]# chmod 777 /usr/local/hive/lib/ant.jar
[root@master ~]# chmod 777 /usr/local/hive/lib/tools.jar
```

执行结果如图 5-14 所示。

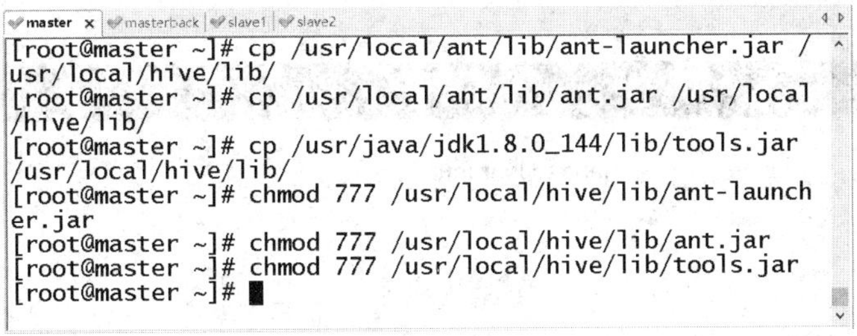

```
[root@master ~]# cp /usr/local/ant/lib/ant-launcher.jar /
usr/local/hive/lib/
[root@master ~]# cp /usr/local/ant/lib/ant.jar /usr/local
/hive/lib/
[root@master ~]# cp /usr/java/jdk1.8.0_144/lib/tools.jar
/usr/local/hive/lib/
[root@master ~]# chmod 777 /usr/local/hive/lib/ant-launch
er.jar
[root@master ~]# chmod 777 /usr/local/hive/lib/ant.jar
[root@master ~]# chmod 777 /usr/local/hive/lib/tools.jar
[root@master ~]#
```

图 5-14 拷贝 jar 包

第十步：使用 SecureFXPortable 工具将资料包中 \08 课件工具 \05Hive 分布式数据仓库目录下的 commons-el-1.0.jar、jasper-compiler.jar 和 jasper-runtime.jar 拷贝到"/hive/lib"目录下并赋予 777 可读写权限，如示例代码 CORE0510 所示。

示例代码 CORE0510 赋予 jar 包权限

```
[root@master ~]# chmod 777 /usr/local/hive/lib/commons-el-1.0.jar
[root@master ~]# chmod 777 /usr/local/hive/lib/jasper-compiler.jar
[root@master ~]# chmod 777 /usr/local/hive/lib/jasper-runtime.jar
```

执行结果如图 5-15 所示。

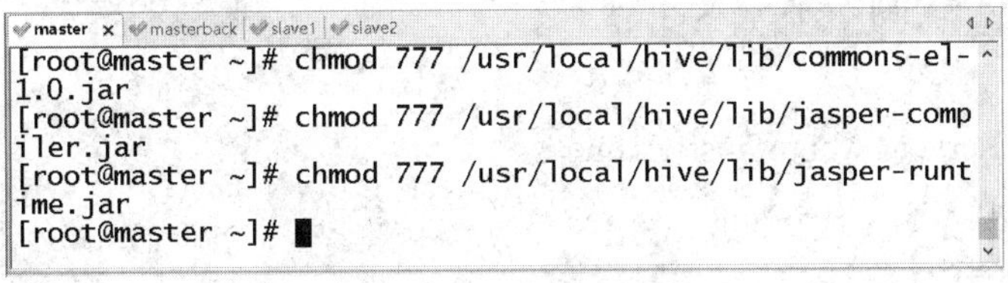

```
[root@master ~]# chmod 777 /usr/local/hive/lib/commons-el-
1.0.jar
[root@master ~]# chmod 777 /usr/local/hive/lib/jasper-comp
iler.jar
[root@master ~]# chmod 777 /usr/local/hive/lib/jasper-runt
ime.jar
[root@master ~]#
```

图 5-15 赋予 jar 包权限

第十一步：启动 HWI 并通过 9999 端口进行访问，启动成功后切勿关闭命令窗口，关闭窗口后 HWI 自动关闭，如示例代码 CORE0511 所示。

示例代码 CORE0511 启动 HWI

```
[root@master ~]# hive --service hwi
```

执行结果如图 5-16 所示，HWI 页面如图 5-17 所示。

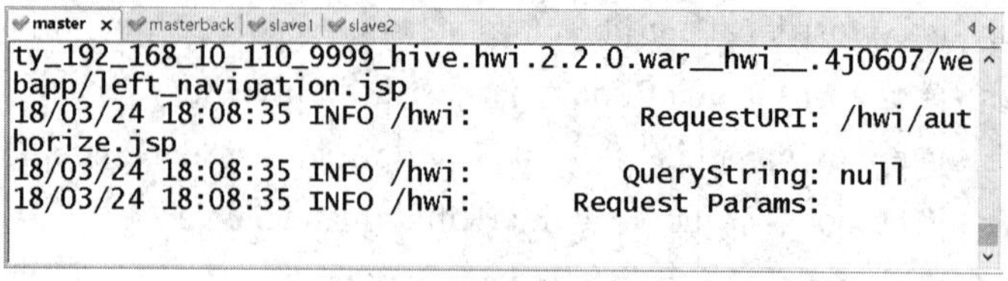
master
masterback
slave1
slave2
ty_192_168_10_110_9999_hive.hwi.2.2.0.war__hwi__.4j0607/we
bapp/left_navigation.jsp
18/03/24 18:08:35 INFO /hwi: RequestURI: /hwi/aut
horize.jsp
18/03/24 18:08:35 INFO /hwi: QueryString: null
18/03/24 18:08:35 INFO /hwi: Request Params:

图 5-16 启动 HWI

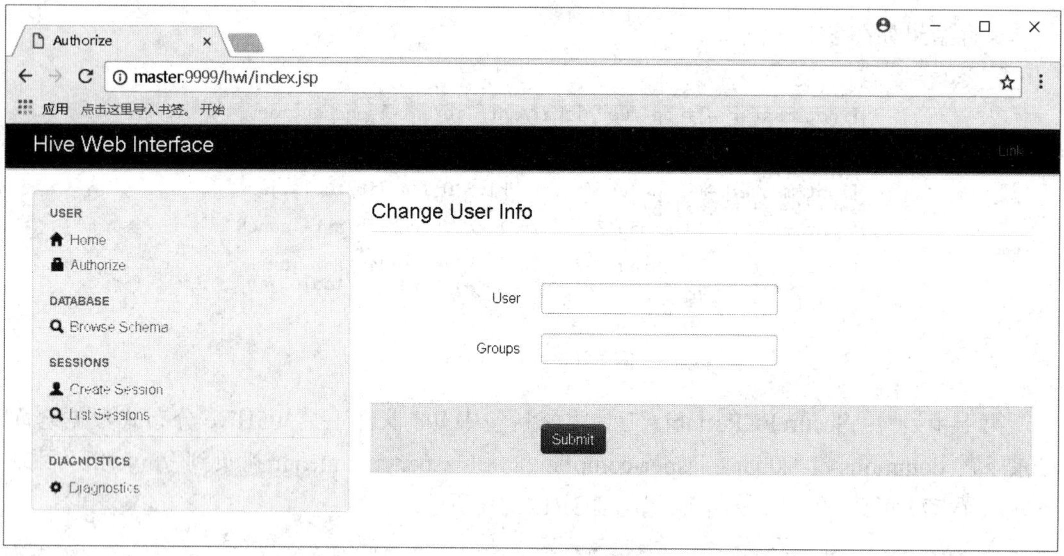
Authorize
master:9999/hwi/index.jsp
应用 点击这里导入书签。 开始
Hive Web Interface
USER
Home
Authorize
DATABASE
Browse Schema
SESSIONS
Create Session
List Sessions
DIAGNOSTICS
Diagnostics
Change User Info
User
Groups
Submit

图 5-17 HWI 主页面

第十二步：HiveServer2 配置启动，在原有 Hive 配置文件中修改 hive-site.xml 文件，如示例代码 CORE0512 所示。

示例代码 CORE0512 配置 HiveServer2

```
[root@master ~]# vi /usr/local/hive/conf/hive-site.xml
# 在原有配置基础上添加如下配置
<property>
<name>hive.server2.webui.host</name>
<value>192.168.10.110</value>
</property>
<property>
<name>hive.server2.webui.port</name>
<value>10002</value>
</property>
<property>
<name>hive.scratch.dir.permission</name>
```

```
<value>755</value>
</property>
<property>
<name>hive.aux.jars.path</name>
<value>file:///home/centos/soft/spark/lib/spark-assembly-1.6.0-hadoop2.6.0.jar</value>
</property>
```

第十三步：启动 HiveServer2 时需要开启两个终端并进入 /usr/local/hive/bin 目录，首先在第一个终端中启动 Metastore，如示例代码 CORE0513 所示。

示例代码 CORE0513 启动 Metastore

```
[root@master bin]# ./hive --service metastore &
```

如图 5-18 所示。

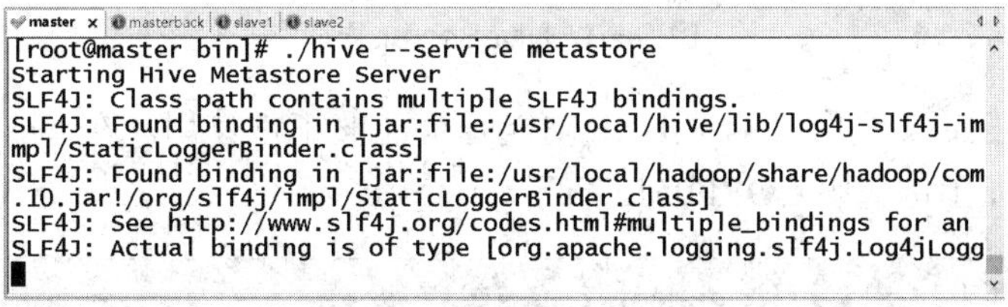
master
masterback
slave1
slave2
[root@master bin]# ./hive --service metastore
Starting Hive Metastore Server
SLF4J: Class path contains multiple SLF4J bindings.
SLF4J: Found binding in [jar:file:/usr/local/hive/lib/log4j-slf4j-im
mpl/StaticLoggerBinder.class]
SLF4J: Found binding in [jar:file:/usr/local/hadoop/share/hadoop/com
.10.jar!/org/slf4j/impl/StaticLoggerBinder.class]
SLF4J: See http://www.slf4j.org/codes.html#multiple_bindings for an
SLF4J: Actual binding is of type [org.apache.logging.slf4j.Log4jLogg

图 5-18　启动 HiveServer2

第十四步：在第二个终端启动 HiveServer2，如示例代码 CORE0514 所示。

示例代码 CORE0514 启动 HiveServer2

```
[root@master ~]# hive --service  hiveserver2 &
```

结果如图 5-19 所示。

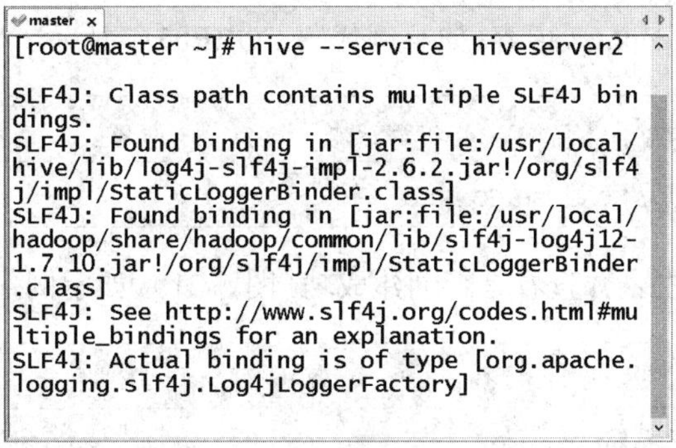
master
[root@master ~]# hive --service hiveserver2
SLF4J: Class path contains multiple SLF4J bin
dings.
SLF4J: Found binding in [jar:file:/usr/local/
hive/lib/log4j-slf4j-impl-2.6.2.jar!/org/slf4
j/impl/StaticLoggerBinder.class]
SLF4J: Found binding in [jar:file:/usr/local/
hadoop/share/hadoop/common/lib/slf4j-log4j12-
1.7.10.jar!/org/slf4j/impl/StaticLoggerBinder
.class]
SLF4J: See http://www.slf4j.org/codes.html#mu
ltiple_bindings for an explanation.
SLF4J: Actual binding is of type [org.apache.
logging.slf4j.Log4jLoggerFactory]

图 5-19　启动 HiveServer2

第十五步：使用浏览器访问 master：10002 登陆 HiveServer UI 页面，如图 5-20 所示。

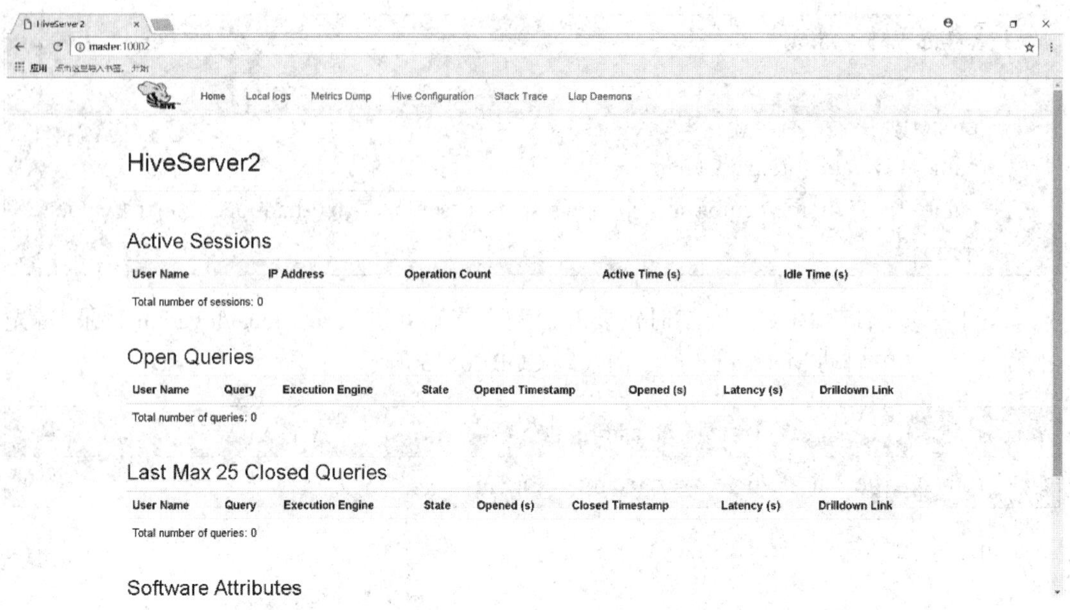

图 5-20 HiveServer 界面

第十六步：Hive 实践用以测试 Hive 功能是否能够正常使用。在 /usr/local 目录下新建 student.txt 文件，如示例代码 CORE0515 所示。

示例代码 CORE0515 新建 student 文本文档

```
[root@master local]# vi student.txt    #vi 如果文件存在则打开不存在则新建
```

第十七步：添加姓名、学号、班级、年龄和身份证号，用 TAB 键隔开，如示例代码 CORE0516 所示。

示例代码 CORE0516 添加学生信息

```
Zhangsan	0303	1	20	131025208006050999
```

第十八步：查看 student.txt 内容，如示例代码 CORE0517 所示。

示例代码 CORE0517 查看 student.txt 文档

```
[root@master local]# head  student.txt
```

第十九步：创建学生表并查看是否创建成功（图 5-21），如示例代码 CORE0518 所示。

示例代码 CORE0518 在 Hive 中创建 student 表

```
[root@master local]# hive
# 创建学生表
hive> create table student (
```

```
        name string,                    # 姓名
        stuno string,                   # 学号
        class string,                   # 班级
        age string,                     # 年龄
        idcard string)                  # 身份证号
        ROW FORMAT DELIMITED            # 指定 tab 为分割符
        FIELDS TERMINATED BY '\t'  ;
hive> show tables;          # 查看 hive 中的表
hive> exit;         # 退出 hive
```

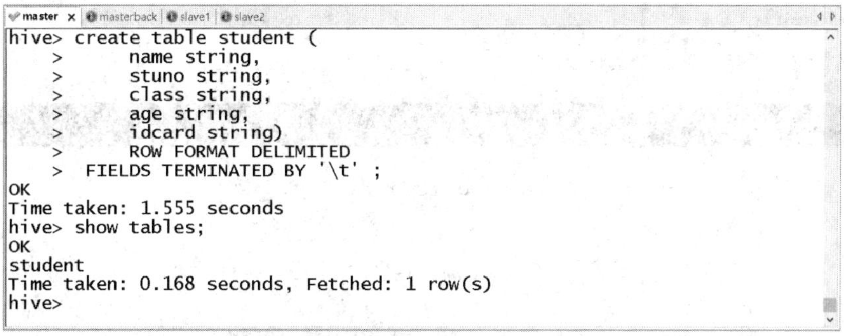

```
hive> create table student (
    >       name string,
    >       stuno string,
    >       class string,
    >       age string,
    >       idcard string)
    >       ROW FORMAT DELIMITED
    >   FIELDS TERMINATED BY '\t' ;
OK
Time taken: 1.555 seconds
hive> show tables;
OK
student
Time taken: 0.168 seconds, Fetched: 1 row(s)
hive>
```

图 5-21　创建学生表

第二十步：将 /usr/local/ 目录下的 student.txt 文件内容插入到 student 表中并查询，如示例代码 CORE0519 所示。

示例代码 CORE0519 向 Hive 表中导入信息

```
[root@master local]# hadoop fs -put /usr/local/student.txt /usr/hive/warehouse/student    # 导入数据
[root@master local]# hive
hive> select * from student;    # 查询数据仓库中所有数据
```

第二十一步：查询学生表的全部信息并通过 MapReduce 统计记录数，如示例代码 CORE0520 所示。

示例代码 CORE0520 统计表中数据记录数

```
hive> select count(*) from student;
hive> exit;
```

统计结果如图 5-22 所示。

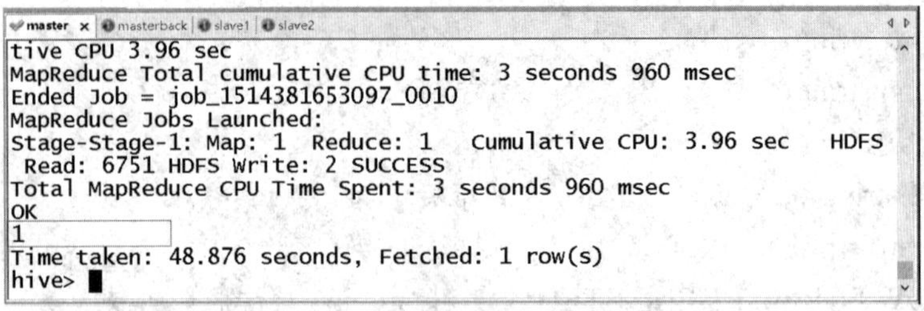

```
master × | masterback | slave1 | slave2
tive CPU 3.96 sec
MapReduce Total cumulative CPU time: 3 seconds 960 msec
Ended Job = job_1514381653097_0010
MapReduce Jobs Launched:
Stage-Stage-1: Map: 1  Reduce: 1   Cumulative CPU: 3.96 sec   HDFS
 Read: 6751 HDFS Write: 2 SUCCESS
Total MapReduce CPU Time Spent: 3 seconds 960 msec
OK
1
Time taken: 48.876 seconds, Fetched: 1 row(s)
hive>
```

图 5-22 MapReduce 统计记录数

第二十二步：使用 HWI 对 student 表进行查询，启动 HWI 并进入 HWI 页面，点击 Create Session 创建会话，如图 5-23 所示，创建名为 student 的会话。

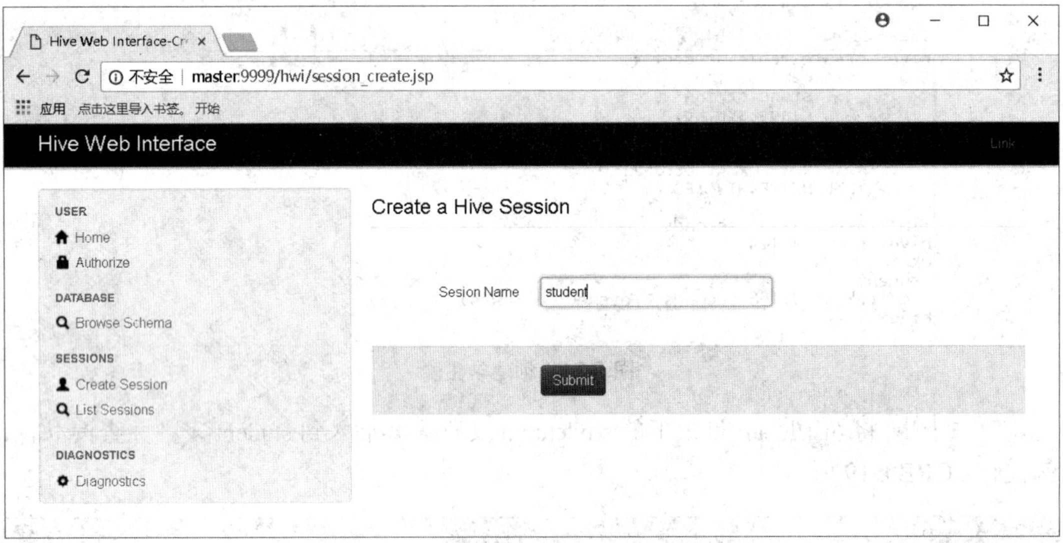

Hive Web Interface-Cr ×
不安全 | master:9999/hwi/session_create.jsp
应用 点击这里导入书签。 开始
Hive Web Interface
Link
USER
Home
Authorize
DATABASE
Browse Schema
SESSIONS
Create Session
List Sessions
DIAGNOSTICS
Diagnostics
Create a Hive Session
Sesion Name student
Submit

图 5-23 创建会话

第二十三步：如图 5-24 所示，输入结果文件名和 SQL 语句并在 Start Query 处选择 YES，点击 Submit，查询会在后台执行。

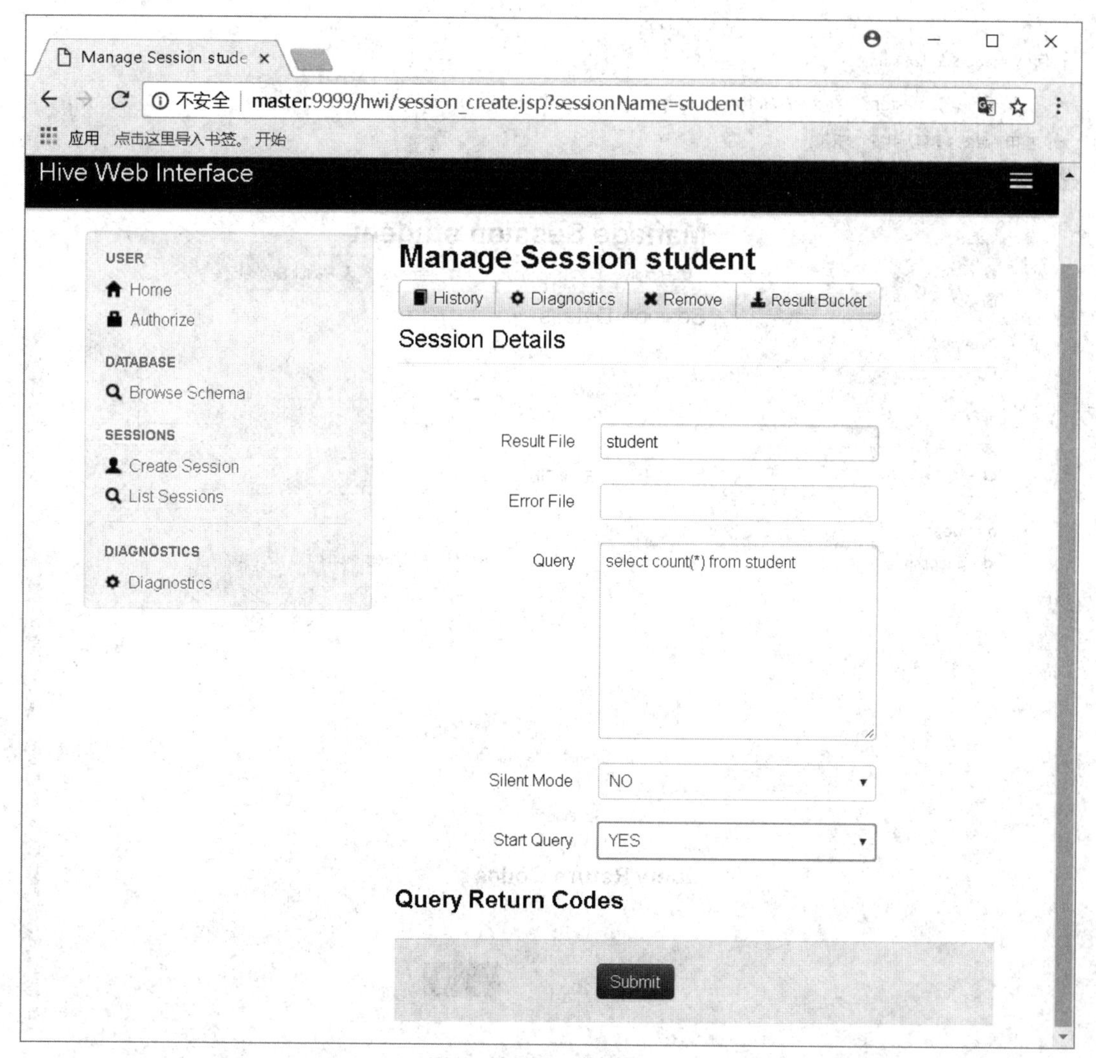

图 5-24　HWI 创建查询

第二十四步：选择 List Sessions 并刷新页面，Status 状态为 READY 时表示查询成功，这时点击 Manager，进入管理会话页面，如图 5-25 所示。点击 View File 查看结果，结果如图 5-26 所示。

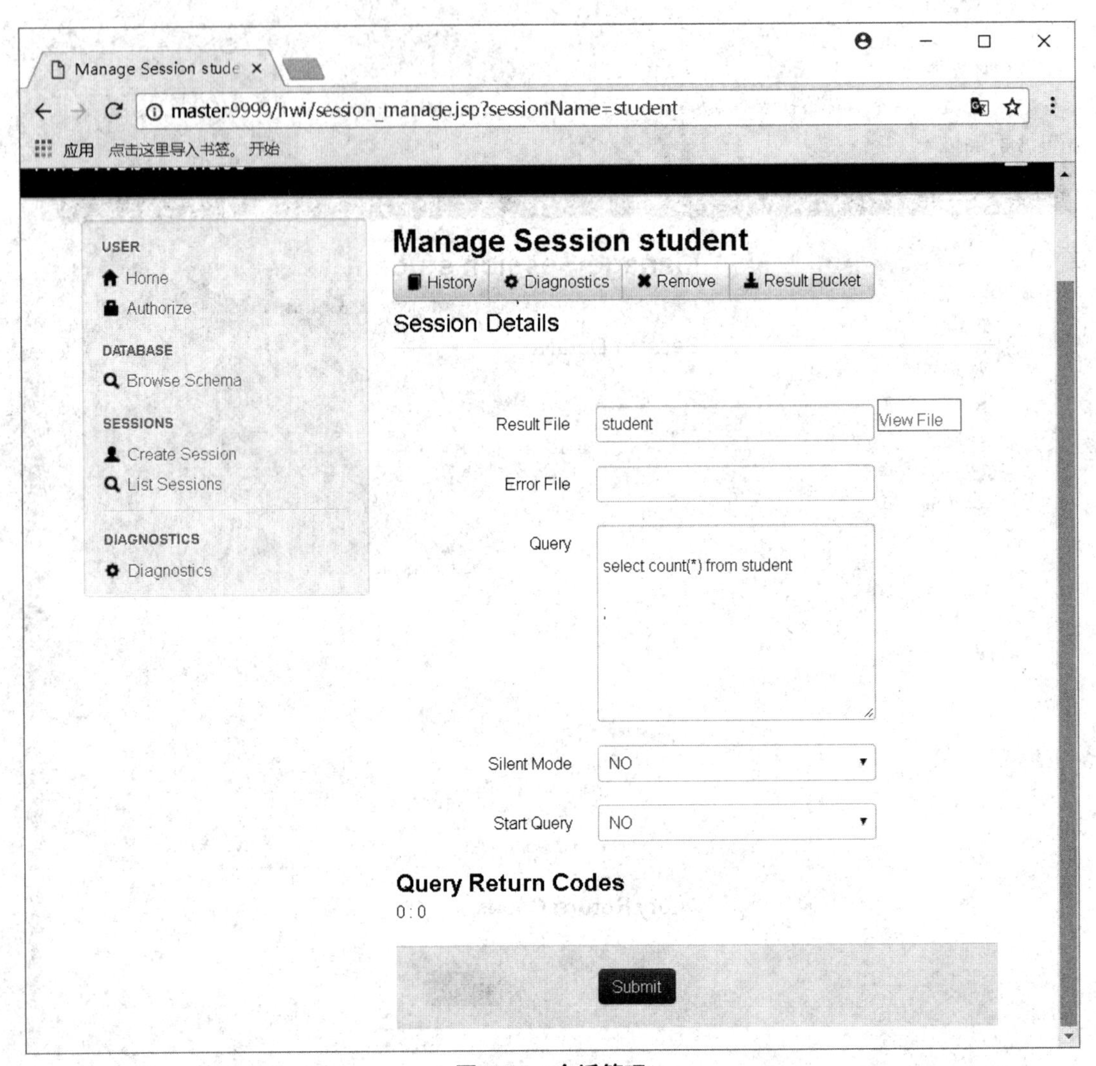
Manage Session stude
master:9999/hwi/session_manage.jsp?sessionName=student
应用 点击这里导入书签。 开始
USER
Home
Authorize
DATABASE
Browse Schema
SESSIONS
Create Session
List Sessions
DIAGNOSTICS
Diagnostics
Manage Session student
History
Diagnostics
Remove
Result Bucket
Session Details
Result File
student
View File
Error File
Query
select count(*) from student
;
Silent Mode
NO
Start Query
NO
Query Return Codes
0 : 0
Submit

图 5-25 会话管理

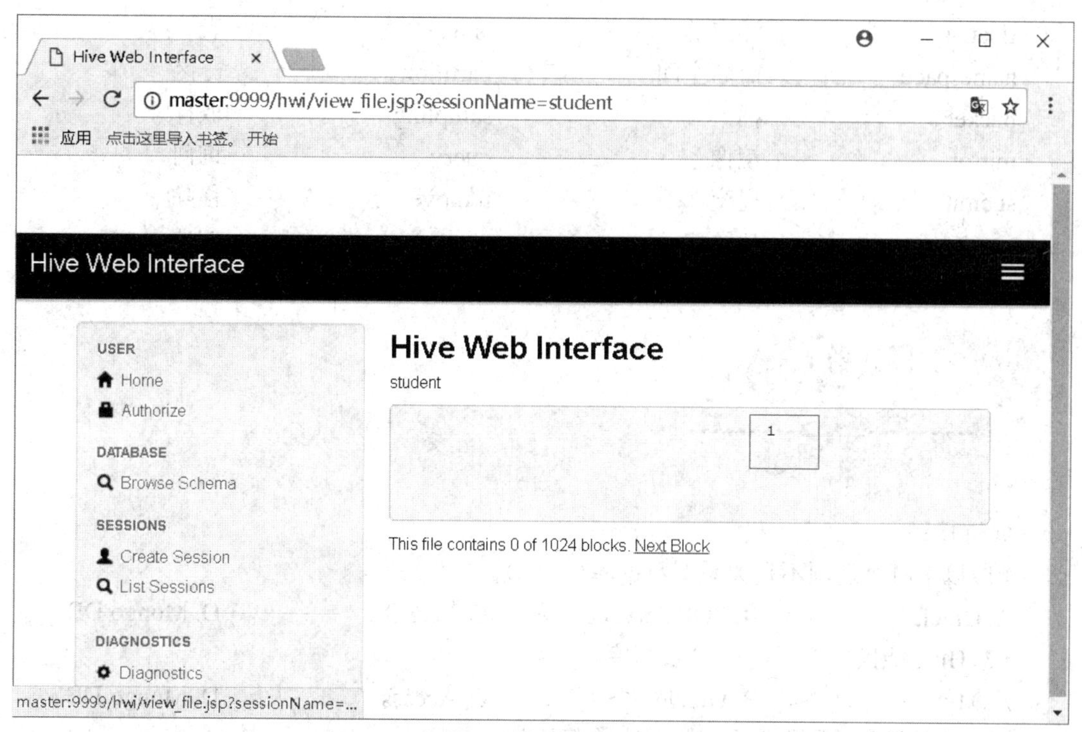

图 5-26　结果查看

至此 Hive 分布式数据仓库工具和相关服务的配置已经完成并使用了 Hive 和 HWI 的综合应用对表进行操作，最终结果如图 5-1 和图 5-2 所示。

本项目介绍了关系型数据库的概念，简要地说明了 Hive 的功能特点和应用场景，并对采用 MySQL 数据库作为 Hive 元数据库的原因进行了说明。通过对 Hive 部署方案、HWI 搭建和 Hive 配置文件的讲解，最终完成数据仓库工具 Hive 的搭建。

command	命令	complier	编译器
line	行	optimizer	优化器
interface	接口	executor	执行器
driver	驱动	timestamp	时间戳

float	浮点的	table	表
namespace	命名空间	partition	分区
bucket	桶	sampling	取样
mirror	镜像	query	询问
submit	提交	remove	移除
transport	传输层	create	创造

1. 选择题

（1）以下哪个选项不是关系型数据库（　　）。

A. Oracle　　B. SQL Server　　C. MySQL　　D. Mongo DB

（2）Hive 能操作以下（　　）数据库。

A. MySQL　　B. Oracle　　C. Access　　D. Mongo DB

（3）以下哪个不是非关系型数据库的瓶颈（　　）。

A. 对高并发读写的需求　　B. 对海量数据的高效率读写的需求

C. 高扩展性和可用性的需求　　D. 实体完整性

（4）以下哪个不属于 MySQL 的优点（　　）。

A. 多语言支持　　B. 可移植性好　　C. 多语言支持　　D. 支持热备份

（5）以下哪个不属于 HiveServer2 的组件（　　）。

A. 处理器　　B. 内存　　C. Protocol　　D. Server

2. 填空题

（1）Hive 是基于 Hadoop 类似关系型数据库的数据仓库，本质上 Hive 是一个_________。

（2）Hive 主要用来解决对大规模数据的_________。

（3）Hive 使用_________作为文件系统，关系数据库使用的是服务器本地的文件系统。

（4）Hive 定义了简单的类 SQL 查询语言_________，它允许熟悉 SQL 的用户查询数据。

（5）Hive 作为 Hadoop 的基础数据仓库构架，是一种可以对存储在 Hadoop 中的大规模数据进行_________和_________的机制。

3. 简答题

（1）Hive 的概念。

（2）Hive 应用场景。

项目六　HBase 分布式数据库

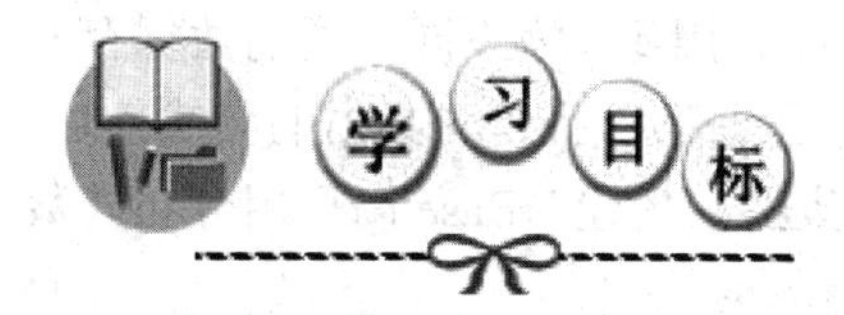

通过对本项目的学习，了解非关系型数据库（NoSQL）的相关概念及存储方式，熟悉 HBase 体系结构和应用场景，掌握 HBase 的目录结构和基本操作，在任务实施过程中：

- ➢ 了解 HBase 基础应用；
- ➢ 熟悉 HBase 基本验证操作；
- ➢ 掌握 HBase 安装部署方法。

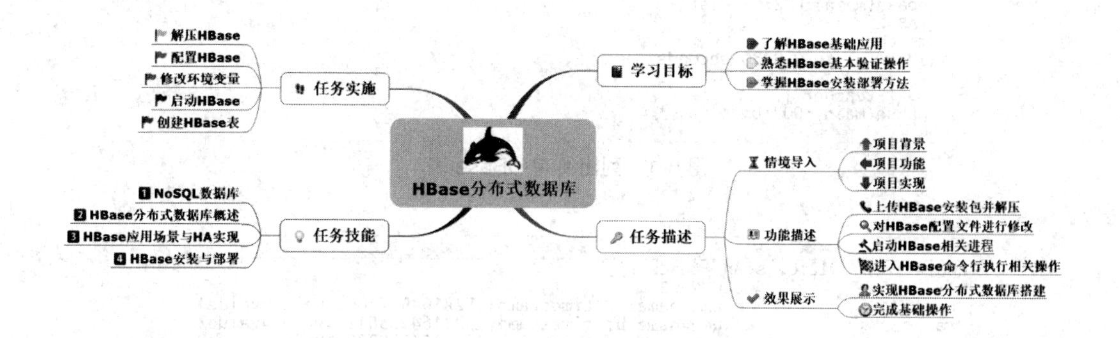

【情境导入】

数据的产生越来越不受客观条件的约束，其体积已经呈现出“指数级增长”的态势。数据如何存储是广大企业一直以来所关注的问题。而 HBase 的出现，为不同种类的数据存储提供了良好的解决方案。HBase 利用了 HDFS 的分布式处理模式，提供对数据的离线处理、批处理和实时查询。本项目主要完成在 Hadoop 高可用集群上搭建 HBase 高可用分布式数据库的任务，并通过 HBase 命令行对表进行基础操作。

【功能描述】

- 上传 HBase 安装包并解压。
- 对 HBase 配置文件进行修改。
- 启动 HBase 相关进程。
- 进入 HBase 命令行执行相关操作。

【效果展示】

通过本次任务的学习，实现 HBase 分布式数据库的搭建并通过 HBase 命令行对表进行基础操作，最终效果如图 6-1 和图 6-2 所示。

```
master x | masterback | slave1 | slave2
hbase(main):002:0> list
TABLE
teacher
1 row(s) in 0.0330 seconds

=> ["teacher"]
hbase(main):003:0>
```

图 6-1　列出所有 HBase 表

```
master x | masterback | slave1 | slave2
hbase(main):012:0> scan 'teacher'
ROW                  COLUMN+CELL
 row1                column=name:a, timestamp=1522164947766, value=value1
 row2                column=name:b, timestamp=1522164953611, value=value2
 row3                column=name:c, timestamp=1522164959278, value=value3
3 row(s) in 0.0180 seconds

hbase(main):013:0>
```

图 6-2　查询表中数据

技能点一　NoSQL 数据库

1. NoSQL(非关系型数据库)简介

NoSQL 是由 Carlo Strozzi 在 1998 年提出的一个没有 SQL 功能、轻量级的开源数据库系统。但是 NoSQL 的发展慢慢偏离了初衷，要的不是“no sql”，而是“no relational”，也就是现在常说的非关系型数据库。

2009 年年初，Eric Evans 在 Johan Oskarsson 举办了一场关于开源分布式数据库的讨论会，在本次讨论会中提出了 NoSQL 一词，用于指代非关系型的、分布式的且一般不保证遵循 ACID（事务）原则的数据存储系统。Eric Evans 使用 NoSQL 这个词，并不是因为字面上的“没有 SQL”的意思，只是觉得很多经典的关系型数据库名字都叫“什么什么 SQL”，所以为了表示跟这些关系型数据库在定位上的截然不同，就使用了“NoSQL”一词。当前 NoSQL 数据库主要分为 4 种类型，分别是键值（Key-Value）存储数据库、列存储数据库、文档型数据库和图形数据库。

2. 关系型数据库和 NoSQL 的对比

关系型数据库和非关系型数据库各有各的特性，其对比见表 6-1。

表 6-1　关系型数据库与 NoSQL 对比

数据库类型	特性	优点	缺点
关系型数据库	采用了关系模型；事务的一致性；采用了二维表格模型	结构简单；使用方便；易于维护；支持复杂查询	读写性能差；表结构一旦固定不易修改；高并发读写性能差；海量数据的读写效率低
非关系型数据库	使用键值对存储数据；分布式；支持 ACID 特性；数据结构化存储方法的集合	读写性能很高；数据低耦合易扩展；存储数据的格式丰富	不提供 SQL 支持，学习和使用成本较高；无事务处理

技能点二　HBase 分布式数据库概述

1. HBase 简介

HBase 是 Google BigTable 的开源实现，参考了谷歌的 BigTable 模型，使用 Java 编程语言实现，是运行在 HDFS 文件系统上的高可靠、高性能、列存储、可伸缩、实时读写的用来存储非结构化或半结构化数据的数据库。HBase 只能通过 Row Key（行键）的 range 来检索数据。HBase 利用 Hadoop 的 HDFS 作为其文件存储系统，通过使用 Hadoop MapReduce 来处理 HBase 中的海量数据，使用 ZooKeeper 作为协同服务，提供对数据的随机随时读写与访问。

通过扫描下方二维码了解非结构化数据。

2. HBase 术语介绍

（1）时间戳（Timestamp）：表示一份数据在某个特定时间之前是已经存在的、完整的、可验证的数据，通常是一个字符序列或某一刻的时间。

（2）行键（Row Key）：检索记录的主键，访问 HBaseTable 中的行。

（3）列（column）：由 Hbase 中的列族 Column Family + 列的名称（cell）组成。

（4）版本（version）：每个 cell 都保存着同一份数据的多个版本，版本通过时间戳来索引。

（5）单元格（cell）：HBase 中通过 Row 和 Columns 确定存储单元格。

（6）列族（Column Family）：Table 在水平方向由一个或者多个 Column Family 组成，一个 Column Family 可以由任意多个 Column 组成，即 Column Family 支持动态扩展，无须预先定义 Column 的数量以及类型，所有 Column 均以二进制格式存储，用户需要自行进行类型转换。

HBase 数据结构见表 6-2。

表 6-2　数据结构

Row Key	Timestamp	Column Family：cf1		Column Family：cf2	
		Column	Value	Column	Value
Row Key1	time6	cf1：2	value1-1/2		
	time5	cf1：3	value1-1/3		
	time4			cf2：1	value1-2/1
	time3			cf2：2	value1-2/2

续表

Row Key	Timestamp	Column Family: cf1		Column Family: cf2	
		Column	Value	Column	Value
Row Key2	time2	cf1: 1	value2-1/1		
	time1			cf2: 1	value2-1/1

3. HBase 的特点

HBase 是基于 Hadoop 的分布式可扩展的非关系型数据库。HBase 的强大不仅仅在于 Hadoop 文件处理系统，它本身也是非常强大的分布式数据库系统。HBase 能够通过使用 key/value（键值对）存储模式提供高效的实时查询能力，具有使用 MapReduce 进行批处理的能力。

HBase 是一个非关系型数据库，它需要使用不同的方法定义数据模型，HBase 数据模型定义了一个四维数据模型，下面是它每一个维度的定义。

➢ 行键（Row Key）：每行都有唯一的行键，行键本身没有固定的数据类型，它内部被认为是一个字节数组。

➢ 列族（Column Family）：数据在行中被组织成列族，每行有相同的列族，但是在行之间，相同的列族不需要有相同的列修饰符。

➢ 列修饰符：列族定义真实的列，被称之为列修饰符，可以认为列修饰符就是列本身。

➢ 版本（version）：每列都可以有一个可配置的版本数量，可以通过列修饰符制定版本获取数据。

4. HBase 存储

Hadoop 是一个高容错、高延时的分布式高并发的文件批处理系统，HBase 的数据使用 HDFS 文件系统进行存储且由 HDFS 保证高容错性。在生产环境中 HBase 上的数据是以二进制流的形式存储在 HDFS 上的 Block 块中的，HDFS 把 HBase 存储的文件视作二进制文件，导致 HBase 存储的文件对 HDFS 而言是透明的。HBase 文件在 HDFS 上的存储如图 6-4 所示。

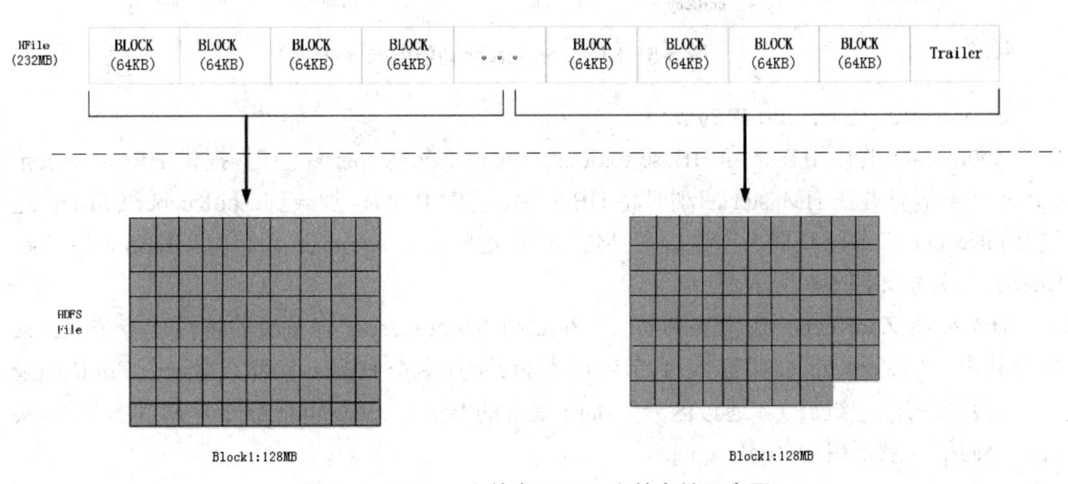

图 6-4　HBase 文件在 HDFS 上的存储示意图

5. HBase 组件

HBase 采用 master/slave 架构搭建集群，它属于 Hadoop 生态系统，由 HMaster 节点、HRegionServer、ZooKeeper 集群以及 HBase 各种访问接口（客户端）组成。其功能介绍如下。

（1）客户端 Client。HBase 架构中的客户端 Client 的主要作用是整合 HBase 集群的访问入口；通过使用 HBase RPC 机制与 HMaster 和 HRegionServer 通信；使用 HMaster 进行通信管理操作；与 HRegionServer 进行 I/O 操作；访问 HBase 的接口并通过维护 cache 来加快对 HBase 的访问。

（2）协调服务组件 ZooKeeper。ZooKeeper 的主要作用是保证集群中 HMaster 的唯一性；存储 HRegion 的寻址入口；实时监控 HRegionServer 的信息并实时通知 HMaster；存储 schema（数据库对象的集合）和 table 元数据。

（3）主节点 HMaster。HBase 可以启动多个 HMaster，通过 Master Election 机制（ZooKeeper 机制）保证至少一个 Master 在运行；负责用户对 Table 增、删、改、查的管理；管理 HRegionServer 的负载均衡，调整 Region 分布；在 HRegionServer 发生故障时负责失效 HRegionServer 上 Region 的迁移工作。

（4）Region 节点 HRegionServer。HRegionServer 主要负责处理 HRegion 的读写请求，向 HDFS 文件系统中进行 I/O 请求，切分 HRegion。当 Client 访问 HBase 数据时不需要 master 参与，HMaster 仅维护 table 和 Region 元数据信息。如图 6-5 所示。

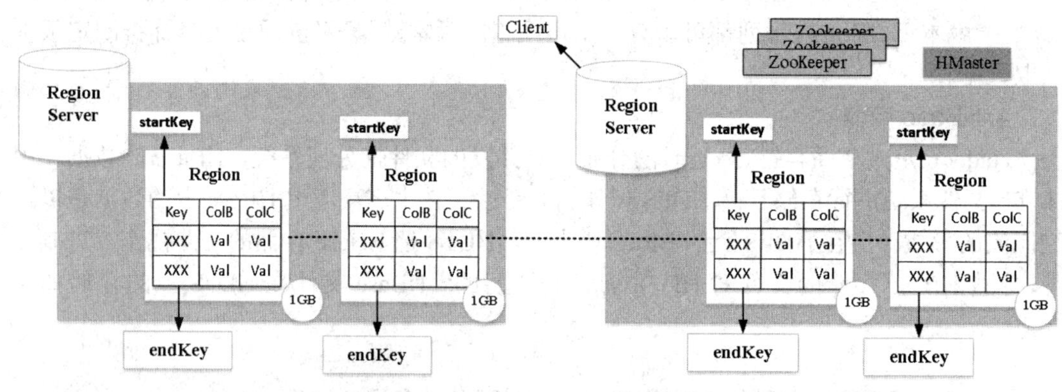

图 6-5 HRegionServer 功能架构

ZooKeeper 在 HBase 中的应用

ZooKeeper 的作用在于当 HBase regionserver 向 ZooKeeper 注册时，提供 HBase regionserver 状态信息并在 HMaster 启动时将 HBase 系统表 -ROOT- 加载到 ZooKeeper Cluster，通过 ZooKeeper Cluster 获取当前系统表 .META. 所对应的 Cregionserver 信息。HBase 与 ZooKeeper 的关系如图 6-6 所示。

HBase 将 ZooKeeper 作为协调器。HBase 利用 ZooKeeper 轻量级的特性使多个 HBase 集群共用一个 ZooKeeper 集群，达到节约成本的目的（多个 HBase 集群共用一个 ZooKeeper 集群必须使用同一组 IP）。通过区分 HBase 集群的“zookeeper.znode.parent”属性的差异，实现在不同根目录下启动 ZooKeeper。

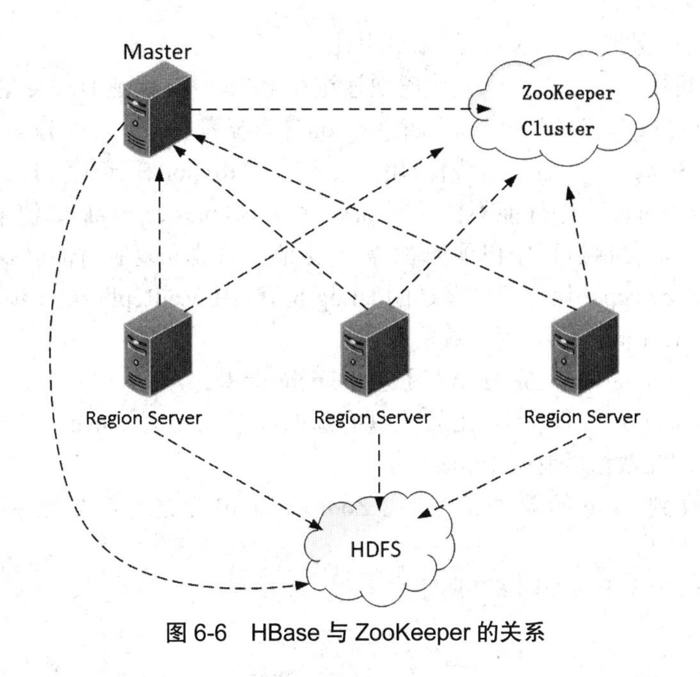

图 6-6　HBase 与 ZooKeeper 的关系

技能点三　HBase 应用场景与 HA 实现

1. HBase 应用场景

➢ 一组数据中如果确定有上亿或上千亿行数据，HBase 分布式数据库存储数据是很不错的选择。如果数据仅有成千上百行，选择传统数据库管理系统则效率会比较高，这样就不会因数据量可以在一到两个数据节点内完成存储导致其他节点的闲置而造成资源浪费。

➢ 确定数据不依赖任何关系型数据管理系统的额外特性。

➢ 拥有 5 个以上节点（HDFS 在小于 5 个数据节点时，不能体现 HDFS 优势），虽然 HBase 在单节点上也能正常运行，但这应仅当成是开发阶段的配置。

2. HBase HA 实现

HBase 自身是不存在单点故障的。HBase 使用 ZooKeeper 作为中央控制服务，ZooKeeper 至少需要 3 台服务器运行，其特性是只要还有超过半数的服务器在线就能正常提供服务，故 HBase 就能正常运行。

HBase 将活动主节点、域根节点服务器（root region server）地址以及其他重要的运行数据存放于 ZooKeeper 存储。因此，可以在其他机器上开启两个或多个 HMaster 守护进程，其中第一个启动的 HMaster 作为 HBase 机器的活动主节点。

HDFS 因为 NameNode 故障可能引起集群的单点故障。NameNode 将 HDFS 全部文件系统的镜像保存在自己的本地存储之中，一旦 NameNode 异常，HDFS 就无法使用了，导致 HBase 也无法使用。HDFS 当中还有一个 Secondary NameNode，它并不是一个 NameNode 备份，只是提供了一个 NameNode 的时间点保存镜像（checkpoint）。所以 HBase 集群的高可用性，实际上就是保持 NameNode 的高可用性。

HBase 的高可用性可以在故障发生时快速进行故障转移，保证 HBase 能够进行正常服务。一个 master 可以对应多个 slave，每个 Region Server 都拥有一个 HLog。在 Replication 开启时，Region Server 会开启一个线程，用于读取当前 Region Server 的 HLog，并发送到各个 slave。为保障 master 上的性能不会受到 slave 的影响，master 与 slave 使用异步方式进行通信。为防止 HLog 复制过程中出现问题，需要保证重新建立复制时能够找到上次复制的位置，可以使用 ZooKeeper 保存已经发送的 HLog 位置，HBase Replication 步骤如下。

（1）HBase Client 向 master 写入数据。

（2）对应 Region Server 写完 HLog 后返回 Client 请求。

（3）同时 replication 线程轮询 HLog 发现有新的数据，发送给 slave。

（4）slave 处理完数据后返回给 master。

（5）master 收到 slave 的返回信息，在 ZooKeeper 中标记已经发送到 slave 的 HLog 位置。

HBase Replication 步骤如图 6-7 所示。

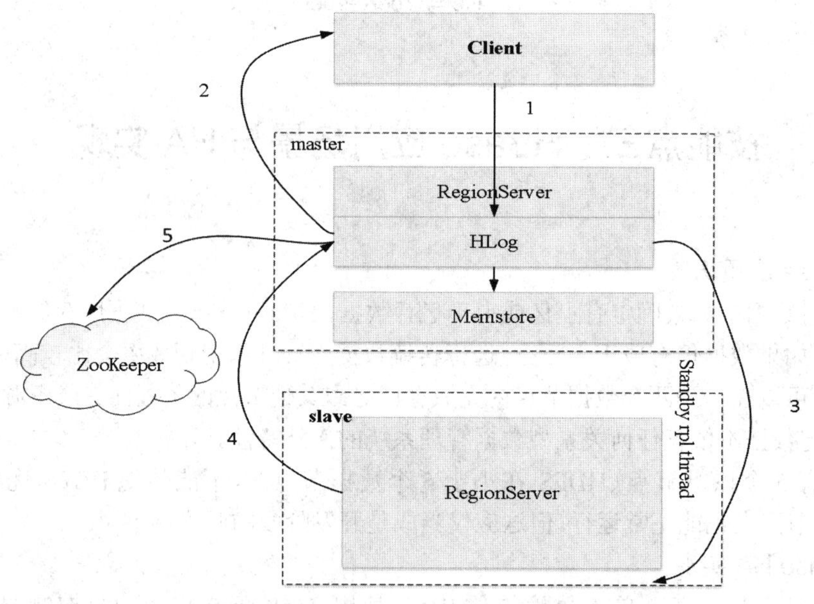

图 6-7 HBase Replication 步骤

如果是对可用性要求较高的核心服务，可以搭建高可用 HBase 保障高可用性，HMaster 出现故障时可以将流量切换到 slave 上，即可完成故障的转移，从而保证正常服务。

技能点四 HBase 安装与部署

HBase 和普通关系型数据库一样，都以表的方式来组织数据源，HBase 的表由行（Row）和列（Column）共同组成。与关系型数据库不同的是，HBase 有一个列族（Column Family）

的概念，列族将一列或者多列组织在一起，HBase 的列必须属于某一个列族。安装 HBase 应注意 Hadoop 和 JDK 是否安装了对应的版本。

1. HBase 运行环境

HBase 是建立在 Hadoop 基础上的数据库，因为 HDFS 是分布式文件系统，所以 HBase 就成为分布式数据库系统。HBase 提供了单机安装和分布式安装两种模式。Hadoop 和 HBase 版本关系见表 6-3。

- S：supported and tested，支持。
- X：not supported，不支持。
- NT：not tested enough，可以运行但测试不充分。

表 6-3　Hadoop 与 HBase 版本关系

版本	HBase-0.94.x	HBase-0.98.x	HBase-1.0.x	HBase-1.1.x	HBase-1.2.x
Hadoop-1.0.x	X	X	X	X	X
Hadoop-1.1.x	S	NT	X	X	X
Hadoop-0.23.x	S	X	X	X	X
Hadoop-2.0.x-alpha	NT	X	X	X	X
Hadoop-2.1.0-beta	NT	X	X	X	X
Hadoop-2.2.0	NT	S	NT	NT	X
Hadoop-2.3.x	NT	S	NT	NT	X
Hadoop-2.4.x	NT	S	S	S	S
Hadoop-2.5.x	NT	S	S	S	S
Hadoop-2.6.0	X	X	X	X	X
Hadoop-2.6.1+	NT	NT	NT	NT	S
Hadoop-2.7.0	X	X	X	X	X
Hadoop-2.7.1+	NT	NT	NT	NT	S

HBase 和 JDK 版本关系见表 6-4。

表 6-4　HBase 与 JDK 版本关系

HBase 版本	JDK6	JDK7	JDK8
1.2	Not Supported	yes	yes
1.1	Not Supported	yes	Not Supported
1	Not Supported	yes	Not Supported
0.98	yes	yes	Not Supported
0.94	yes	yes	N/A

2. HBase 安装目录与指令

登录 HBase 官网 http: //mirrors.hust.edu.cn/apache/hbase/1.2.6/ 下载 hbase-1.2.6-bin.tar.gz 发行版本（HBase 在资料包 \08 课件工具 \06 HBase 分布式数据库），如图 6-8 所示。

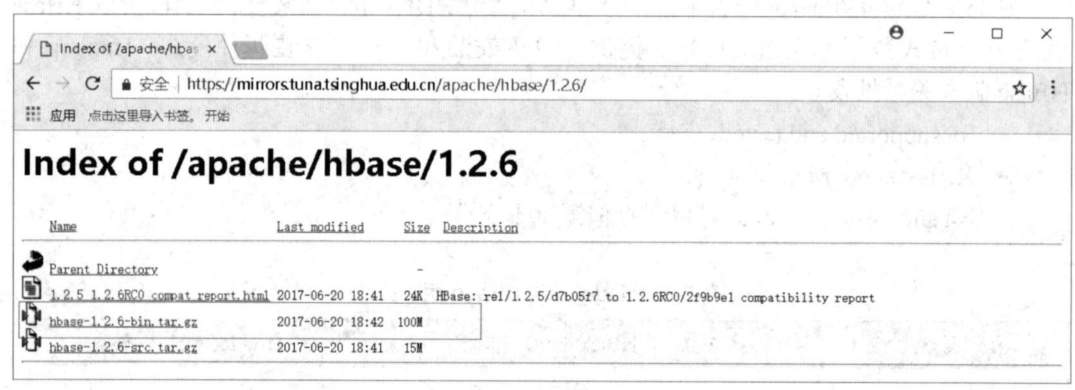

图 6-8　HBase 下载

安装并上传到 master 节点的"/usr/local/"目录下，执行解压命令并重命名，如示例代码 CORE0601 所示。

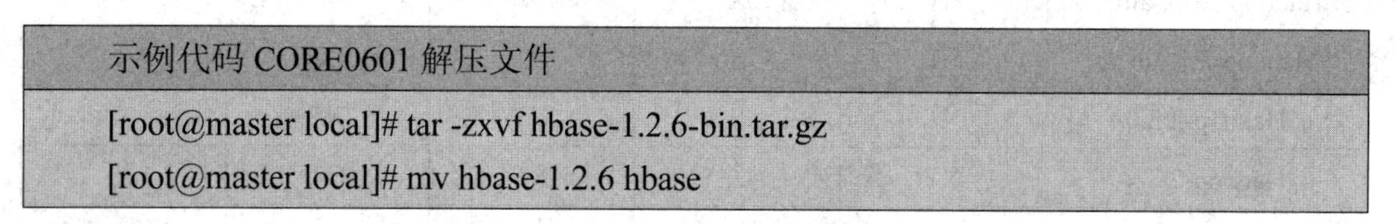

示例代码 CORE0601 解压文件

```
[root@master local]# tar -zxvf hbase-1.2.6-bin.tar.gz
[root@master local]# mv hbase-1.2.6 hbase
```

使用 SecureFX 进入到 HBase 安装目录，目录结构如图 6-9 所示。

/usr/local/hbase

名字	大小	已改变	权限	拥有者
..		2018/2/1 17:46:46	rwxr-xr-x	root
bin		2016/1/29 15:43:10	rwxr-xr-x	root
conf		2017/5/29 14:29:38	rwxr-xr-x	root
docs		2017/5/29 15:20:32	rwxr-xr-x	root
hbase-webapps		2017/5/29 14:53:00	rwxr-xr-x	root
lib		2018/2/1 17:45:27	rwxr-xr-x	root
CHANGES.txt	127 KB	2017/5/29 14:29:38	rw-r--r--	root
LEGAL	1 KB	2017/5/29 15:31:51	rw-rw-r--	root
LICENSE.txt	140 KB	2017/5/29 15:31:51	rw-rw-r--	root
NOTICE.txt	42 KB	2017/5/29 15:31:51	rw-rw-r--	root
README.txt	2 KB	2015/12/27 3:17:07	rw-r--r--	root

图 6-9　HBase 目录结构

1）bin 目录

bin 目录用来存储 HBase 内置脚本文件，详情见表 6-5。

表 6-5　HBase 脚本文件

Windows 脚本文件	Linux 脚本文件	功能
start-hbase.cmd	start-hbase.sh	启动 HBase 服务
stop-hbase.cmd	stop-hbase.sh	停止 HBase 服务
	hbase-daemons.sh	开启 / 关闭所有的 Region Server、ZooKeeper
	hbase-daemon.sh	开启 / 关闭单个 Region Server、ZooKeeper
	rolling-restart.sh	可以用来挨个滚动重启

➢ hbase-daemon.sh

根据实际需求，使用不同的参数，实现开启 / 关闭单个 Region Server、ZooKeeper 的功能，参数用法详情见表 6-7。

表 6-7　hbase-daemon.sh 参数

用法	说明
hbase-daemon.sh start regionserver	启动单个 Region Server
hbase-daemon.sh stop regionserver	停止单个 Region Server
hbase-daemon.sh start zookeeper	启动单个 ZooKeeper
hbase-daemon.sh stop zookeeper	关闭单个 ZooKeeper

2）conf 目录

conf 目录中存放 HBase 相关配置文件，详情见表 6-8。

表 6-8　HBase 配置文件

文件	功能
hbase-site.xml	保存 HBase 的相关配置
hbase-env.sh	设置 Java 与 Hadoop 路径

➢ hbase-site.sh

hbase-env.sh 配置文件能够实现对 HBase 各项功能以及属性的设置，包括指定 HBase 的运行模式、设置 ZooKeeper 的 zoo.conf 端口等功能，更多配置参数及功能见表 6-9。

表 6-9　hbase-site.sh 配置文件

参数名	说明
hbase.rootdir	设置 Region Server 的共享目录
hbase.cluster.distributed	设置运行模式
hbase.zookeeper.quorum	设置 ZooKeeper 主机

续表

参数名	说明
hbase.master	HBase 的 master 的端口
hbase.zookeeper.property.dataDir	ZooKeeper 的 zoo.conf 中的配置，快照的存储位置
hbase.master.maxclockskew	设置节点时间差
hbase.zookeeper.property.clientPort	客户端连接 ZooKeeper 的端口
hbase.regionserver.restart.on.zk.expire	HBase 宕机选择

➢ hbase-env.sh

hbase-env.sh 配置文件能够设置 HBase 是否使用自带 ZooKeeper 框架，并能够设置 HBase 所依赖的 JDK 和 Hadoop 等框架的运行目录等，参数见表 6-10 所示。

表 6-10 hbase-env.sh 配置文件

参数	说明
export JAVA_HOME	Java 安装目录
export HBASE_CLASSPATH	Hadoop 配置文件的地址
export HBASE_MANAGES_ZK	是指是否使用自带 ZooKeeper
export HBASE_LOG_DIR	HBase 日志目录

3. HBase 基本命令

HBase 基本表操作命令见表 6-11 所示。

表 6-11 HBase 常用操作

基本操作	具体命令
创建一个简单的表	hbase（main）：001：0> create 'student', 'score'
显示所有表	hbase（main）：002：0> list
显示表数据	hbase（main）：004：0> scan 'student'
删除表	hbase（main）：005：0> disable 'student' hbase（main）：006：0> drop 'student'

4. HBase Web 页面功能详解

任务实施操作成功后，在浏览器中输入 192.168.10.110：16010，可登录到 HBase 的 Web 管理页面，通过 HBase Web 页面能够查看到 HBase 的详细状态，可对其健康状态进行实时监控。

HBase Web 页面的介绍如下。

（1）统计页面。对 HBase 的相关信息进行实时监控，如图 6-10 所示。

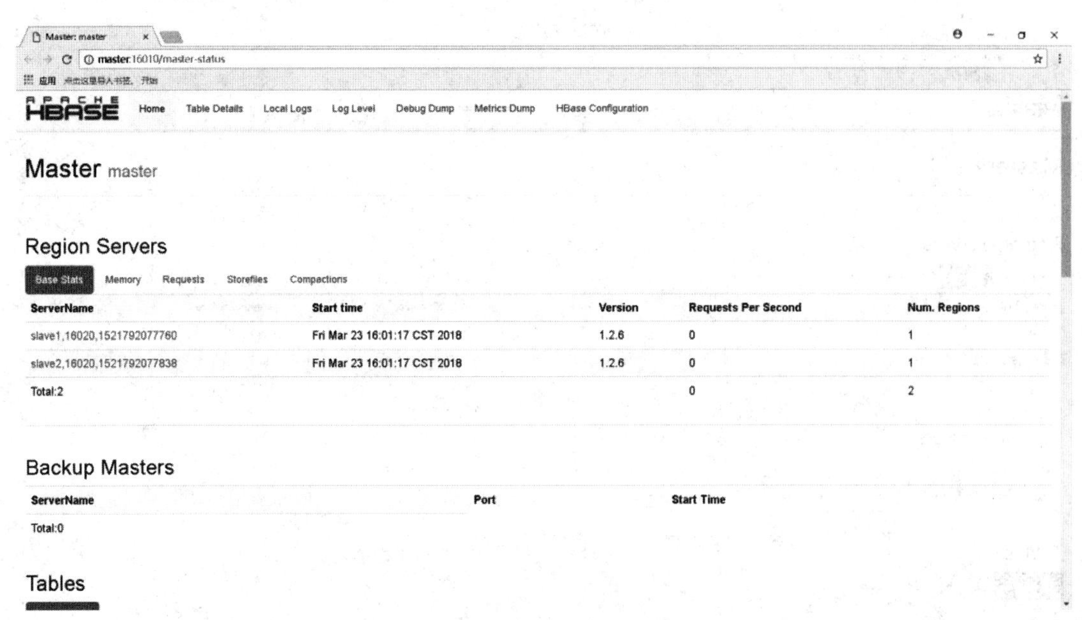

图 6-10　HBase Web 界面

统计页面说明见表 6-12。

表 6-12　统计页面说明

参数	说明
Stats	统计 HBase 服务器名称、开始运行时间、版本、吞吐量等信息
ServerName	正在提供服务的区域服务器名称
Start time	开始启动时间
Version	HBase 版本
Requests Per Second	吞吐量
Num.Regions	取于服务器数量

(2)存储器(Memory)页面。能够对 HBase 当前堆栈大小和最大堆栈大小进行查看，如图 6-11 所示。

图 6-11 Memory 页面

Memory 页面说明见表 6-13 所示。

表 6-13 Memory 页面说明

参数	说明
Used Heap	堆栈大小
Max Heap	最大堆栈大小
MemStore	当前数据内存大小

（3）请求（Requests）页面。能够查看 Region Servers 的读写次数和每秒 Region Servers 的请求数，页面如图 6-12 所示。

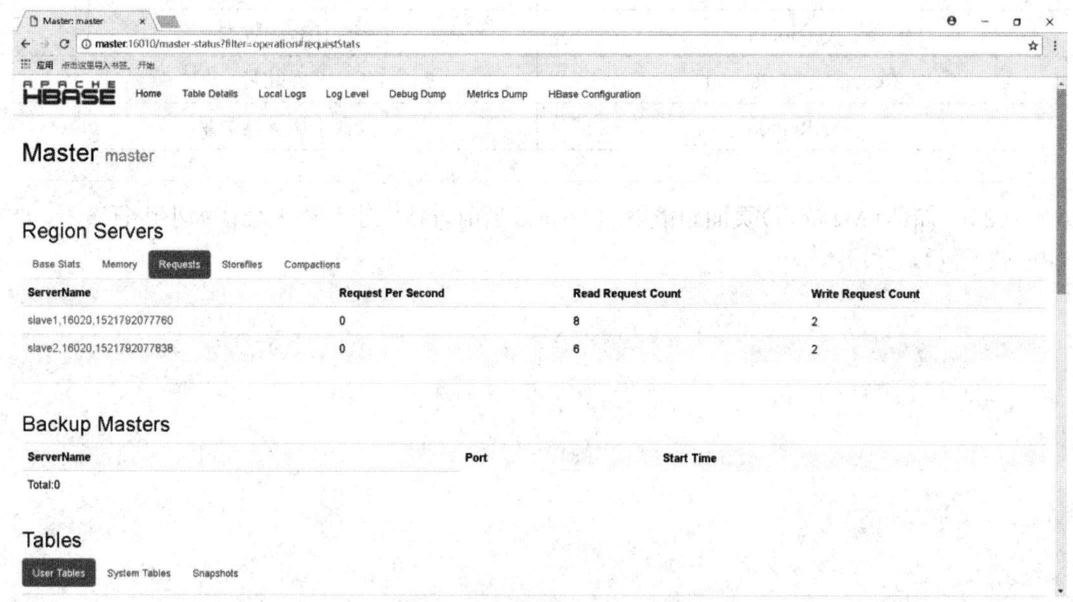

图 6-12 Requests 页面

Requests 页面说明见表 6-14。

表 6-14　Requests 页面说明

参数	说明
Request Per Second	Region Servers 每秒请求次数
Read Request Count	Region Servers 的读请求次数
Write Request Count	Region Servers 的写请求次数

（4）文件库（Storefiles）页面。能够查看文件库的数量、文件库编号、未压缩状态下的文件大小、存储文件大小等，如图 6-13 所示：

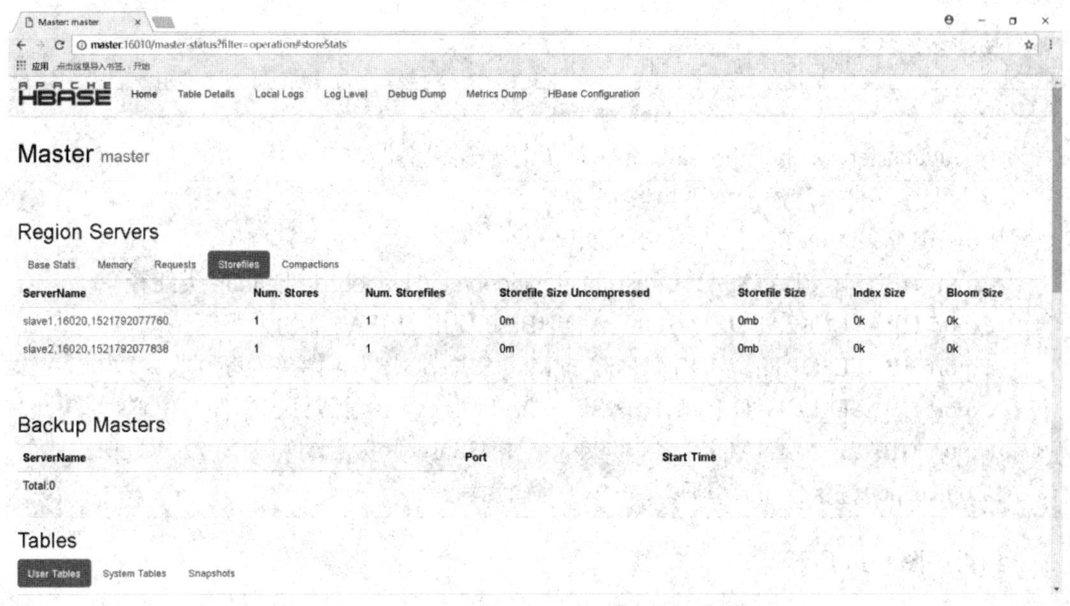

图 6-13　Storfiles 页面

Storefiles 页面详细说明见表 6-15。

表 6-15　Storefiles 页面详细说明

参数	说明
Num.Stores	库编号
Num.Storefiles	文件库编号
Storefile Size Uncompressed	未压缩状态的存储文件大小
Storefile Size	存储文件大小
Index Size	索引大小
Bloom Size	Bloom 大小

通过以下步骤完成 HBase 环境的搭建，主要对 HBase 的 hbase-env.sh、hbase-site.xml 和环境变量文件进行修改并使环境变量文件生效。HBase 启动后使用创建表的操作测试 HBase 功能是否能够正常使用。

第一步：在 master 节点下进入 /usr/local/hbase/conf/ 目录，打开 hbase-env.sh 配置文件，设置 HBase 运行所需的 JDK 和 Hadoop 路径，设置为使用独立的 ZooKeeper，如示例代码 CORE0602 所示。

示例代码 CORE0602 配置文件

```
[root@master~]# cd /usr/local/hbase/conf
[root@master conf]# vi hbase-env.sh    # 打开配置文件
# 在配置文件末尾添加如下内容
export JAVA_HOME=/usr/java/default
export HBASE_CLASSPATH=/usr/local/hadoop/etc/Hadoop    #hadoop 类路径
export HBASE_HEAPSIZE=1000    #HBase 使用的 JVM 堆的大小
export HBASE_OPTS="-XX:+UseConcMarkSweepGC"  # 调整内存回收参数
export HBASE_LOG_DIR=${HBASE_HOME}/logs  # 存储日志文件的位置
export HBASE_MANAGES_ZK=false  # 由 HBase 负责启动和关闭 ZooKeeper，是否使用 ZooKeeper 进行分布式管理
```

结果如图 6-14 所示。

```
master | masterback | slave1 | slave2
# DRFA doesn't put any cap on the log size. Please refer to HBase-5655 fo
r more context.
export JAVA_HOME=/usr/java/default
export HBASE_CLASSPATH=/usr/local/hadoop/etc/Hadoop
export HBASE_HEAPSIZE=1000
export HBASE_OPTS="-XX:+UseConcMarkSweepGC"
export HBASE_LOG_DIR=${HBASE_HOME}/logs
export HBASE_MANAGES_ZK=false
-- INSERT --
```

图 6-14 hbase-env.sh

第二步：在 master 节点下修改 hbase-site.xml 配置文件，设置 Region Server 的共享目录，用来持久化 HBase，设置 HBase 的运行模式，设置 HBase 的 master 端口和 HBase 发生宕机时的选择并配置 HBase 环境变量，具体配置及操作如示例代码 CORE0603 所示。

示例代码 CORE0603 修改 hbase-site.xml 配置文件

```
[root@master conf]# vi hbase-site.xml
# 在 <configuration></configuration> 中添加如下内容
<property>
# 这个目录是 Region Server 的共享目录,用来持久化 HBase。URL 需要是 ' 完全正确 ' 的,还要包含文件系统的 scheme。例如,要表示 hdfs 中的 '/hbase' 目录，NameNode 运行在 namenode.example.org 的 9090 端口。则需要设置为 hdfs：//namenode.example.org：9000 / hbase。默认情况下 HBase 是写到 /tmp 的。不改这个配置,数据会在重启的时候丢失
<name>hbase.rootdir</name>
<value>hdfs://master:9000/hbase</value>
</property>
<property>
<name>hbase.cluster.distributed</name>
#HBase 的运行模式。false 是单机模式，true 是分布式模式。若为 false，HBase 和 ZooKeeper 会运行在同一个 JVM 里面。
<value>true</value>
</property>
<property>
<name>hbase.zookeeper.quorum</name>
# 本机的 IP 地址,不能为 localhost 或 127.0.0.1,否则不能远程链接
<value>master,masterback,slave1,slave2</value>
</property>
<property>
<name>hbase.master</name>
#Hbase 的 master 的端口
<value>60000</value>
</property>
<property>
<name>hbase.zookeeper.property.dataDir</name>
#ZooKeeper 的 zoo.conf 中的配置。快照的存储位置
<value>/usr/local/zookeeper/data</value>
</property>
<property>
<name>hbase.master.maxclockskew</name>
# 用来防止 HBase 节点之间时间不一致造成 Region Server 启动失败
<value>120000</value>
</property>
<property>
```

```
<name>hbase.zookeeper.property.clientPort</name>
# 表示客户端连接 ZooKeeper 的端口
<value>2181</value>
</property>
<property>
<name>hbase.regionserver.restart.on.zk.expire</name>
# 当 Region Server 遇到 ZooKeeper session expired，Region Server 将选择 restart 而不是 abort
<value>true</value>
</property>
[root@master conf]# vi ~/.bashrc
# 在末尾添加如下内容
export HBASE_HOME=/usr/local/hbase
export PATH=$PATH:$HBASE_HOME/bin
[root@master conf]# source ~/.bashrc
```

结果如图 6-15 和图 6-16 所示。

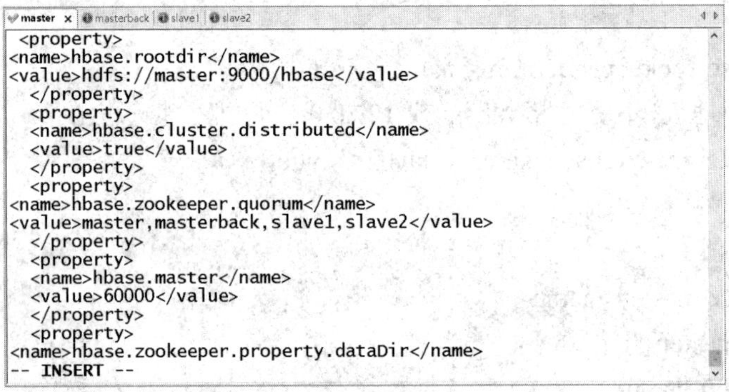

```
master  masterback  slave1  slave2
 <property>
<name>hbase.rootdir</name>
<value>hdfs://master:9000/hbase</value>
  </property>
  <property>
  <name>hbase.cluster.distributed</name>
  <value>true</value>
  </property>
  <property>
<name>hbase.zookeeper.quorum</name>
<value>master,masterback,slave1,slave2</value>
  </property>
  <property>
  <name>hbase.master</name>
  <value>60000</value>
  </property>
  <property>
<name>hbase.zookeeper.property.dataDir</name>
-- INSERT --
```

图 6-15　hbase-site.xml

```
master  masterback  slave1  slave2
export YARN_CONF_DIR=/usr/local/hadoop/etc/hadoop
export JAVA_LIBRARY_PATH=/usr/local/hadoop/lib/native
export PATH=$PATH:$JAVA_HOME/bin:$HADOOP_HOME/bin:$HADOOP_HOME/sbin
export HBASE_HOME=/usr/local/hbase
export PATH=$PATH:$HBASE_HOME/bin

~
~
-- INSERT --
```

图 6-16　环境变量

第三步：通过使用 scp 远程拷贝命令，将 HBase 安装文件夹与环境变量文件分发到 masterback、slave1、slave2 节点中，并分别在 3 个节点中使 .bashrc 环境变量文件生效，如示例代码 CORE0604 所示。

示例代码 CORE0604 拷贝并使环境变量文件生效

```
# 将"hbase"目录分发到备份节点和分支节点
[root@master local]# scp -r /usr/local/hbase/ masterback:/usr/local/
[root@master local]# scp -r /usr/local/hbase/ slave1:/usr/local/
[root@master local]# scp -r /usr/local/hbase/ slave2:/usr/local/
# 将环境变量文件分发到备份节点和分支节点
[root@master ~]# scp –r ~/.bashrc masterback:~/
[root@master ~]# scp –r ~/.bashrc slave1:~/
[root@master ~]# scp –r ~/.bashrc slave2:~/
# 分别在 masterback、slave1、slave2 节点执行 source ~/.bashrc 使变量生效
[root@masterback ~]# source ~/.bashrc
[root@slave1 ~]# source ~/.bashrc
[root@slave2 ~]# source ~/.bashrc
# 在 master 节点和 masterback 节点启动 Hbase
[root@master ~]# start-hbase.sh
[root@masterack ~]# start-hbase.sh    # 启动 HMaster 进程，为 Region Server 分配 region 负责 Region Server 的负载均衡
```

第四步：使用 jps 查看 4 个节点的进程并通过访问不同节点的 16010 端口验证 HBase 是否完全启动成功。结果如图 6-17 和图 6-18 所示。

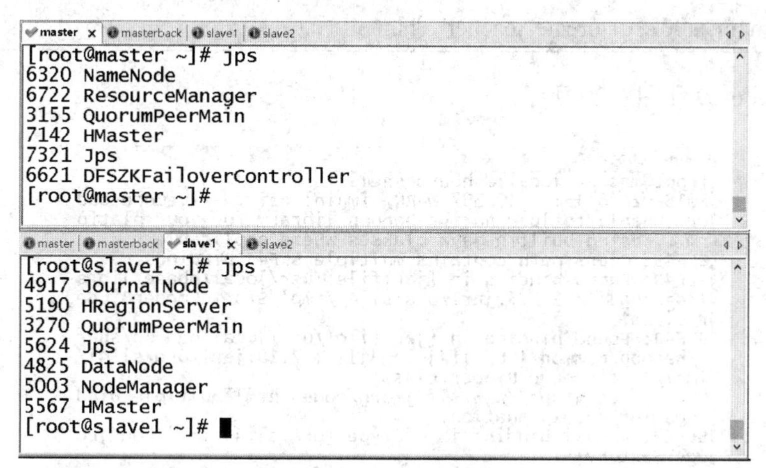

图 6-17　Hbase 进程

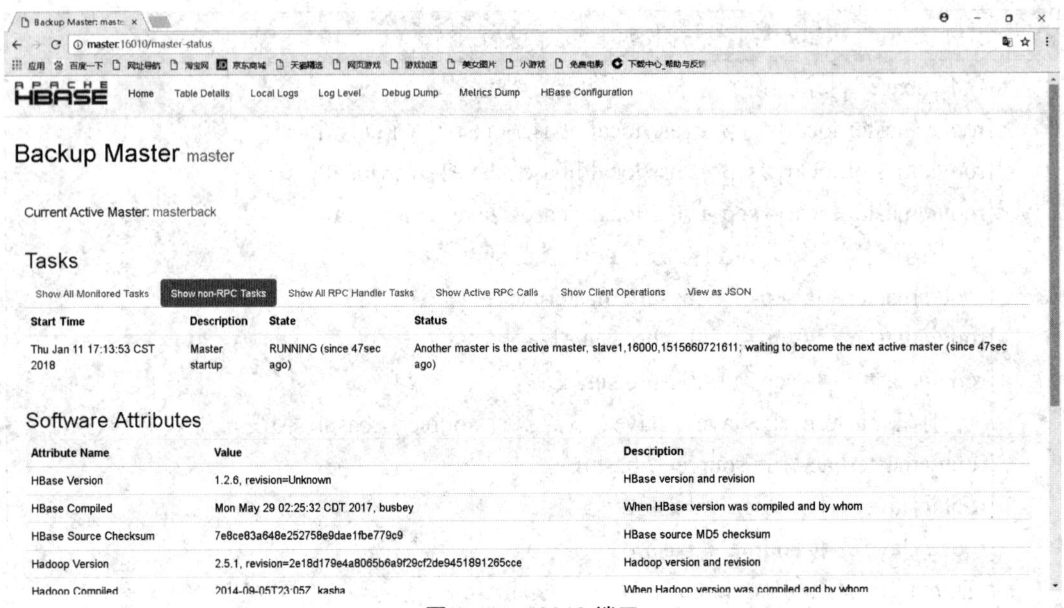

图 6-18 16010 端口

第五步：HBase 实践，使用 HBase shell 命令创建一个名为 student 的表，如示例代码 CORE0605 所示。

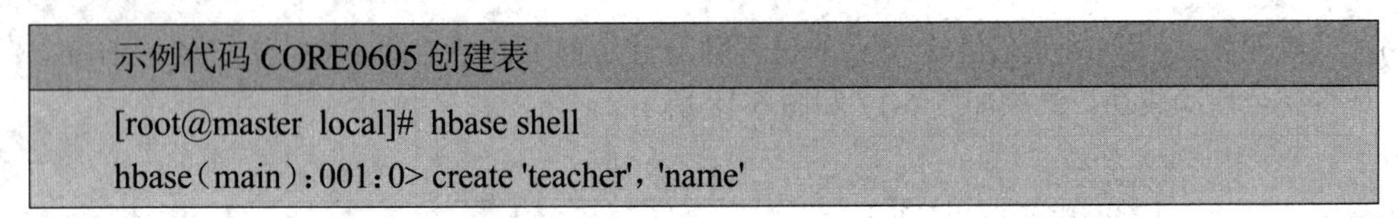
示例代码 CORE0605 创建表

```
[root@master local]# hbase shell
hbase(main):001:0> create 'teacher', 'name'
```

结果如图 6-19 和图 6-20 所示。

```
[root@master local]# hbase shell
2018-02-06 13:31:10,397 WARN  [main] util.NativeCodeLoad
er: Unable to load native-hadoop library for your platfo
rm... using builtin-java classes where applicable
SLF4J: Class path contains multiple SLF4J bindings.
SLF4J: Found binding in [jar:file:/usr/local/hbase/lib/s
lf4j-log4j12-1.7.5.jar!/org/slf4j/impl/StaticLoggerBinde
r.class]
SLF4J: Found binding in [jar:file:/usr/local/hadoop/shar
e/hadoop/common/lib/slf4j-log4j12-1.7.10.jar!/org/slf4j/
impl/StaticLoggerBinder.class]
SLF4J: See http://www.slf4j.org/codes.html#multiple_bind
ings for an explanation.
SLF4J: Actual binding is of type [org.slf4j.impl.Log4jLo
ggerFactory]
HBase Shell; enter 'help<RETURN>' for list of supported
commands.
Type "exit<RETURN>" to leave the HBase Shell
Version 1.2.6, rUnknown, Mon May 29 02:25:32 CDT 2017

hbase(main):001:0>
```

图 6-19 启动 HBase 命令行

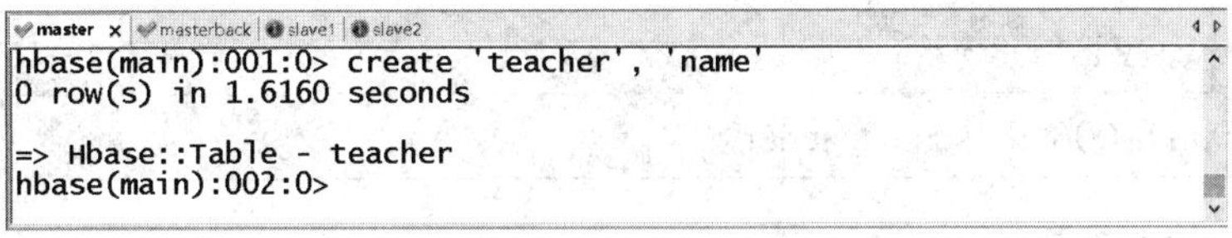

```
hbase(main):001:0> create 'teacher', 'name'
0 row(s) in 1.6160 seconds

=> Hbase::Table - teacher
hbase(main):002:0>
```

图 6-20　创建 student 表

第六步：使用 list 命令验证表创建是否成功，结果中会显示 HBase 中的所有表，如示例代码 CORE0606 所示。

示例代码 CORE0606 验证是否成功

```
hbase(main):002:0> list
```

结果如图 6-21 所示。

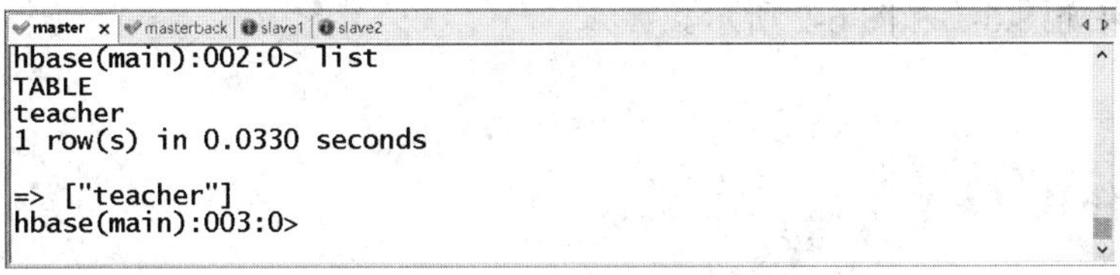

```
hbase(main):002:0> list
TABLE
teacher
1 row(s) in 0.0330 seconds

=> ["teacher"]
hbase(main):003:0>
```

图 6-21　查看表

第七步：向 student 表中插入数据，HBase 中的列是由列族前缀和列的名字组成的，以冒号间隔。使用 put 命令向 student 表中插入 3 行数据：第一行 key 为 row1，列为 name：a，值是 value1；第二行 key 为 row2，列为 name：b，值是 value2；第三行 key 为 row3，列为 name：c，值是 value3。如示例代码 CORE0607 所示。

示例代码 CORE0607 插入数据

```
hbase(main):003:0> put 'teacher', 'row1', 'name:a', 'value1'
hbase(main):004:0> put 'teacher', 'row2', 'name:b', 'value2'
hbase(main):005:0> put 'teacher', 'row3', 'name:c', 'value3'
```

结果如图 6-22 所示。

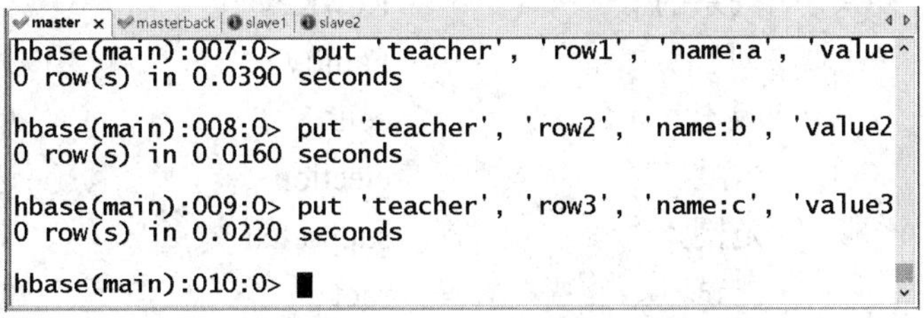

```
hbase(main):007:0>  put 'teacher', 'row1', 'name:a', 'value
0 row(s) in 0.0390 seconds

hbase(main):008:0> put 'teacher', 'row2', 'name:b', 'value2
0 row(s) in 0.0160 seconds

hbase(main):009:0> put 'teacher', 'row3', 'name:c', 'value3
0 row(s) in 0.0220 seconds

hbase(main):010:0>
```

图 6-22　插入数据

第八步：查看数据是否插入成功，结果中会显示 teacher 表中的数据，如示例代码 CORE0608 所示。

示例代码 CORE0608 查看数据是否插入成功
hbase（main）：006：0> scan 'teacher'

结果如图 6-23 所示。

```
hbase(main):012:0> scan 'teacher'
ROW                   COLUMN+CELL
 row1                 column=name:a, timestamp=1522164947766, value=value1
 row2                 column=name:b, timestamp=1522164953611, value=value2
 row3                 column=name:c, timestamp=1522164959278, value=value3
3 row(s) in 0.0180 seconds

hbase(main):013:0>
```

图 6-23 查看表中数据

至此 HBase 分布式数据库配置已经完成，并通过对表的相关操作验证 HBase 功能的完整性，最终效果如图 6-1 和图 6-2 所示。

本项目主要介绍了非关系型数据库的相关知识体系，对 HBase 的特点及存储方式进行了详细描述并对 HBase 的应用场景和体系结构进行了介绍，通过对 HBase 目录结构、部署方法的讲解和对 HBase 指令的介绍，最终完成 HBase 分布式数据库的搭建并对 HBase 进行基本操作。

relational	关系的	RowKey	行键
column	列	Family	族
version	版本	cell	单元格
region	区域	election	选举
range	范围	supported	支持
test	测试	root	根
request	请求	heap	堆
storefile	文件存储	uncompressed	未压缩
index	索引	size	型号

1. 选择题

（1）以下哪一个不是关系型数据库的优点（　　）。

A. 结构简单　　B. 便于维护　　C. 读写性能较好　　D. 支持复杂查询

（2）以下哪种编程语言是 HBase 的编写语言（　　）。

A. Python　　B. Java　　C. C++　　D. Ruby

（3）HBase 使用（　　）作为中央控制服务。

A.HDFS　　B.Hive　　C. ZooKeeper　　D. MySQL

（4）以下哪一个选项不是列式数据库（　　）。

A. InforBright　　B. LucidDB　　C. MonetDB　　D. MySQL

（5）下列哪个不是 HBase 的组成部分（　　）。

A. HMaster 节点　　B. HRegionServer

C. NameNode　　D. HBase 各种访问接口

2. 填空题

（1）HBase 采用 ________ 架构搭建集群。

（2）在 HBase 中 ______ 用来检索记录的主键，访问 HBaseTable 中的行。

（3）HBase 只能通过 ______ 和 range 检索数据，用来存储非结构化或半结构化的数据。

（4）高可用集群是指：以减少 ________ 为目的的服务器集群技术。

（5）HBase 将 _______ 作为协调器。

3. 简答题

（1）非关系型数据库的种类。

（2）HBase 术语介绍。

项目七　大数据协作框架

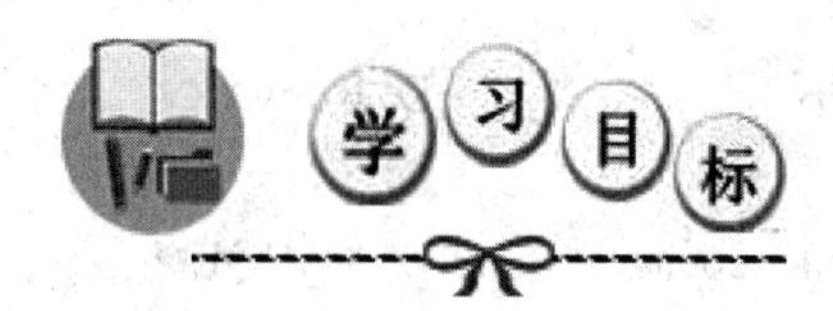

通过对本项目的学习，了解大数据协作框架的种类和应用场景，熟悉不同协作框架的工作原理，掌握大数据协作框架搭建流程，在任务实现过程中：

- 了解 Flume 框架使用场景；
- 熟悉 Sqoop 数据迁移方法；
- 掌握 Flume 和 Sqoop 框架的安装部署。

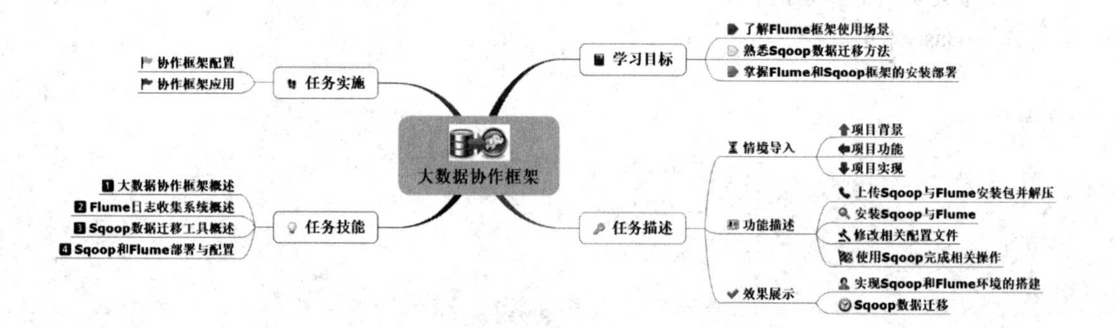

【情境导入】

面对海量的数据和大量的计算任务时，Hadoop 只靠其原有的功能无法满足日常需求，为了弥补 Hadoop 框架原有的缺陷，大数据协作框架应运而生。大数据协作框架是 Hadoop 2.x 生态系统中的辅助框架的统称，用来解决数据迁移、海量日志文件处理等问题。本项目主要通过对大数据协作框架配置与部署的学习，实现对大数据协作框架的搭建。

【功能描述】

- 上传 Sqoop 与 Flume 安装包并解压；
- 安装 Sqoop 与 Flume；
- 修改相关配置文件；
- 使用 Sqoop 完成相关操作。

【效果展示】

通过对本次任务的学习，完成 Sqoop 和 Flume 环境的搭建并使用 Sqoop 将 MySQL 表中的数据迁移到 HDFS 中，最终效果如图 7-1 所示。

```
master × | masterback | slave1 | slave2
[root@master ~]# hadoop fs -ls /user/root/dept
18/02/06 14:58:13 WARN util.NativeCodeLoader: Unable to load
native-hadoop library for your platform... using builtin-java
 classes where applicable
Found 2 items
-rw-r--r--   3 root supergroup          0 2018-02-06 14:53 /u
ser/root/dept/_SUCCESS
-rw-r--r--   3 root supergroup         25 2018-02-06 14:53 /u
ser/root/dept/part-m-00000
[root@master ~]# hadoop fs -cat /user/root/dept/part-m-00000

18/02/06 14:58:37 WARN util.NativeCodeLoader: Unable to load
native-hadoop library for your platform... using builtin-java
 classes where applicable
1,7-11
2,KFC
3,datieshao
[root@master ~]#
```

图 7-1　查看 HDFS 中文件内容

技能点一　大数据协作框架概述

1. 协作框架种类

大数据协作框架是 Hadoop 2.x 生态系统中的辅助框架的统称，在众多协作框架中使用最为广泛的有以下 4 种：数据转换工具 Sqoop、文件收集框架 Flume、任务调度框架 Oozie、大数据 Web 工具 Hue。

1）Sqoop

Sqoop 是一款开源的数据转换工具，主要用于传统关系型数据库（MySQL、PostgreSQL...）与 HDFS 之间的数据迁移，可以将 HDFS 分布式文件系统中的数据迁移到关系型数据库中，反之也可以将关系型数据库中的数据迁移到 HDFS 文件系统中。

2）Flume

Flume 是由 Cloudera 提供的一个高可用的、高可靠的、分布式的海量日志采集、聚合和传输文件的收集框架。Flume 不仅便于数据收集，可以在日志系统中定制各类数据发送，同时还提供了对数据进行简单处理并写入到数据接受方的能力。

3）Oozie

Oozie 是一个基于流引擎的开源框架，它能够提供对 Pig Jobs 和 Hadoop MapReduce 的任务协调和调度服务。Oozie 需要部署到 Java Servlet（Java 处理 Web 请求的机制）容器中运行。Oozie 工作流的定义同 JBoss jBPM 提供的 jPDL 一样，同时提供了 hPDL（类似流程定义语言），其流程的定义通过 XML 文件格式实现。

Oozie 的搭建方法可通过扫描下方二维码进行了解。

4）Hue

Hue 是一个 Web 应用，用来简化 Hadoop 集群和用户间的交互。Hue 使用 Python 语言进行编写，用 B/S 架构进行设计，它的主体可分为 3 层：视图 view 层、前端（Web）服务层和后台（Backend）服务层。

技能点二　Flume 日志收集系统概述

1. Flume 简介

Flume 目前共有 2 个版本：Flume-og（original generation：原始版本）和 Flume-ng（next generation：下一代）。

随着 Flume 功能逐渐扩展，Flume-og 的缺点一点点地暴露了出来：代码过于臃肿、核心部分设计不合理、核心配置标准不足等，更为严重的是：在 Flume-og 的最后一个发行版本 0.94.0 中，连 Flume-og 核心功能之一的“日志传输”都出现了不稳定的现象且十分严重。2011 年 10 月 22 日 Cloudera 完成了 Flume-728，对 Flume 进行了改动：重构核心组件、核心配置以及代码架构，重构后的版本统称为 Flume-ng。做此改变的原因之一是为了解决 Flume-og 的问题，另一原因是 Flume 纳入了 Apache 旗下，Cloudera Flume 改名为 Apache Flume。

2. Flume 结构与工作方式

Flume 由 3 层架构组成，分别为 agent、collector 和 storage，其核心架构是 agent。agent 有 3 个核心组件：source、channel、sink，其核心组件类似生产者、仓库、消费者的架构。

（1）source：source 组件负责数据的收集，处理各种类型格式的日志文件，包括 Avro、Thrift、exec、JMS、spooling directory、netcat、sequence generator、syslog、http、legacy、自定义类型。

（2）channel：source 组件完成数据收集后会交由 channel 进行临时存储，即 channel 在 agent 中的主要功能是对采集的数据进行简单缓存，可以存放在 memory、jdbc、file 等等之中。

（3）sink：sink 组件是用于把数据发送到目的地的组件，目的地包括 HDFS、logger、Avro、Thrift、ipc、file、null、HBase、Solr、自定义。

agent 对外有两种交互动作：数据的输入（source）、数据的输出（sink）。source 接收到数据之后发送给 channel，channel 会作为一个数据缓冲区临时存储这些数据，随后 sink 会将 channel 中缓存的数据发送到指定的地方，例如 HDFS 等。注意：只有在 sink 将 channel 中的数据成功发送出去之后，channel 才会将临时数据进行删除，这种机制保证了数据传输的可靠性与安全性。

Flume 结构如图 7-2 所示。

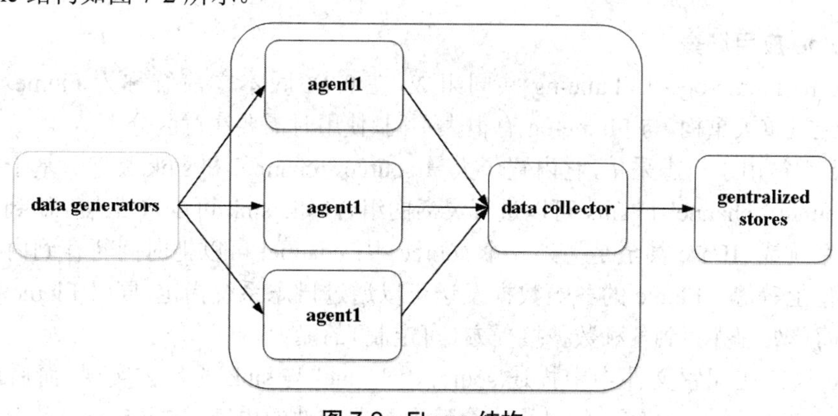

图 7-2　Flume 结构

数据发生器（如 Facebook、Twitter）产生的数据被单独运行在数据发生器所在服务器上的 agent 所收集，之后数据收容器从各个 agent 上汇集数据并将采集到的数据存入到 HDFS 或者 HBase 中。

3. Flume 的特点

Flume 具有可靠性、可扩展性、可管理性、功能可扩展性、文档丰富，社区活跃等，以下是对 Flume 特点的具体介绍。

1）可靠性

当节点出现故障时，故障节点的日志能够传送到其他节点，保证日志不会丢失。Flume 提供的可靠性保障为 3 个级别，从强到弱依次分别为：end-to-end、Store on failure、Best effort。

➢ end-to-end：agent 接收到数据时会将数据临时存储到磁盘中，等待传送完成后删除，若传送过程中出现问题导致传送失败，可以重新发送。

➢ Store on failure：数据接收方发生故障时，会将数据保存到本地磁盘，等接收恢复后继续发送。

➢ Best effort：数据发送到接收方后，不会进行确认。

2）可扩展性

由于 Flume 使用了 ZooKeeper 使 master 允许有多个，避免了单节点故障的问题。3 层中每一层均可进行水平扩展，使得系统的监控性和可维护性得到提高。

3）可管理性

因为 master 对 agent 和 colletor 进行了统一管理，使系统便于维护和管理。可以利用 ZooKeeper 保证 Flume 动态数据配置的一致性。数据源或数据流的执行情况可在 master 上进行监控且可以对各个数据源进行配置和动态加载。Flume 提供了 Web 和 shell script command 两种形式对数据流进行管理。

4）功能可扩展性

用户可以根据需要添加自己的 agent、collector 或者 storage。此外，Flume 自带了很多组件，包括各种 agent（file，syslog 等）、collector 和 storage（file，HDFS 等）。

5）文档丰富，社区活跃

Flume 已经成为 Hadoop 生态系统中的标准配置，它的文档比较丰富，社区比较活跃，方便学习。

4. Flume 应用场景

Flume 由 Flume-og 和 Flume-ng 共同组成，在 0.9X 版本之前统称为 Flume-og。由于 Flume-ng 经过重大重构，与 Flume-og 有很大不同，使用时需要注意区分。

Flume 常被用于日志采集，它内置了大量 source、channel 和 sink 类型。基于用户的配置，不同 source、channel 和 sink 可以进行灵活的组合，如：sink 可以将日志存储到 HDFS 分布式文件系统或 HBase 甚至是另外一个 source 中；channel 可以把时间暂存到内存或永久存储到磁盘上等等。Flume 的各类数据发送可以通过日志系统指定，同时 Flume 提供了对数据进行简单处理并写到各种数据接受方（可定制）的能力。

Flume 只需在配置文件当中描述 source、channel 与 sink 的具体实现，而后运行一个 agent 实例。在运行 agent 实例的过程中会读取配置文件的内容，这样 Flume 就会采集到数据。数据流向如图 7-3 所示。

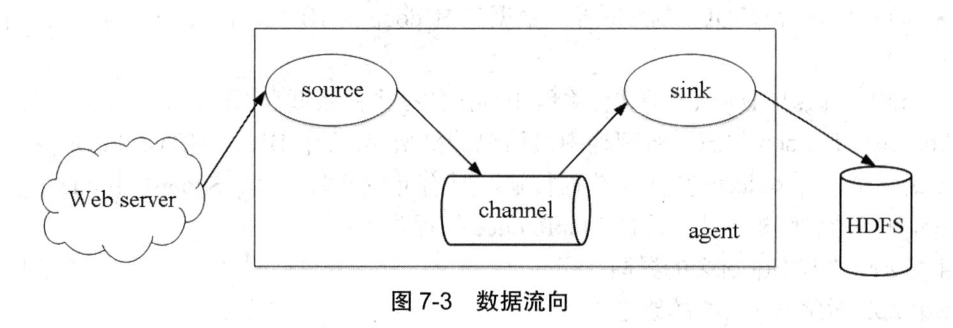

图 7-3　数据流向

技能点三　Sqoop 数据迁移工具概述

1. Sqoop 简介

Hadoop 在数据存储和处理方面具有很大的优势。传统数据行业通过提升单机的运算能力来提高对数据的处理能力，然而，随着性能不断提高，性价比会大幅下降，在这种情况下派生出了大数据行业。Hadoop 的处理能力和性价比都远高于传统单机处理，将传统数据处理的数据移植到 Hadoop 平台，需要使用 Sqoop 将传统数据库按照 Hadoop 规则进行转换。

Sqoop 是一款 Apache 旗下的被用于在一个 Hadoop 生态系统与 MySQL、Oracle、SQL Server、Postgre SQL 和 DB2 等关系型数据库管理系统（RDBMS）之间传输数据的工具，它利用 MapReduce 的并行特点和批处理方式来加快数据传输。当前，主流的 Sqoop 主要有两个版本：Sqoop1 和 Sqoop2。

2. Sqoop 的优缺点

Sqoop 工具主要负责关系型数据库和 Hadoop 之间数据的迁移，可以利用全表导入和增量导入完成关系型数据库和 Hive、HDFS、HBase 之间的数据迁移，但是用 Sqoop 进行数据迁移有优点也有缺点，其优缺点如下所示。

（1）优点。

- 高效可控地利用资源，任务并行度高，合理管理超时时间。
- 可自动进行，用户也可自定义数据类型映射或转化。
- 支持多种主流数据库，如 MySQL，Oracle，SQL Server，DB2 等。

（2）缺点。

- 基于命令行的操作方式，易出错且不安全。
- 数据传输和数据格式是紧耦合的，使得 connector 无法支持所有的数据格式。
- 用户名和密码容易暴露。
- Sqoop 安装需要超级权限。

3. Sqoop 的应用场景

Sqoop 是一款实现关系型数据库服务器和 Hadoop 之间传送数据的工具，通常用在数据的导入、导出过程中。

➢ 导入数据：MySQL、Oracle 导入数据到 Hadoop 的 HDFS、Hive、HBase 等数据存储系统。

➢ 导出数据：从 Hadoop 的文件系统中导出数据到关系型数据库。

Sqoop 是 Hadoop 生态系统架构中最简单的框架，整合了 Hive、HBase 和 Oozie。由于 Sqoop 底层是 MapReduce，从而在数据传输时具有并发和容错性。Sqoop1 由 client 端接入 Hadoop，任务通过解析生成对应的 MapReduce 执行。

4. Sqoop1 和 Sqoop2 的异同

Sqoop2 对比 Sqoop1 的改进

➢ 引入 Sqoop server，集中化管理 connector 等。

➢ 多种访问方式：CLI，Web UI，REST API。

➢ 引入基于角色的安全机制。

Sqoop1 和 Sqoop2 的架构对比。见表 7-1 所示。

表 7-1 Sqoop1 和 Sqoop2 的架构对比

条件	Sqoop1	Sqoop2
版本号	1.4.x	1.99x
访问方式	CLI 控制台方式进行访问	REST API、Java API、Web UI 以及 CLI 控制台方式进行访问
安全性	命令或脚本中指定用户数据库名及密码	通过交互过程界面，输入的密码信息会被看到，同时 Sqoop2 引入基于角色的安全机制，Sqoop2 比 Sqoop 多了一个 Server 端
架构	Sqoop1 使用 Sqoop 客户端直接提交的方式	引入了 Sqoop server，对 connector 实现了集中的管理

Sqoop1 与 Sqoop2 优缺点比较见表 7-2。

表 7-2 Sqoop1 与 Sqoop2 优缺点

	优点	缺点
Sqoop1	架构部署简单	命令行方式容易出错，格式紧耦合，无法支持所有数据类型，安全机制不够完善，例如密码暴露，安装需要 root 权限，connector 必须符合 JDBC 模型
Sqoop2	多种交互方式，命令行，Web UI，Rest API，集中化管理，所有的链接安装在 Sqoop server 上，完善权限管理机制，connector 规范化，仅仅负责数据的读写	架构稍复杂，配置部署更烦琐

技能点四　Sqoop 和 Flume 部署与配置

1. Flume 目录结构

登录 Flume 官网 http：//archive.apache.org/dist/flume/1.7.0/，下载 apache-flume-1.7.0-bin.tar.gz（Flume 在资料包 \08 课件工具 \07 大数据协作框架），如图 7-4 所示。

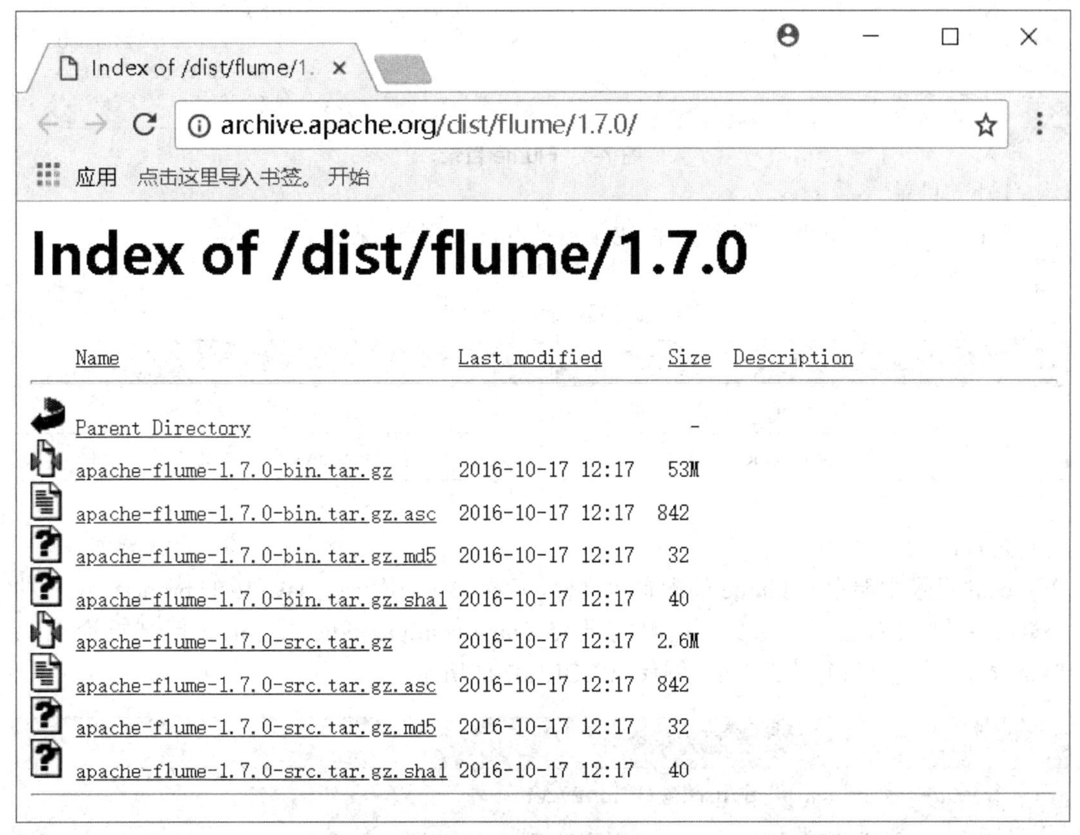

图 7-4　下载 Flume

将安装包上传到 master 节点的 /usr/local/ 目录下，执行解压命令并重命名，如示例代码 CORE0701 所示。

示例代码 CORE0701 解压并重命名

```
[root@master local]# tar -zxvf apache-flume-1.7.0-bin.tar.gz
[root@master local]# mv apache-flume-1.7.0-bin flume
```

使用 SecureFX 进入到 Flume 安装目录，目录结构如图 7-5 所示。

/usr/local/apache-flume-1.7.0-bin

名字	大小	已改变
..		2017/12/27 21:55:20
bin		2017/12/27 21:55:22
conf		2017/12/27 21:55:22
docs		2016/10/13 2:50:25
lib		2017/12/27 21:55:22
tools		2017/12/27 21:55:22
CHANGELOG	76 KB	2016/10/11 3:50:56
DEVNOTES	7 KB	2016/9/26 21:49:00
doap_Flume.rdf	3 KB	2016/9/26 21:49:00
LICENSE	27 KB	2016/10/13 1:44:55
NOTICE	1 KB	2016/9/26 21:49:00
README.md	3 KB	2016/9/26 21:49:00

图 7-5　Flume 目录

1）bin 目录

bin 目录中储存可执行脚本文件，用于启动 Flume 服务，见表 7-3。

表 7-3　bin 目录文件

脚本	说明
flume-ng	Linux 下脚本文件
flume-ng.cmd	Windows 下脚本文件

2）conf 目录

conf 目录中储存着 Flume 的配置包文件，配置文件使用的是 Java 版的 property 文件的 key-value 键值对模式，修改配置时需要将 flume-conf.properties.template 复制重命名为 flume.conf 并对其进行修改，如示例代码 CORE0702 所示。

示例代码 CORE0702 复制并重命名

```
[root@master local]# cd /usr/local/flume/conf
[root@master conf]# mv  flume-conf.properties.template flume.conf
```

3）docs 目录

docs 目录中以 html 格式存储官方 Flume 的帮助文档，包含帮助文档首页、Flume 使用说明、Flume 开发者指南等，docs 目录见表 7-4。

表 7-4　docs 目录

文档	说明
FlumeUserGuide	Flume 使用说明
FlumeDeveloperGuide	Flume 开发者指南
index	帮助文档导航页

2. Sqoop 目录结构

登录 Apache 历史版本下载站“http：//archive.apache.org/dist/sqoop/1.4.6/”下载 sqoop-1.4.6.bin__hadoop-2.0.4-alpha.tar.gz 安装包（Sqoop 在资料包 \08 课件工具 \07 大数据协作框架），如图 7-6 所示。

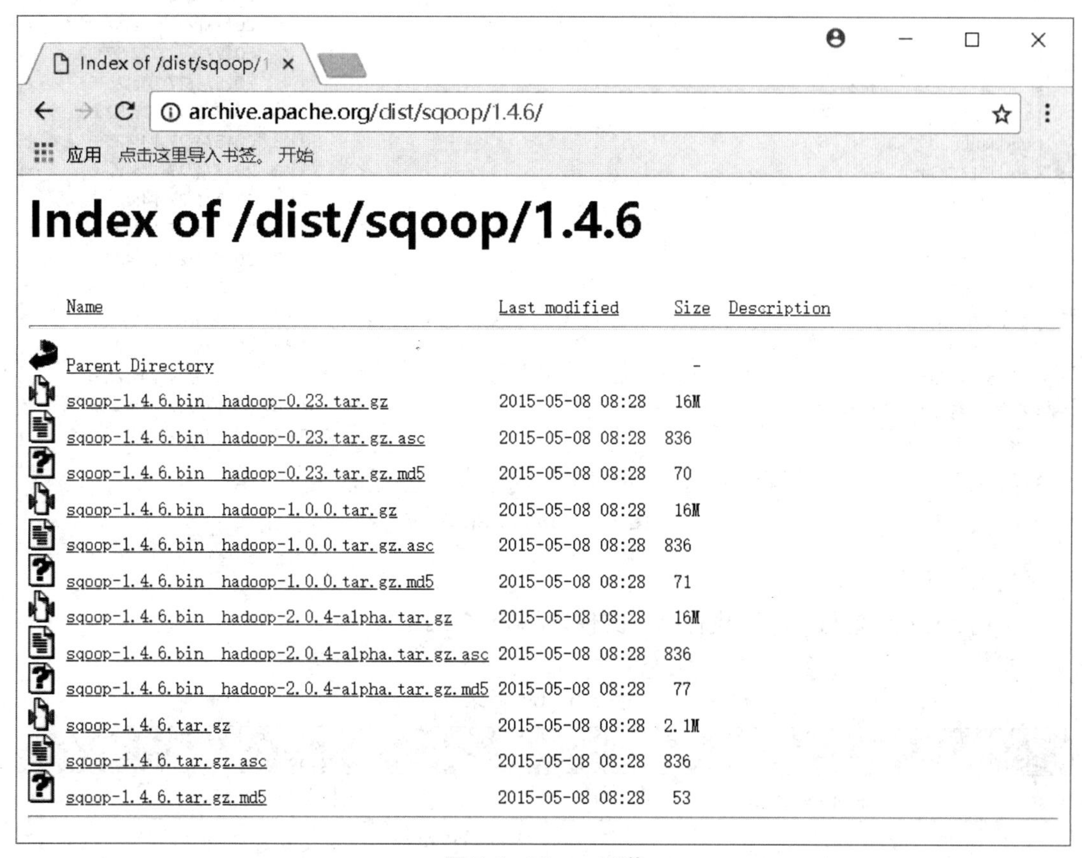

图 7-6　Flume 下载

将安装包上传到 master 节点的 /usr/local/ 目录下，执行解压命令并重命名，如示例代码 CORE0703 所示。

示例代码 CORE0703 解压并重命名

```
[root@master local]# tar -zxvf sqoop-1.4.6.bin__hadoop-2.0.4-alpha.tar.gz
[root@master local]# mv sqoop-1.4.6.bin__hadoop-2.0.4-alpha sqoop
```

使用 SecureFX 进入到 Sqoop 安装目录，目录结构如图 7-7 所示。

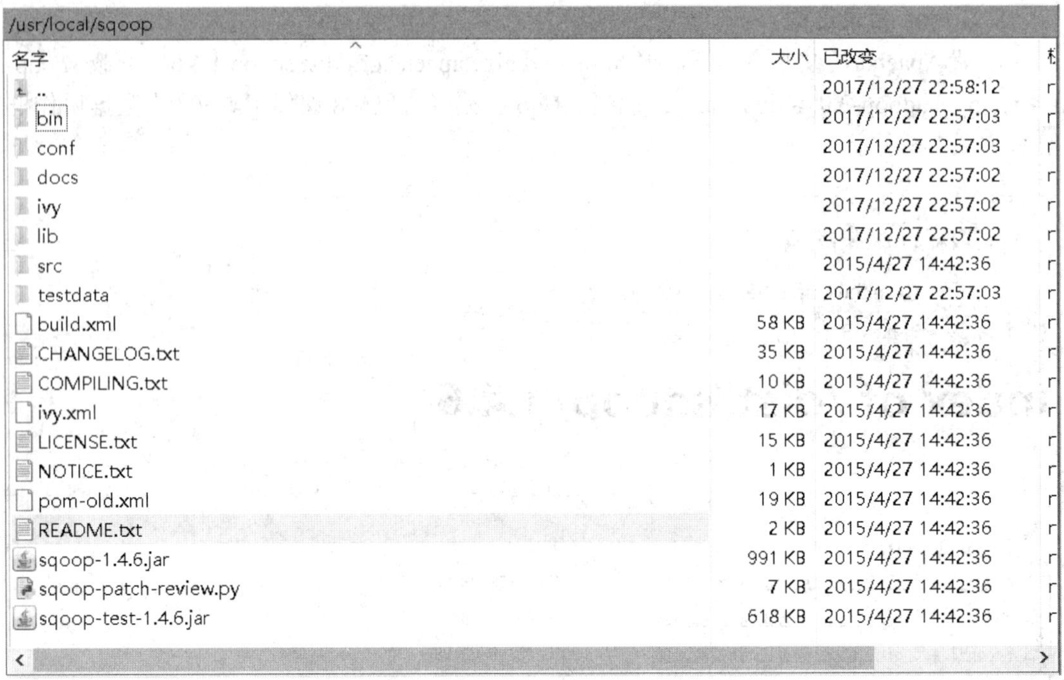

/usr/local/sqoop		
名字	大小	已改变
..		2017/12/27 22:58:12
bin		2017/12/27 22:57:03
conf		2017/12/27 22:57:03
docs		2017/12/27 22:57:02
ivy		2017/12/27 22:57:02
lib		2017/12/27 22:57:02
src		2015/4/27 14:42:36
testdata		2017/12/27 22:57:03
build.xml	58 KB	2015/4/27 14:42:36
CHANGELOG.txt	35 KB	2015/4/27 14:42:36
COMPILING.txt	10 KB	2015/4/27 14:42:36
ivy.xml	17 KB	2015/4/27 14:42:36
LICENSE.txt	15 KB	2015/4/27 14:42:36
NOTICE.txt	1 KB	2015/4/27 14:42:36
pom-old.xml	19 KB	2015/4/27 14:42:36
README.txt	2 KB	2015/4/27 14:42:36
sqoop-1.4.6.jar	991 KB	2015/4/27 14:42:36
sqoop-patch-review.py	7 KB	2015/4/27 14:42:36
sqoop-test-1.4.6.jar	618 KB	2015/4/27 14:42:36

图 7-7 Sqoop 目录

1）bin 目录

bin 目录中存储 Sqoop 可执行脚本文件，详见表 7-5。

表 7-5 bin 目录

脚本	说明
sqoop-codegen	生成 DAO 类
sqoop-eval	允许用户执行用户定义的查询，对各自的数据库服务器和预览结果显示在控制台中
sqoop-export	数据导出工具
sqoop-import	数据导入工具

2）conf 目录

conf 目录中储存 Sqoop 的配置文件，修改配置时需要将 flume-conf.properties.template 复制并重命名为 sqoop-env.sh，如示例代码 CORE0704 所示。

示例代码 CORE0704 复制并重命名

```
[root@master local]# cp /usr/local/sqoop/conf/sqoop-env-template.sh /usr/local/sqoop/conf/sqoop-env.sh
```

sqoop-env.sh 属性说明详见表 7-6。

表 7-6　sqoop-env.sh

属性	说明
export HADOOP_COMMON_HOME=	设置 Hadoop 运行目录
export HADOOP_MAPRED_HOME	设置 hadoop-*-core.jar 目录
export HBASE_HOME=	设置 HBase 运行目录
export HIVE_HOME=	设置 Hive 运行目录
export ZOOCFGDIR=	设置 ZooKeeper 运行目录

3）docs 目录

docs 目录中以 html 格式存储官方 Sqoop 的帮助文档，包含发行说明、开发人员指南等，docs 目录见表 7-7。

表 7-7　docs 目录

文档	说明
sqoop-1.4.6.releasenotes.html	Sqoop 1.4.6 发行说明
SqoopDevGuide.html	Sqoop 开发人员指南
SqoopUserGuide.html	Sqoop 用户指南

3. Sqoop 基本命令

Sqoop 导入导出命令见表 7-8。

表 7-8　导入导出命令

基本操作	具体命令
把 MySQL 数据导入到 Hive 中	[root@master ~]#sqoop import --connect jdbc：mysql：//192.168.10.110：3306/db1?charset-utf8 --username root --password 123456 --table pd_info --columns "pid，cid" --hive-import --hive-table pid_cid
把 MySQL 表中数据导入到 HDFS 中	[root@master ~]#sqoop import --connect jdbc：mysql：//192.168.10.110：3306/db1?charset-utf8 --username root --password 123456 --table pd_info --columns "pid，cid" --target-dir "/test/aa.txt"
把 Hive 中数据导出到 MySQL	[root@master ~]#sqoop export --connect jdbc：mysql：//127.0.0.1：3306/dbname --username root --password 123456 --table student--hcatalog-database sopdm --hcatalog-table student

通过如下步骤完成大数据协同框架 Flume 和 Sqoop 环境的搭建并使用 Sqoop 进行简单的数据迁移操作，验证 Sqoop 功能是否完整。

第一步：安装配置 Flume，进入 /flume/conf 目录复制 flume-env.sh.template 并重命名为 flume-env.sh，最后修改 Flume 环境变量，如示例代码 CORE0705 所示。

示例代码 CORE0705 修改环境变量

```
[root@master ~]# cd /usr/local/flume/conf
[root@master conf]# cp flume-env.sh.template flume-env.sh
[root@master conf]# vi ~/.bashrc    # 修改环境变量将以下内容添加到 bashrc 文件中
export FLUME_HOME=/usr/local/flume export FLUME_CONF_DIR=$FLUME_HOME/conf
export PATH=.: $PATH: $FLUME_HOME/bin
[root@master conf]# source ~/.bashrc
[root@master conf]# flume-ng version
```

如图 7-8 和图 7-9 所示。

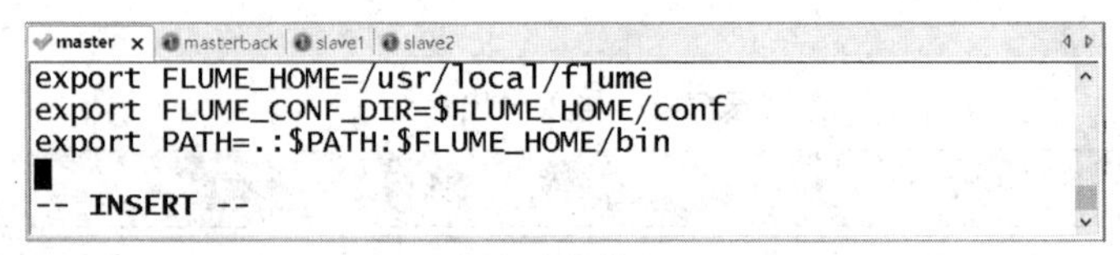

图 7-8 环境变量

```
[root@master local]# flume-ng version
Flume 1.7.0
Source code repository: https://git-wip-us.apache.org/repos/asf/flume.git
Revision: 511d868555dd4d16e6ce4fedc72c2d1454546707
Compiled by bessbd on Wed Oct 12 20:51:10 CEST 2016
From source with checksum 0d21b3ffdc55a07e1d08875872c00523
[root@master local]#
```

图 7-9 查看 Flume 版本

第二步：添加 Flume 运行所需工具库，如示例代码 CORE0706 所示。

示例代码 CORE0706 添加 Flume 工具库

```
[root@master conf]# yum install xinetd
[root@master conf]# yum install telnet-server
[root@master conf]# yum install telnet.*
```

第三步：进入 Flume 下 conf 目录创建测试文件 example.conf。如示例代码 CORE0707 所示。

示例代码 CORE0707 创建测试文件 example.conf

```
[root@master ~]# cd /usr/local/flume/conf/
[root@master conf]# touch example.conf
# agent 组件名称
a1.sources = r1
a1.sinks = k1
a1.channels = c1
# source 配置
a1.sources.r1.type = netcat
a1.sources.r1.bind = localhost
a1.sources.r1.port = 44444
# sink 配置
a1.sinks.k1.type = logger
# 使用内存中 Buffer Event Channel
a1.channels.c1.type = memory
a1.channels.c1.capacity = 1000
a1.channels.c1.transactionCapacity = 100
# 绑定 source 和 sink 到 channel
a1.sources.r1.channels = c1
a1.sinks.k1.channel = c1
```

第四步：同时打开两个终端，在第一个终端执行以下命令并等待另一终端操作。如示例代码 CORE0708 所示。

示例代码 CORE0708 第一个终端输入命令

```
[root@master ~]# cd /usr/local/flume/
[root@master flume]# bin/flume-ng agent --conf conf --conf-file conf/example.conf
--name a1 -Dflume.root.logger=INFO，console
```

第五步：在另一个终端输入如下指令，如示例代码 CORE0709 所示。

示例代码 CORE0709 在另一个终端输入命令

```
[root@master ~]# telnet localhost 44444
Trying ：：1...
telnet：connect to address ：：1：Connection refused
Trying 127.0.0.1...
```

```
Connected to localhost.
Escape character is '^]'.
hello 11111
OK
111
OK
7777
OK
6666
OK
```

第六步：返回第一个终端查看输出结果，如图 7-10 所示。

```
 type: CHANNEL, name: c1 started
2018-04-13 02:59:43,936 (conf-file-poller-0) [INFO - org.apache.flume.node.Appli
cation.startAllComponents(Application.java:171)] Starting Sink k1
2018-04-13 02:59:43,936 (conf-file-poller-0) [INFO - org.apache.flume.node.Appli
cation.startAllComponents(Application.java:182)] Starting Source r1
2018-04-13 02:59:43,938 (lifecycleSupervisor-1-3) [INFO - org.apache.flume.sourc
e.NetcatSource.start(NetcatSource.java:155)] Source starting
2018-04-13 02:59:43,951 (lifecycleSupervisor-1-3) [INFO - org.apache.flume.sourc
e.NetcatSource.start(NetcatSource.java:169)] Created serverSocket:sun.nio.ch.Ser
verSocketChannelImpl[/127.0.0.1:44444]
2018-04-13 03:00:05,954 (SinkRunner-PollingRunner-DefaultSinkProcessor) [INFO -
org.apache.flume.sink.LoggerSink.process(LoggerSink.java:95)] Event: { headers:{
} body: 68 65 6C 6C 6F 20 31 31 31 31 31 0D          hello 11111. }
2018-04-13 03:00:09,962 (SinkRunner-PollingRunner-DefaultSinkProcessor) [INFO -
org.apache.flume.sink.LoggerSink.process(LoggerSink.java:95)] Event: { headers:{
} body: 31 31 31 0D                                  111. }
2018-04-13 03:00:16,040 (SinkRunner-PollingRunner-DefaultSinkProcessor) [INFO -
org.apache.flume.sink.LoggerSink.process(LoggerSink.java:95)] Event: { headers:{
} body: 37 37 37 37 0D                               7777. }
2018-04-13 03:00:22,392 (SinkRunner-PollingRunner-DefaultSinkProcessor) [INFO -
org.apache.flume.sink.LoggerSink.process(LoggerSink.java:95)] Event: { headers:{
} body: 36 36 36 36 0D                               6666. }
```

图 7-10 输出结果

第七步：Sqoop 框架的安装配置，将资料包 \08 课件工具 \07 大数据协作框架目录下的 JDBC 驱动包 mysql-connector-java-5.1.39-bin.jar 上传到 /sqoop/lib 目录下，然后执行如下命令，对环境变量进行修改并对 Sqoop 配置文件进行设置，如示例代码 CORE0710 所示。

示例代码 CORE0710 设置 Sqoop 配置文件

```
[root@master local]# vi ~/.bashrc   # 配置系统环境变量
# 配置内容如下：
export SQOOP_HOME=/usr/local/sqoop
export PATH=$PATH: $SQOOP_HOME/bin
[root@master local]# source ~/.bashrc
# 复制 sqoop/conf/sqoop-env-template.sh 为 sqoop-env.sh 并编辑
[root@master local]# cp /usr/local/sqoop/conf/sqoop-env-template.sh /usr/local/sqoop/conf/sqoop-env.sh
[root@master local]# vi /usr/local/sqoop/conf/sqoop-env.sh
# 编辑内容如下：
```

```
#Set path to where
 bin/hadoop is available
export HADOOP_COMMON_HOME=/usr/local/hadoop

#Set path to where hadoop-*-core.jar is available
export HADOOP_MAPRED_HOME=/usr/local/hadoop

#set the path to where bin/HBase is available
export HBASE_HOME=/usr/local/hbase

#Set the path to where bin/hive is available
#export HIVE_HOME=/usr/local/hive

#Set the path for where zookeper config dir is
export ZOOCFGDIR=/usr/local/zookeeper
# 查看 Sqoop 版本,验证是否安装成功
[root@master~]# sqoop version
[root@master~l]# sqoop help
```

如图 7-11 和图 7-12 所示。

```
master x | masterback | slave1 | slave2
[root@master ~]# sqoop version
Warning: /usr/local/sqoop/../hcatalog does not exist! HCatalog jobs will
fail.
Please set $HCAT_HOME to the root of your HCatalog installation.
Warning: /usr/local/sqoop/../accumulo does not exist! Accumulo imports wi
ll fail.
Please set $ACCUMULO_HOME to the root of your Accumulo installation.
18/01/11 16:47:53 INFO sqoop.Sqoop: Running Sqoop version: 1.4.6
Sqoop 1.4.6
git commit id c0c5a81723759fa575844a0a1eae8f510fa32c25
Compiled by root on Mon Apr 27 14:38:36 CST 2015
[root@master ~]#
```

图 7-11　Sqoop 版本

```
master x | masterback | slave1 | slave2
[root@master ~]# sqoop help
Warning: /usr/local/sqoop/../hcatalog does not exist! HCatalog jobs wil
l fail.
Please set $HCAT_HOME to the root of your HCatalog installation.
Warning: /usr/local/sqoop/../accumulo does not exist! Accumulo imports
will fail.
Please set $ACCUMULO_HOME to the root of your Accumulo installation.
18/01/11 23:08:01 INFO sqoop.Sqoop: Running Sqoop version: 1.4.6
usage: sqoop COMMAND [ARGS]

Available commands:
  codegen            Generate code to interact with database records
  create-hive-table  Import a table definition into Hive
  eval               Evaluate a SQL statement and display the results
  export             Export an HDFS directory to a database table
  help               List available commands
  import             Import a table from a database to HDFS
  import-all-tables  Import tables from a database to HDFS
  import-mainframe   Import datasets from a mainframe server to HDFS
  job                Work with saved jobs
  list-databases     List available databases on a server
  list-tables        List available tables in a database
```

图 7-12　Sqoop 帮助

第八步：大数据协同框架实践。进入 MySQL 命令行界面，创建名为 databases 的数据库并在数据库中创建名为 dept 的表，在表中添加数据，如示例代码 CORE0711 所示。

示例代码 CORE0711 创建数据库并创建表

```
[root@master ~]# mysql -u root -p123456
mysql> create database mydatabase;
mysql> use mydatabase;
mysql> create table dept (did int ,dname varchar(30));
mysql> insert into dept(did,dname) values (1,'7-11');
mysql> insert into dept(did,dname) values (2,'KFC');
mysql> insert into dept(did,dname) values (3,'datieshao');
mysql> select * from dept;
```

如图 7-13 所示。

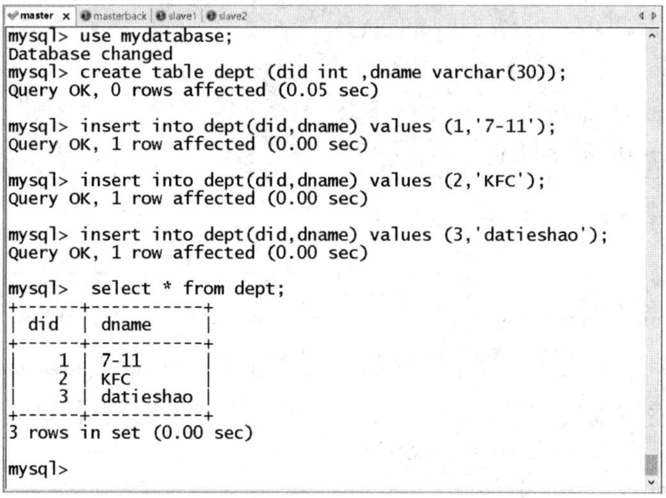

```
master x | masterback | slave1 | slave2
mysql> use mydatabase;
Database changed
mysql> create table dept (did int ,dname varchar(30));
Query OK, 0 rows affected (0.05 sec)

mysql> insert into dept(did,dname) values (1,'7-11');
Query OK, 1 row affected (0.00 sec)

mysql> insert into dept(did,dname) values (2,'KFC');
Query OK, 1 row affected (0.00 sec)

mysql> insert into dept(did,dname) values (3,'datieshao');
Query OK, 1 row affected (0.00 sec)

mysql>  select * from dept;
+------+-----------+
| did  | dname     |
+------+-----------+
|    1 | 7-11      |
|    2 | KFC       |
|    3 | datieshao |
+------+-----------+
3 rows in set (0.00 sec)

mysql>
```

图 7-13　创建表

第九步：将 mydatabase 数据库中的 dept 表迁移到 HDFS 中，如示例代码 CORE0712 所示。

示例代码 CORE0712 进行表迁移

```
[root@master ~]# sqoop import --connect jdbc: mysql: //master: 3306/mydatabase --username root --password 123456 --table dept -m 1
```

结果如图 7-14 所示。

```
master x | masterback | slave1 | slave2
                Map output records=3
                Input split bytes=87
                Spilled Records=0
                Failed Shuffles=0
                Merged Map outputs=0
                GC time elapsed (ms)=347
                CPU time spent (ms)=1910
                Physical memory (bytes) snapshot=103849984
                Virtual memory (bytes) snapshot=2065993728
                Total committed heap usage (bytes)=32571392
        File Input Format Counters
                Bytes Read=0
        File Output Format Counters
                Bytes Written=25
18/02/06 14:53:45 INFO mapreduce.ImportJobBase: Transferred 2
5 bytes in 83.927 seconds (0.2979 bytes/sec)
18/02/06 14:53:45 INFO mapreduce.ImportJobBase: Retrieved 3 r
ecords.
[root@master ~]# █
```

图 7-14　将 MySQL 导入到 HDFS

第十步：检查 HDFS 文件系统中，当前用户目录下是否增加了 dept 目录并查看 part-m-00000 文件内容，如示例代码 CORE0713 所示。

示例代码 CORE0713 查看 part-m-00000 文件内容
[root@master ~]# hadoop fs -ls /user/root/dept [root@master ~]# hadoop fs -cat /user/root/dept/part-m-00000

结果如图 7-15 所示。

```
master x | masterback | slave1 | slave2
[root@master ~]# hadoop fs -ls /user/root/dept
18/02/06 14:58:13 WARN util.NativeCodeLoader: Unable to load
native-hadoop library for your platform... using builtin-java
 classes where applicable
Found 2 items
-rw-r--r--   3 root supergroup          0 2018-02-06 14:53 /u
ser/root/dept/_SUCCESS
-rw-r--r--   3 root supergroup         25 2018-02-06 14:53 /u
ser/root/dept/part-m-00000
[root@master ~]# hadoop fs -cat /user/root/dept/part-m-00000

18/02/06 14:58:37 WARN util.NativeCodeLoader: Unable to load
native-hadoop library for your platform... using builtin-java
 classes where applicable
1,7-11
2,KFC
3,datieshao
[root@master ~]#
```

图 7-15　查看是否导入成功

至此大数据协作框架配置已经完成并通过简单的数据迁移操作进一步验证了其功能的完整性，最终效果如图 7-1 所示。

本项目主要介绍了常用的大数据协作框架，重点讲解了 Flume 和 Sqoop 两种框架的特点、应用场景和各自的基本架构，同时对配置文件以及目录中常用文件进行说明，通过对

Sqoop 和 Flume 的搭建流程介绍，最终完成搭建并使用 Sqoop 完成数据迁移的工作。

backend	后端	original	原始的
generation	代	next	下一个
payload	负载	event	事件
agent	代理	source	源
channel	通道	sink	水槽
memory	内存	collector	收集器
storage	存储	failure	失败
script	脚本	connector	连接器
database	数据库	property	属性

1. 选择题

（1）以下哪一个不属于大数据协作框架（　　）。

A. Sqoop　　B. Flume　　C. Oozie　　D. HBase

（2）Flume 的核心是（　　）。

A. agent　　B. source　　C. 数据发生器　　D. sink

（3）以下哪个不是 Flume 的特点（　　）。

A. 可靠性　　B. 可扩展性　　C. 易用性　　D. 可管理性

（4）Sqoop 被用来进行（　　）。

A. 任务调度　　B. 数据迁移　　C. 日志采集　　D. 简化界面

（5）下列哪个不是 Sqoop 的缺点（　　）。

A. 基于命令行的操作方式，易出错且不安全

B. 利用资源不可控

C. Sqoop 安装需要 root 权限

D. 用户名和密码暴露出来

2. 填空题

（1）Sqoop 被用来 ______ 和 ______。

（2）Sqoop 可以利用全表导入和 _______ 完成数据传输。

（3）Sqoop 能够充分利用 ________ 特点和批处理方式加快数据传输。

（4）当节点出现故障时，故障节点的日志能够传送到 _______ 保证日志不会丢失。

（5）Oozie 是一个基于流引擎的开源框架，它能够提供对 Pig Jobs 和 Hadoop MapReduce 的任务协调于 ______。

3. 简答题

（1）agent 的对外交互动作。

（2）Sqoop 的应用场景。

项目八　Linux 自动化部署

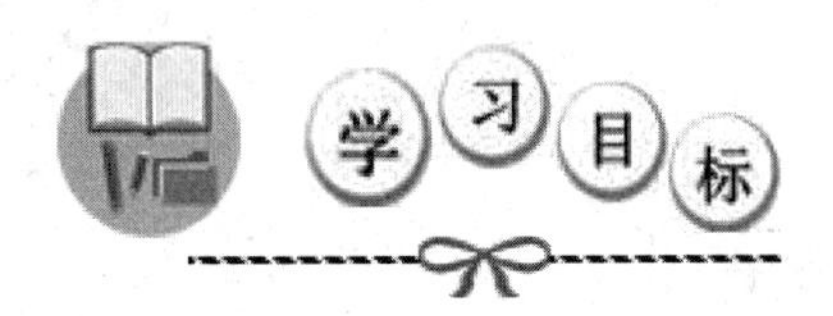

通过对本项目的学习，了解 Web 服务器的工作流程、架构和工作模式，熟悉文件服务器和 Web 服务器的配置流程，掌握 DHCP 工作流程及预启动过程以及 PXE 预启动执行环境，在任务实施过程中：

- 了解光盘镜像挂载方法；
- 熟悉文件服务器的配置方法；
- 熟悉 Web 服务器启动配置；
- 掌握 ks.cfg 文件配置属性含义。

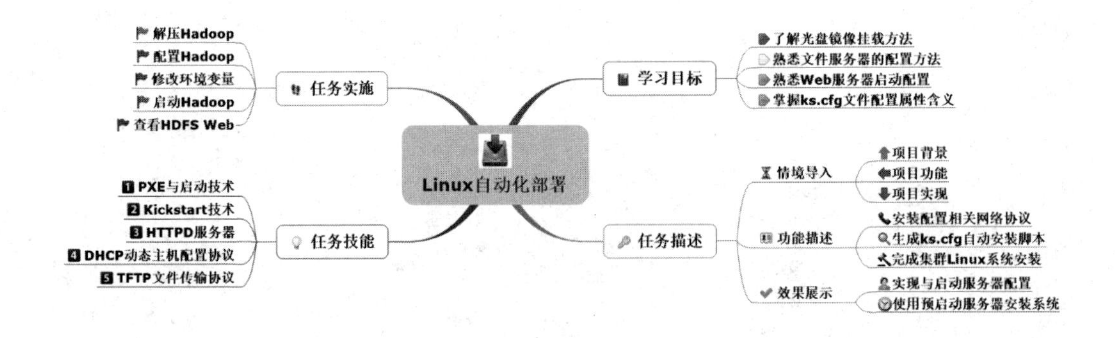

【情境导入】

当集群规模日益增加时，采用传统安装操作系统方式既不能满足企业需求，也会增加企业安装成本，而预启动技术很好地解决了这一问题。使用“预启动技术”通过网卡启动时只需配置数量较少的服务器、客户机，并且从服务器下载系统镜像进行自动化安装时可以极大地减少企业的运维成本。本项目通过对预启动服务器的配置与部署，实现 Linux 自动化安装。

【功能描述】

- 安装配置相关网络协议。
- 生成 ks.cfg 自动安装脚本。
- 完成集群 Linux 系统安装。

【结果展示】

通过对本次任务的学习，实现预启动服务器配置并创建两台空白虚拟机（未安装操作系统），通过网卡启动完成 Linux 系统安装，最终结果见表 8-1。

表 8-1　预启动安装 Linux

主机	系统版本	内存	网络模式	是否挂在系统镜像
master	CentOS7	3 GB	桥接模式	是
slave1	CentOS7	3 GB	桥接模式	否
slave2	CentOS7	3 GB	桥接模式	否

技能点一　PXE 预启动技术

1. PXE 简介

预启动环境（PXE，Preboot Execution Environment），是由 Inter 公司所研发的技术，它提供了客户端通过网络从远端服务器下载镜像的功能并由此支持通过网络启动操作系统。PXE 不仅支持 Linux 系统的安装并且支持 Windows 系统的安装。

2. PXE 应用领域

PXE 作为一种安装系统时的预启动环境，其应用领域大多在系统安装的场景，其常用场景如下。

- 需要大批量安装机器操作系统的场景（批量操作），如：学校机房、企业的计算机系统安装。
- 在服务器没有启动盘的情况下，可以通过 PXE 使客户机通过网络从远端服务器下载镜像安装。
- 需要经常更换或者重新安装 Linux 系统。

3. 预启动过程

进行预启动安装的计算机中需要配置一个支持 PXE 的网卡，即网卡中必须要有 PXE Client。PXE 技术使计算机通过网络启动，预启动工作流程如下。

（1）PXE 客户端从本地 PXE 网卡启动，从同局域网 DHCP 服务器中获取 IP。

（2）DHCP 服务器收到客户端请求并分配 IP 以及告知客户端 PXE 文件存储的位置。

（3）PXE 客户机向同局域网 TFTP 服务器获取 pxelinux.0 文件并执行该文件。

（4）根据 pxelinux.0 的执行结果，通过 TFTP 服务器加载内核和文件系统。

（5）通过选择 HTTP、FTP、NFS 方式进行安装。

详细工作流程如图 8-1 所示。

4. 无盘启动与硬盘启动区别

1）无盘启动

指在一个网络中的所有工作都无须安装硬盘，全部通过网络服务器启动。

- 优点：客户端机器不需要使用磁盘，维护成本较低。
- 缺点：无盘启动需要配置高性能服务器并使用大量磁盘存储系统，服务器故障会导致整个局域网瘫痪。

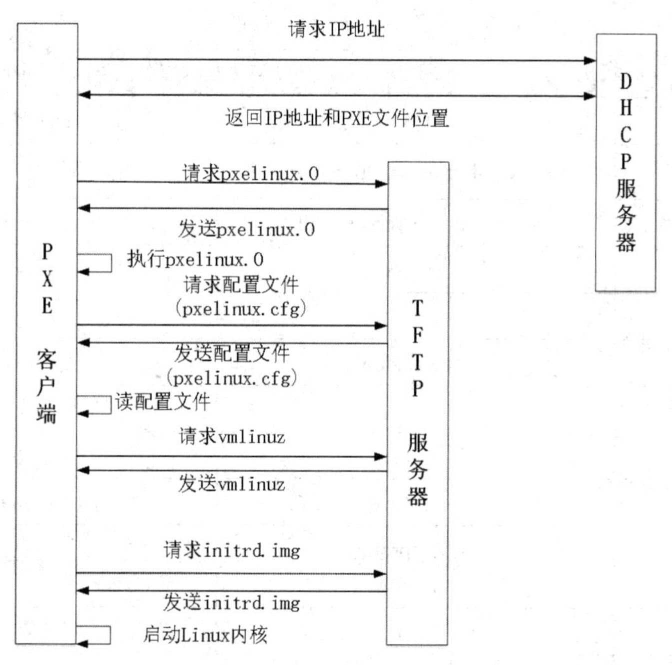

图 8-1　PXE 工作过程

2）硬盘启动

指一个网络环境中每台主机均需安装独立硬盘并安装系统。

- 优点：对服务器性能要求较低，可独立于服务器运行，不会导致整个局域网瘫痪。
- 缺点：每台客户机必须安装操作系统和应用程序，维护工作量大。

技能点二　Kickstart 技术

1. Kickstart 简介

Kickstart 是目前“无人值守”自动部署安装操作系统中最主要的一种工具。“无人值守”的本意是在安装系统甚至部署系统时不需要人为干预，只通过使用 Kickstart 和其他技术的配合就可以达到系统安装和配置的目的。“无人值守”在安装和配置系统时，Kickstart 会自动应答，将安装系统过程中需要管理员手动设置的参数进行自动配置。

2. Kickstart 参数配置

Kickstart 能够记录在安装系统时需要人为干预的设置项并生成 ks.cfg 文件。安装过程中安装程序首先会去查找 ks.cfg 文件，若找到配置参数则采用 ks.cfg 文件参数；若未找到参数，则需人为干预。ks.cfg 文件可通过 Kickstart 图形化界面自动生成或通过手动创建，手动创建与使用 Kickstart 图形界面自动生成的文件参数一致，参数配置见表 8-2。

表 8-2 ks.cfg 参数

参数	属性	说明
keyboard	US	设置键盘类型
rootpw	rootpw[--iscrypted] <password>	指定系统密码并进行加密
Url	url --url http://<server>/<dir>	指定远程进项路径
lang	en_US	系统缺省语言
firewall	--disabled	不启用防火墙
auth	--useshadow	使用屏蔽口令
graphical		在图形模式下执行 Kickstart
firstboot	disable	禁用代理
selinux	--disabled	禁用 selinux 防火墙
network	--bootproto --device	配置网络信息
halt		系统安装成功后关闭系统
timezone		设置系统时区
bootloader		指定引导装载程序安装方式
zerombr	yes	初始化无效分区
clearpart	--all --initlabel	格式化所有分区
part	--fstype= --size=	创建指定类型和大小的分区

system-confug-kickstart 图形界面如图 8-2 所示。

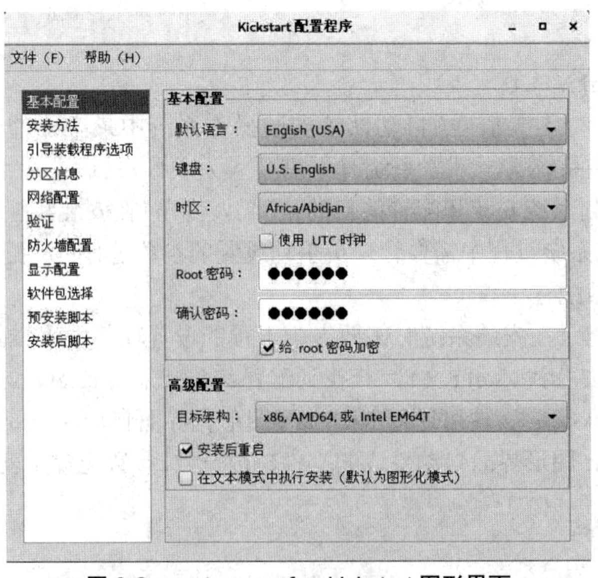

图 8-2 system-confug-kickstart 图形界面

通过图形界面，用户可自定义配置系统安装时需要手动干预的设置，以实现自动化安装系统。

技能点三　HTTPD 服务器

1. HTTP 简介

HTTP（HyperText Transfer Protocol）超文本传输协议是目前互联网上应用最为广泛的一种网络协议。HTTP 是从服务器传输数据到客户端的传输协议。所有的 WWW 文件都必须遵守这个标准。而设计 HTTP 协议最初的目的是为了提供一种发布和接收 HTML 页面的方法。

1960 年，美国人 Ted Nelson 通过构思想出了一种通过计算机处理文本信息的方法并将该方法称之为超文本（HyperText），这就是 HTTP 协议服务框架的基础。HTTP 版本和更新历史见表 8-3。

表 8-3　HTTP 发展历史

版本历史	更新内容
HTTP/0.9（1991 年）	该版本内容简单，只有一个命令“GET”
HTTP/1.0（1996 年）	任何格式的内容（包括图像、视频、二进制文件）都可以发送；增加了 POST 命令和 HEAD 命令，丰富了浏览器与服务器的互动手段；HTTP 请求和回应的格式改变；增加状态码、多字符集支持、缓存、内容编码等
HTTP/1.1（1997 年）	持久连接、管道机制、Content-Length 字段、分块传输编码、新增了很多动词方法、客户端请求的头信息新增 Host 字段
HTTP/2（2015 年）	二进制协议、多工、数据流、头信息压缩、服务器推送

2. HTTPD 简介

从传统意义上讲，HTTPD 为 Apache HTTP Server 的主程序，其官方网站给出的介绍为：“Apache HTTP Server Project 旨在开发和维护用于现代操作系统（包括 UNIX 和 Windows）的开源 HTTP 服务器。这个项目的目标是提供一个安全、高效和可扩展的服务器，提供与当前 HTTP 标准同步的 HTTP 服务。Apache HTTP Server（‘HTTPD’）于 1995 年推出，自 1996 年 4 月以来一直是互联网上最受欢迎的网络服务器。”

综上所述，本项目中提出的“Apache HTTP Server”概念，均为 HTTPD。

3. Apache HTTP Server 架构

Apache HTTP Server 是世界上被广泛应用的 Web 服务器软件，它作为历史最悠久的 Web 服务器，一直是 Web 应用系统的首选，可以运行在几乎所有广泛使用的计算机平台上。由于其具有跨平台和安全性这两个特点，所以被广泛使用。它还是流行架构 LAMP（Linux+Apache+MySQL+Python/PHP）的重要组成部分。

Apache HTTP Server 遵循的是 HTTP 协议，默认端口号为 80，Apache HTTP Server 架构如图 8-3 所示。

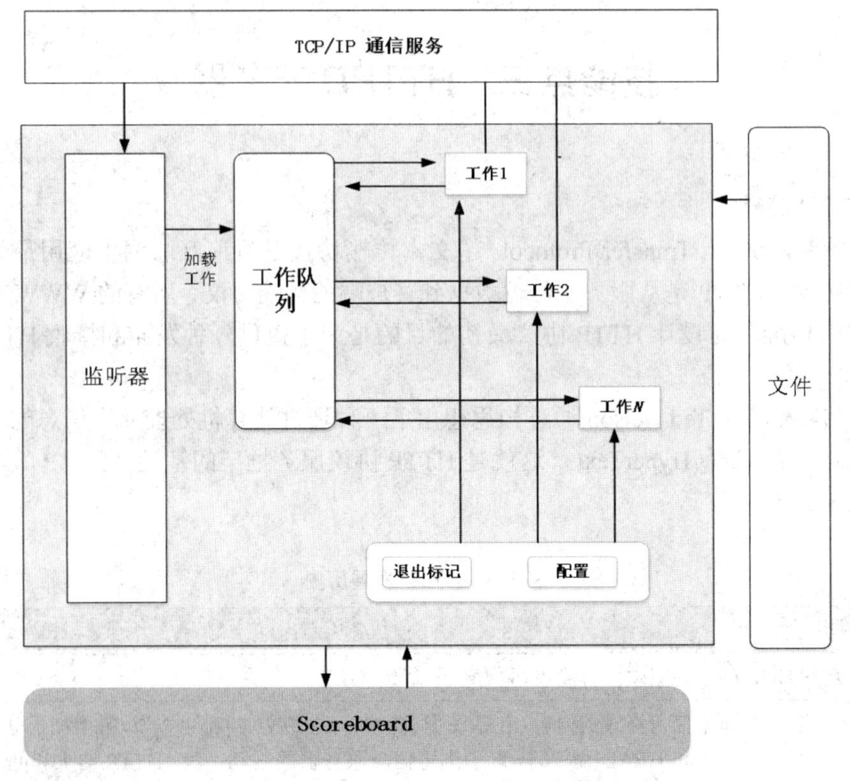

图 8-3　Apche HTTP Server 架构

4. Apache HTTP Server 工作模式

Apache HTTP Server 2.X 支持插入式并行处理模块（即多处理模块 MPM）。在编译 Apache 时必须选择一个 MPM 类，Linux 系统中多个不同的 MPM 会影响到 Apache 的速度和可伸缩性。主要的 MPM 有 Prefork MPM 和 Worker MPM，其对比见表 8-4。

表 8-4　工作模式对比

种类	Prefork MPM	Worker MPM
进程数	多个子进程	多个子进程
处理速度	快速	快速
安全性	较好	一般
稳定性	较好	一般
流量处理	一般	较高
内存占用	一般	较少

通过扫描下方二维码可了解更多 HTTP 知识。

5. 文件服务器配置

配置 HTTPD（HTTP 的主程序）文件服务器并设置为开机启动，配置文件服务器前需关闭防火墙和 SELINUX，关闭防火墙命令参见项目二 Linux 防火墙，本步骤只在 master 主机上进行即可，如示例代码 CORE0801 所示。

示例代码 CORE0801 安装 HTTPD

```
[root@master ~]# yum install httpd      # 安装 HTTPD 文件服务器（HTTP 的主程序）
[root@master ~]# chkconfig httpd on     # 设置文件服务器开机启动
[root@master ~]# service httpd start    # 启动 HTTPD 文件服务器
```

执行结果如图 8-4 所示。

```
Complete!
[root@master ~]# chkconfig httpd on
Note: Forwarding request to 'systemctl enable httpd.servic
e'.
Created symlink from /etc/systemd/system/multi-user.target
.wants/httpd.service to /usr/lib/systemd/system/httpd.serv
ice.
[root@master ~]# service httpd start
Redirecting to /bin/systemctl start httpd.service
```

图 8-4 启动文件服务器

通过使用浏览器访问 master，查看文件服务器首页，如图 8-5 所示。

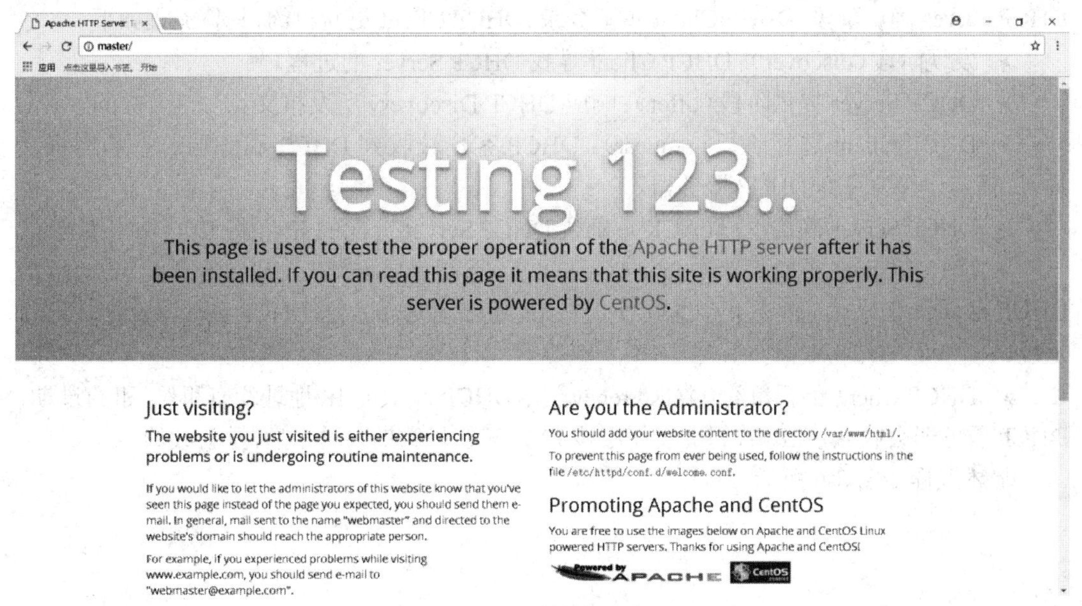

图 8-5 文件服务器首页

技能点四 DHCP 动态主机配置协议

1. DHCP 简介

动态主机配置协议（DHCP，Dynamic Host Configuration Protocol）是一个局域网的网络协议，用于对多个客户机集中分配网络配置信息。DHCP 提供安全、可靠且简单的 TCP/IP 网络设置，避免了 TCP/IP 网络中的地址的冲突。DHCP 可以让用户将 DHCP 服务器中的 IP 地址和数据库中的 IP 地址动态地分配给局域网中的客户机，通过这种方式可以减轻网络管理员的负担。DHCP 常用术语见表 8-5。

表 8-5 DHCP 常用术语

术语	说明
DHCP Client	DHCP 客户端，通过 DHCP 协议请求 IP 地址的客户端
DHCP Server	DHCP 服务端，负责为 DHCP 客户端提供 IP 地址并且负责管理分配的 IP 地址
DHCP Relay	DHCP 中继器，DHCP 客户端跨网获取 IP 时实现 DHCP 报文的转发功能
DHCP Security	DHCP 安全特性，实现 IP 地址管理功能
DHCP Snooping	DHCP 监听，记录申请到 IP 的 DHCP 客户端信息

2. DHCP 工作流程

DHCP 的工作流程分为发现阶段、DHCP Server 提供阶段、DHCP Client 选择阶段、DHCP Server 确认阶段、DHCP Client 重新登录、DHCP Client 更新租约，具体流程如下。

➢ 发现阶段（discover）：DHCP Client 寻找 DHCP Server 的过程。

➢ DHCP Server 提供阶段（offer）：响应 DHCP Discovery 所发报文。

➢ DHCP Client 选择阶段（request）：DHCP 客户端收到 DHCP 服务端若干响应报文后，选择其一作为目标 DHCP 服务器。

➢ DHCP Server 确认阶段（ACK）：确认 DHCP Server 分配的 IP 并将 IP 与网卡绑定。

➢ DHCP Client 重新登录（request（renew））：重新登录网络后，发送所分配 IP 地址的 DHCP request 请求信息，若不能继续使用该 IP 则必须重新发送 DHCP discover 请求新 IP 地址。

➢ DHCP Client 更新租约（ACK（renew））：DHCP 获取的 IP 地址均有租约，租约过期，DHCP 服务器会收回该 IP，若想继续使用该 IP 则应在租约期限过半后，重新续约。

上述流程如图 8-6 所示。

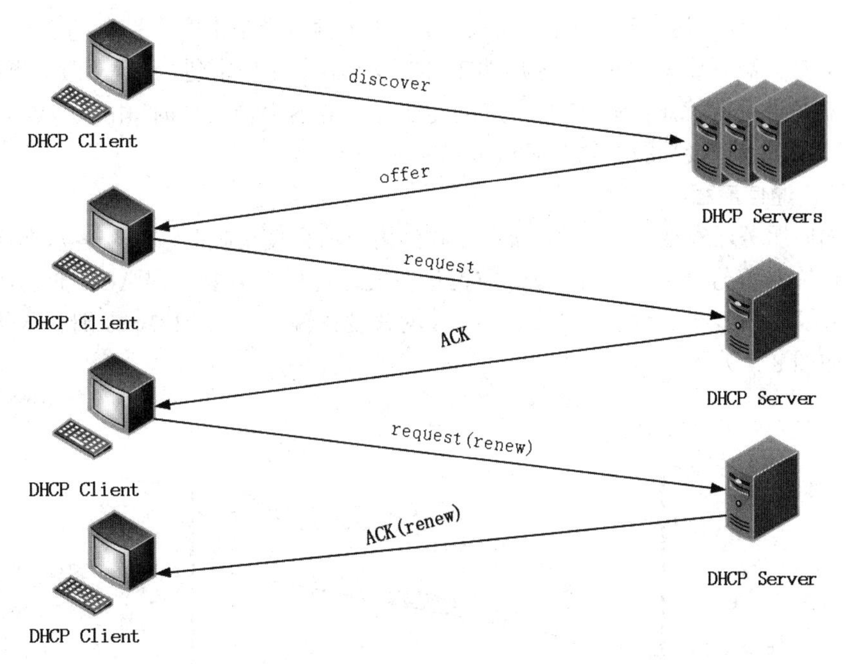

图 8-6　DHCP 工作流程

3. DHCP 与预启动配置

配置 DHCP 服务并启动，安装过程应确保虚拟机能够连接广域网，此服务只在 master 节点进行即可。如示例代码 CORE0802 所示。

示例代码 CORE0802 安装 DHCP 服务

```
[root@master ~]# yum -y install dhcp
```

执行结果如图 8-7 所示。

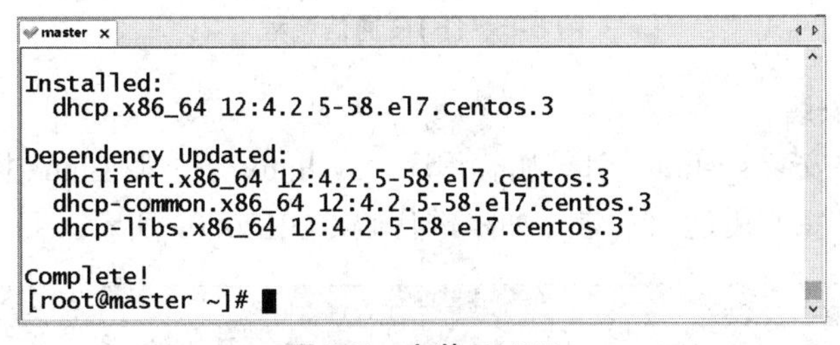

图 8-7　安装 DHCP

技能点五　TFTP（文件传输协议）

1. TFTP（文件传输协议）简介

TFTP 应用于服务器与客户端间的文件传输，适用于客户端和服务器之间不需要复杂交互的环境，该协议的运行基于 UDP 协议。TFTP 传输请求是由客户端发起的，当 TFTP 客户端需要从服务器下载文件时，由客户端 TFTP 服务器发送请求包，然后从服务器接收数据并向服务器发送确认信息；当 TFTP 客户端需要向服务器上传文件时，由客户端向 TFTP 服务器发送写请求包并接受服务器的确认信息完成上传。

2. TFTP 通信流程

客户端向服务器发送请求，服务器端接收到请求后会使用临时端口与客户端通信，每个数据包在传输时编号会从 1 开始累加，数据包在发送过程中需要获得 ACK 的确认，如果超时，则需要重新发送，一般数据会以 512 Bytes 的速度传输，小于 512 Bytes 则意味传输结束。通信流程如图 8-8 所示。

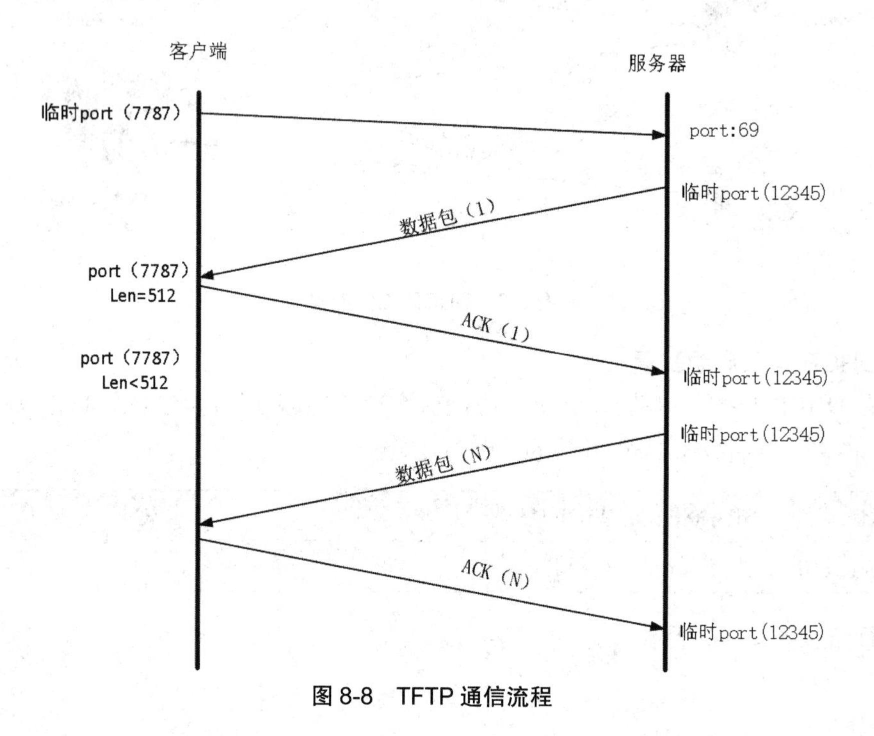

图 8-8 TFTP 通信流程

3. TFTP 协议安装

配置 PXE 需要安装 syslinux 引导加载程序，syslinux 是小型 Linux 操作系统，能够缩短安装时间，建立维护特殊用途启动盘。如示例代码 CORE0803 所示。

示例代码 CORE0803 安装 syslinux

```
[root@master ~]# yum install tftp
[root@master ~]# yum install tftp-server
[root@master ~]# yum install syslinux
```

执行结果如图 8-9 所示。

```
Running transaction test
Transaction test succeeded
Running transaction
  Installing : syslinux-4.05-13.el7.x86_64          1/1
  Verifying  : syslinux-4.05-13.el7.x86_64          1/1

Installed:
  syslinux.x86_64 0:4.05-13.el7

Complete!
[root@master ~]#
```

图 8-9　安装 Syslinux

本次任务通过以下步骤，主要完成 Linux 系统的批量安装，在过程中需要将 CentOS7 镜像挂载到文件服务器，为批量安装客户端提供安装镜像。

第一步：挂载 ISO 镜像，在 master 主机上加载版本为 CentOS7 的 Linux 镜像（CentOS7 在资料包 \08 课件工具 \08 Linux 自动化部署），结果如图 8-10 所示。

图 8-10　加载光盘镜像

第二步：创建 /mnt/cdrom/ 目录并将 ISO 内容挂载至 /mnt/cdrom/ 目录下。如示例代码 CORE0804 所示。

示例代码 CORE0804 创建目录挂载 ISO

```
[root@master ~]# mkdir /mnt/cdrom          # 创建挂在关盘目录
[root@master ~]# mount /dev/cdrom /mnt/cdrom
```

执行结果如图 8-11 所示。

```
master ×
[root@master ~]# mkdir /mnt/cdrom
[root@master ~]# mount /dev/cdrom /mnt/cdrom
mount: block device /dev/sr0 is write-protected, mounting read-only
[root@master ~]# mount -o remount,rw /dev/cdrom /mnt/cdrom
[root@master ~]#
```

图 8-11 挂载光盘

第三步：将光盘镜像文件全部复制到文件服务器根目录 /var/www/html/ 下并通过在浏览器访问 master/cdrom/ 查看是否复制成功。如示例代码 CORE0805 所示。

示例代码 CORE0805 复制光盘镜像文件

```
[root@master ~]# cp -r /mnt/cdrom/ /var/www/html/
```

执行结果如图 8-12 所示。

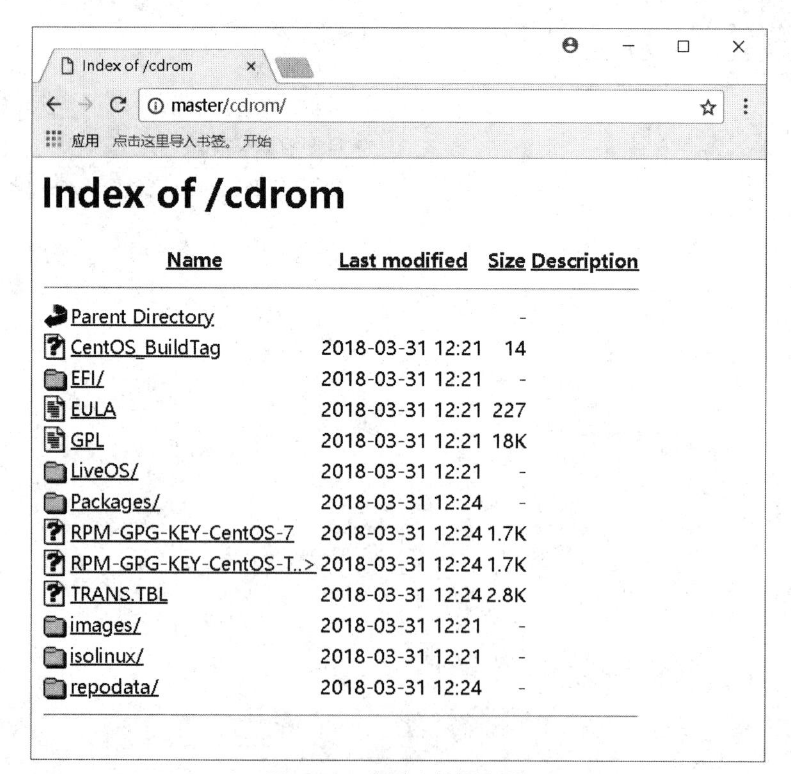

图 8-12 查看文件服务器

第四步：PXE 支持配置 syslinux 引导加载程序，可以简化首次安装 Linux 时间。将 pxelinux.0 引导文件复制到 /var/lib/tftpboot/ 文件夹中，建立特殊用途启动盘，如示例代码 CORE0806 所示。

示例代码 CORE0806 复制引导文件

```
[root@master ~]# cp /usr/share/syslinux/pxelinux.0 /var/lib/tftpboot
```

第五步：在 var/lib/tftpboot 目录下创建 CentOS7 文件夹并将 iso 镜像文件中的 /image/pxeboot/initrd.img 和 vmlinux 复制到 /var/lib/tftpboot/ 目录下。如示例代码 CORE0807 所示。

示例代码 CORE0807 复制文件 initrd.img

```
[root@master ~]# mkdir /var/lib/tftpboot/centos7
[root@master ~]# cp /var/www/html/cdrom/images/pxeboot/{initrd.img，vmlinuz} /var/
lib/tftpboot/centos7
```

第六步：将 CentOS-7-x86_64-DVD-1708.iso 镜像中的 /isolinux/ 扩展名为 .msg 的文件复制到 /var/lib/tftpboot/ 目录下。如示例代码 CORE0808 所示。

示例代码 CORE0808 复制 .msg 文件

```
[root@master ~]# cp /var/www/html/cdrom/isolinux/*.msg /var/lib/tftpboot/
```

第七步：在 /var/lib/tftpboot/ 中创建 pxelinux.cfg 目录，将 CentOS-7-x86_64-DVD-1708.iso 进项中的 /isolinux/isolinux.cfg 复制到 pxelinux.cfg 目录下并重命名为 default。如示例代码 CORE0809 所示。

示例代码 CORE0809 复制 isolinux.cfg 文件并重命名

```
[root@master ~]# mkdir /var/lib/tftpboot/pxelinux.cfg
[root@master ~]# cp /var/www/html/cdrom/isolinux/isolinux.cfg /var/lib/tftpboot/pxeli-
nux.cfg/default
```

第八步：将 /usr/share/syslinux/ 目录下所有文件复制到 /var/lib/tftpboot/ 目录下，修改 default 文件，配置默认启动内核、设置系统获取 ks.cfg 位置等。如示例代码 CORE0810 所示。

示例代码 CORE0810 修改 default 文件

```
[root@master ~]# cp /usr/share/syslinux/* /var/lib/tftpboot/
[root@master ~]# vi /var/lib/tftpboot/pxelinux.cfg/default  # 将原有文件内容删除，替换
为如下内容
default menu.c32
prompt 1
timeout 10
```

```
menu title ########## PXE Boot Menu ##########

label 1
menu label ^1）Install CentOS 7 x64 with Local Repo
menudefault
kernel centos7/vmlinuz
append initrd=centos7/initrd.img inst.repo=http：//192.168.10.110/cdrom inst.ks=http：//192.168.10.110/ks.cfg

label 2
menu label ^2）Install CentOS 7 x64 with http：//mirror.centos.org Repo
kernel centos7/vmlinuz
append initrd=centos7/initrd.img method=http：//mirror.centos.org/centos/7/os/x86_64/ devfs=nomount ip=dhcp
```

结果如图 8-13 所示。

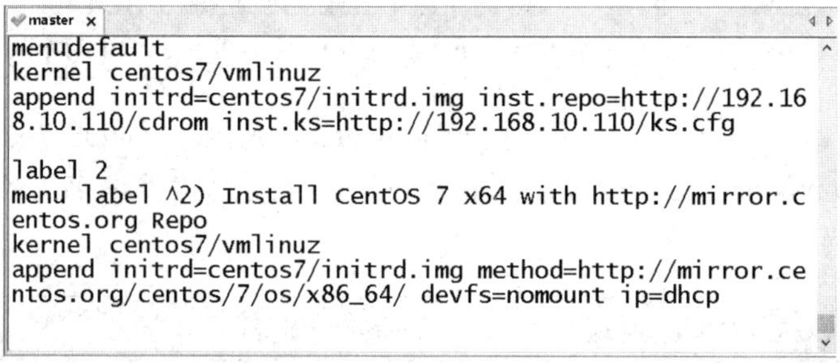

```
menudefault
kernel centos7/vmlinuz
append initrd=centos7/initrd.img inst.repo=http://192.16
8.10.110/cdrom inst.ks=http://192.168.10.110/ks.cfg

label 2
menu label ^2) Install CentOS 7 x64 with http://mirror.c
entos.org Repo
kernel centos7/vmlinuz
append initrd=centos7/initrd.img method=http://mirror.ce
ntos.org/centos/7/os/x86_64/ devfs=nomount ip=dhcp
```

图 8-13 配置引导文件

第九步：DHCP 配置。复制 /usr/share/doc/dhcp-4.2.5/ 目录下的配置模板文件 dhcp.conf.sample 到 /etc/dhcp/ 目录下并重命名为 dhcpd.conf（复制过程需输入 Y 确认），并对其进行修改。如示例代码 CORE0811 所示。

示例代码 CORE0811 复制模板文件并重命名

```
[root@master ~]# cp /usr/share/doc/dhcp-4.2.5/dhcpd.conf.example /etc/dhcp/dhcpd.conf
[root@master ~]# vi /etc/dhcp/dhcpd.conf   # 将原有内容删除，将如下内容输入
# dhcpd.conf
#
# Sample configuration file for ISC dhcpd
#

# option definitions common to all supported networks...
```

```
ddns-update-style interim;
ignore client-updates;
filename "pxelinux.0";                    #pxelinux 启动文件位置
next-server 192.168.10.110;                  #TFTP Server 的 IP 地址

subnet 192.168.10.0 netmask 255.255.255.0 {

    option routers              192.168.10.1;     # 路由网关
    option subnet-mask            255.255.255.0;     # 子网掩码

    range dynamic-bootp 192.168.10.110 192.168.226.200;     # 分配 IP 范围
    default-lease-time 21600;            # 默认连接时间
    max-lease-time 43200;              # 最大连接时间
}
```

执行结果如图 8-14 所示。

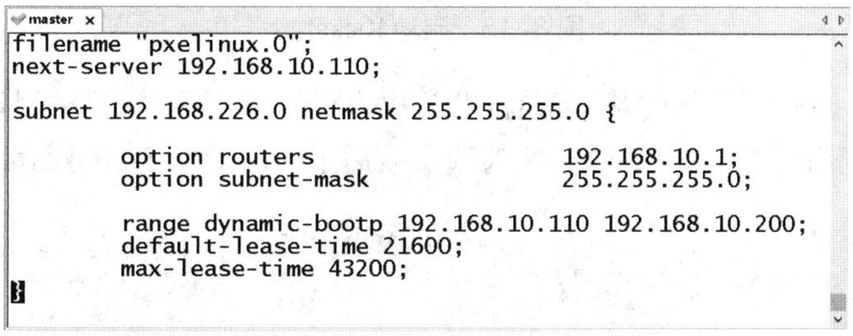

```
master
filename "pxelinux.0";
next-server 192.168.10.110;

subnet 192.168.226.0 netmask 255.255.255.0 {

        option routers                  192.168.10.1;
        option subnet-mask              255.255.255.0;

        range dynamic-bootp 192.168.10.110 192.168.10.200;
        default-lease-time 21600;
        max-lease-time 43200;
}
```

图 8-14　配置 DHCP

第十步：启动 DHCP 服务器。如示例代码 CORE0812 所示。

示例代码 CORE0812 启动 DHCP

```
[root@master ~]# systemctl start dhcpd.service
```

第十一步：使用 Kickstart 生成 ks.cfg 脚本，在 CentOS7 图形界面中进行操作，安装并启动 Kickstart。如示例代码 CORE0813 所示。

示例代码 CORE0813 安装并启动 Kickstart

```
[root@master ~]# yum –y install system-config-kickstart   # 安装 Kickstart
[root@master ~]# system-config-kickstart   # 启动 Kickstart 图形界面
```

结果如图 8-15 所示。

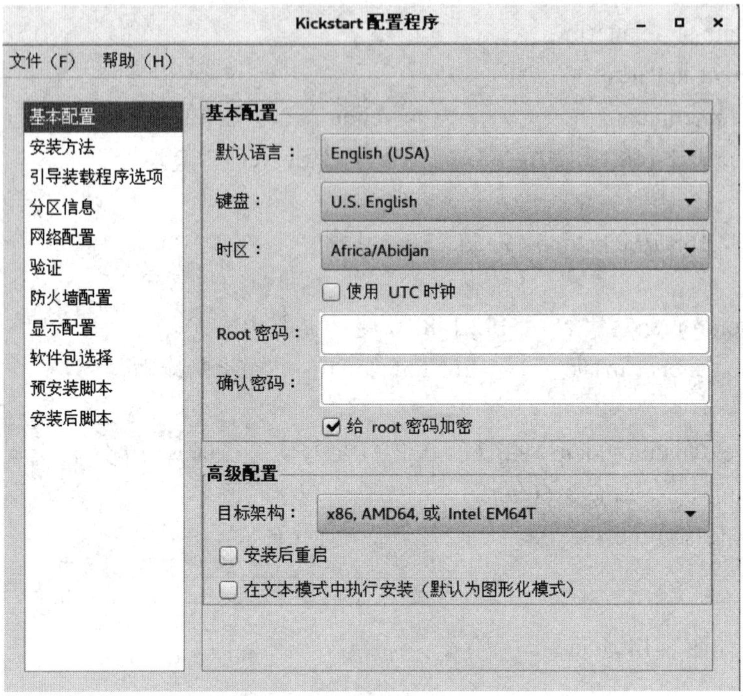

Kickstart 配置程序
文件（F） 帮助（H）
基本配置
安装方法
引导装载程序选项
分区信息
网络配置
验证
防火墙配置
显示配置
软件包选择
预安装脚本
安装后脚本
基本配置
默认语言： English (USA)
键盘： U.S. English
时区： Africa/Abidjan
使用 UTC 时钟
Root 密码：
确认密码：
给 root 密码加密
高级配置
目标架构： x86, AMD64, 或 Intel EM64T
安装后重启
在文本模式中执行安装（默认为图形化模式）

图 8- 15 启动 Kickstart

第十二步：调整原装系统的基本配置，默认语言设置为英语、键盘类型设置为英文、时区设置为上海、root 密码设置为 123456，并勾选安装后重启。如图 8-16 所示。

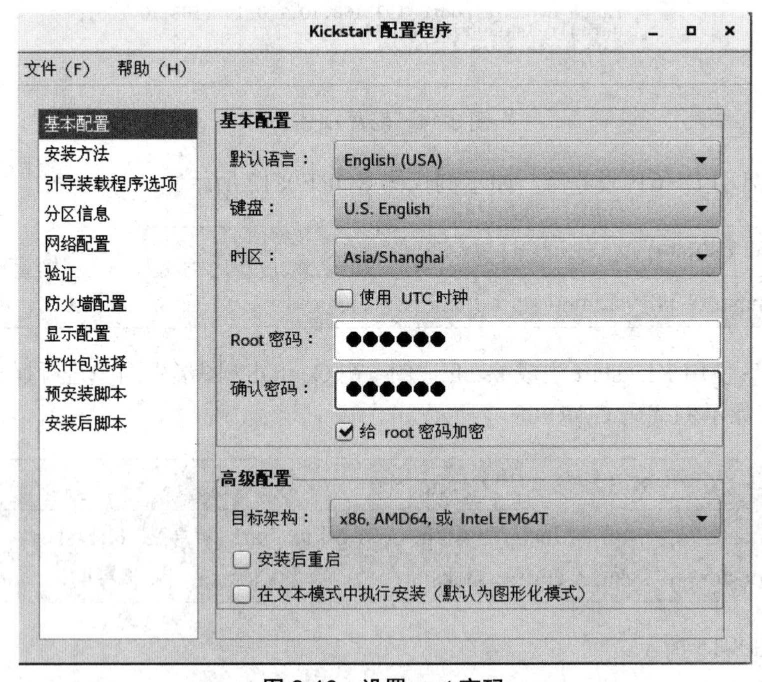

图 8-16 设置 root 密码

第十三步：安装方法选择。选择 HTTP 安装方式，HTTP 服务器为 192.168.10.110，

HTTP 目录为 cdrom 关盘镜像目录。如图 8-17 所示。

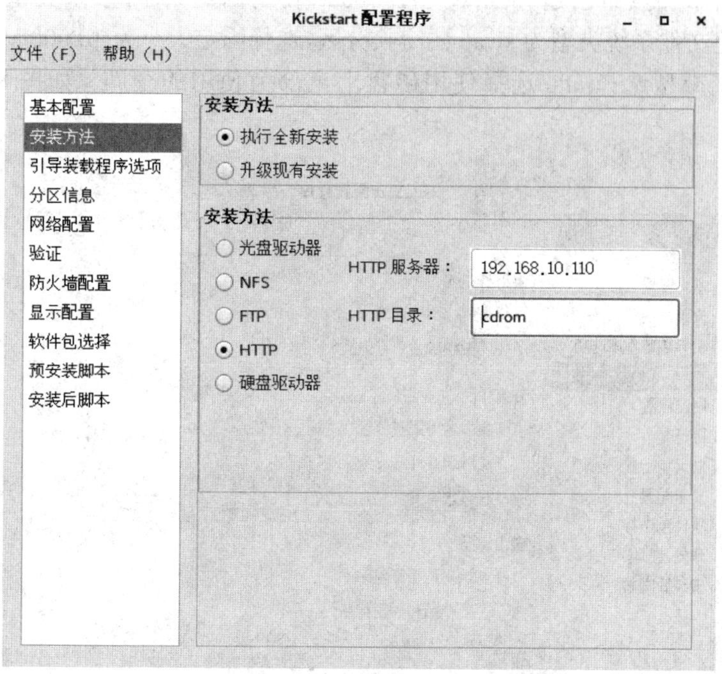

图 8-17 设置安装方法

第十四步：配置系统引导装载选项，安装类型选择 GRUB 引导程序并选择安装新引导程序，将程序安装到 MBR 区域。如图 8-18 所示。

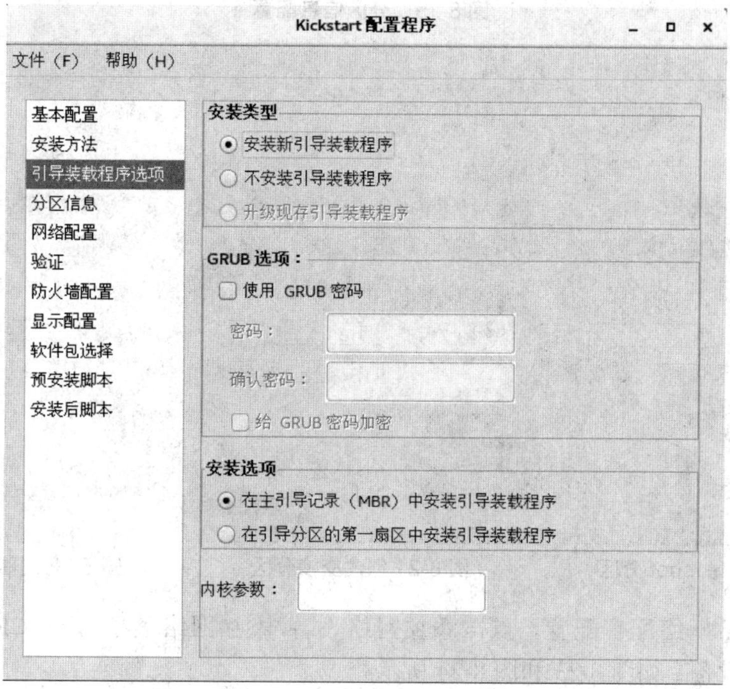

图 8-18 配置系统引导装载选项

第十五步：分区信息配置。选择清除主引导记录、删除所有现有存储分区并初始化磁盘标签，分别点击添加按钮创建分区：①创建 /boot，使用固定大小，系统类型为 xff，容量为 200 MB；②创建文件系统类型为 swap 的交换分区，选择固定大小为 10 000 MB；③创建 / 跟分区，文件系统类型选择 xfs，选择使用磁盘上全部为使用的空间。如图 8-19 至图 8-22 所示。

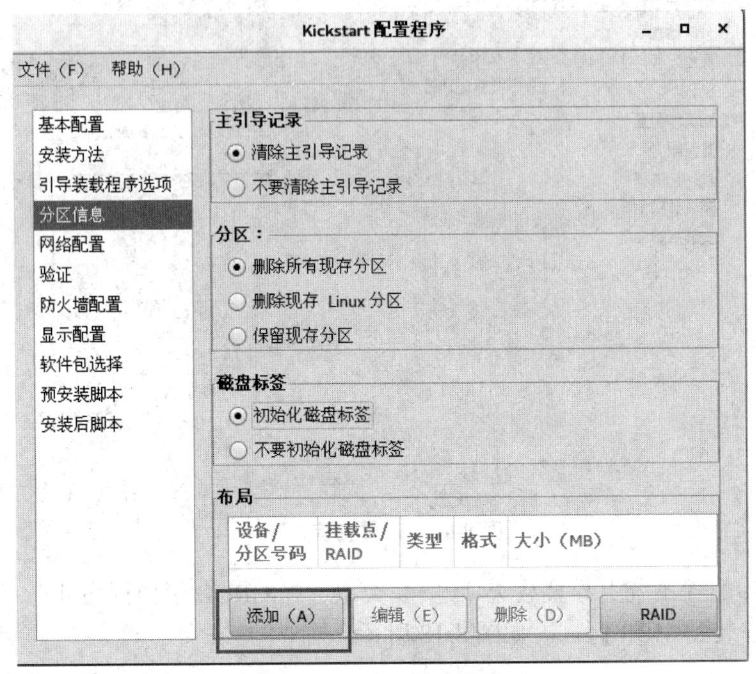

图 8-19 分区信息配置

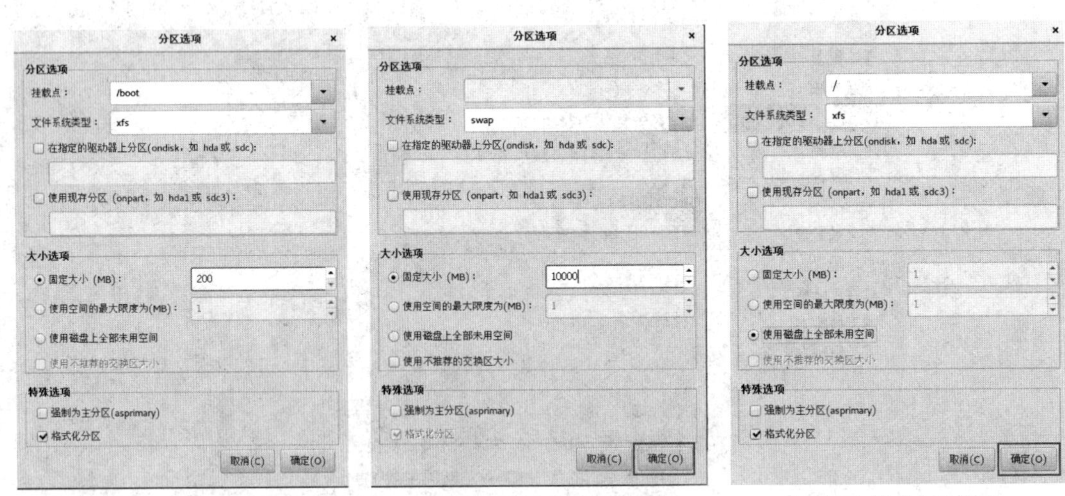

图 8-20 创建 /boot 分区　　图 8-21 创建交换分区　　图 8-22 创建 / 跟分区

第十六步：网络配置配置。点击添加网络设备，添加网络类型为 DHCP，网络设备为 ens33 的网络设备。如图 8-23 和图 8-24 所示。

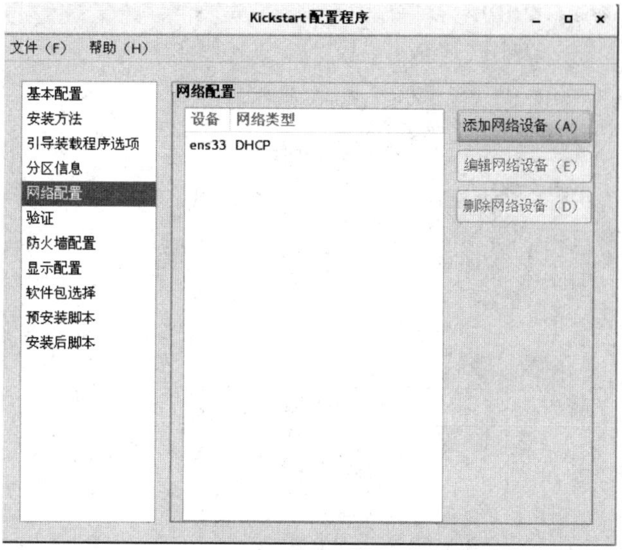

图 8-23　网络配置

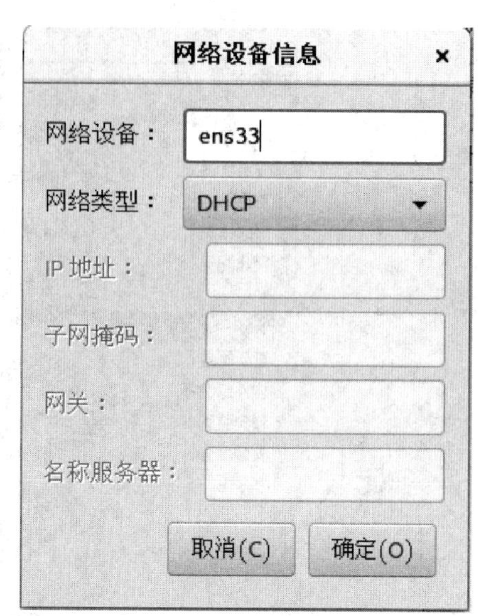

图 8-24 添加网络设备

第十七步：验证配置，使用 SHA512 算法加密，如图 8-25 所示。

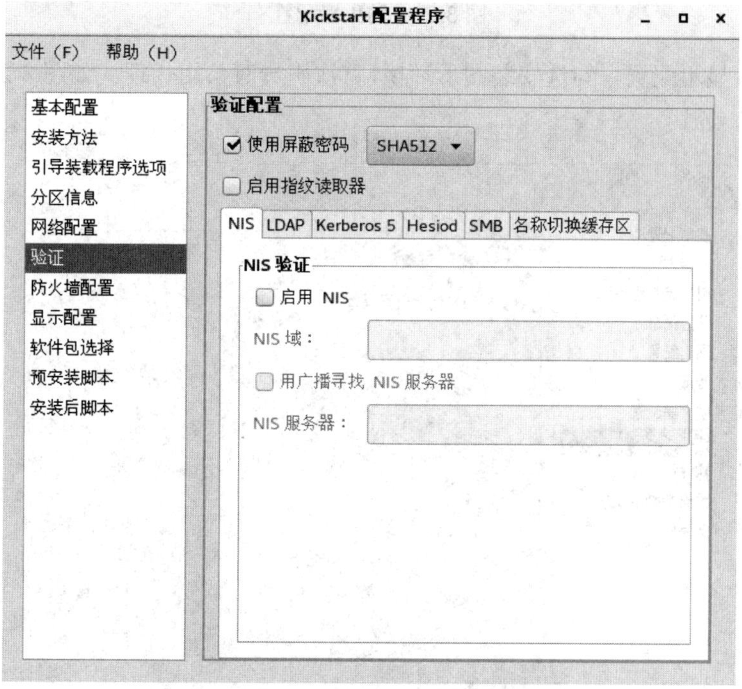

图 8-25　验证

第十八步：防火墙配置，将 SELinux 和防火墙全部禁用，如图 8-26 所示。

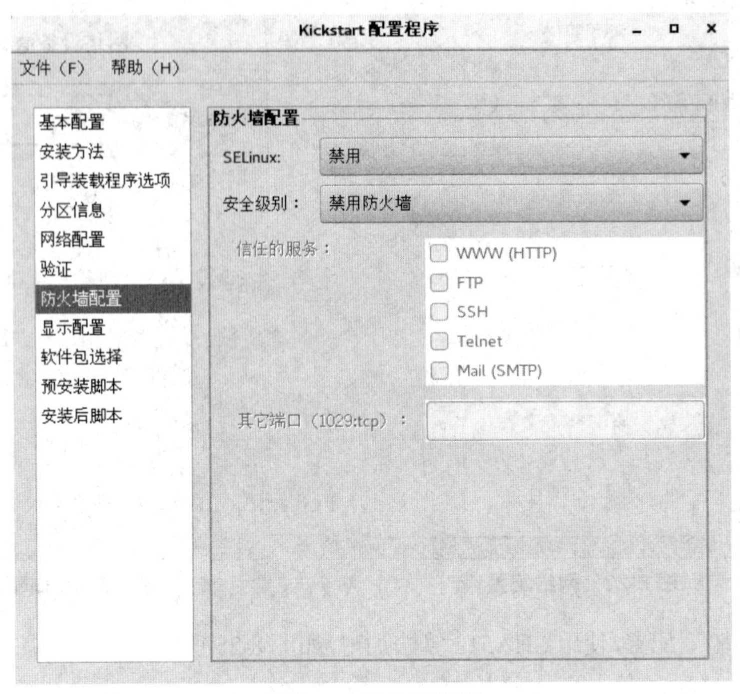

图 8-26　防火墙配置

第十九步：显示配置。勾选安装图形环境，首次引导时禁用代理。如图 8-27 所示。

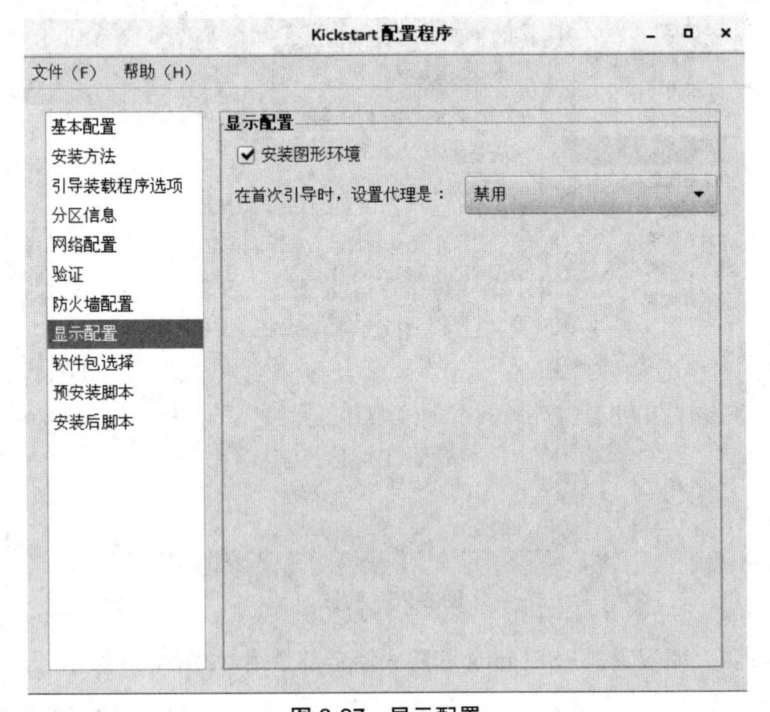

图 8-27　显示配置

第二十步：完成后，点击左上角“文件→保存”，将 ks.cfg 文件保存到 var/www/html/ 目录下。如图 8-28 和图 8-29 所示。

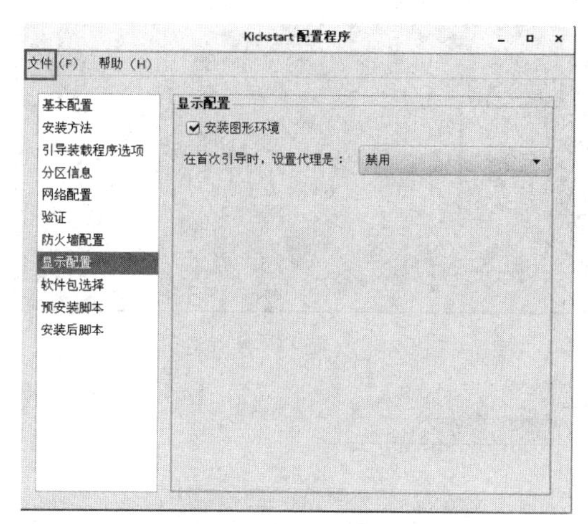

图 8-28　保存 ks.cfg 文件

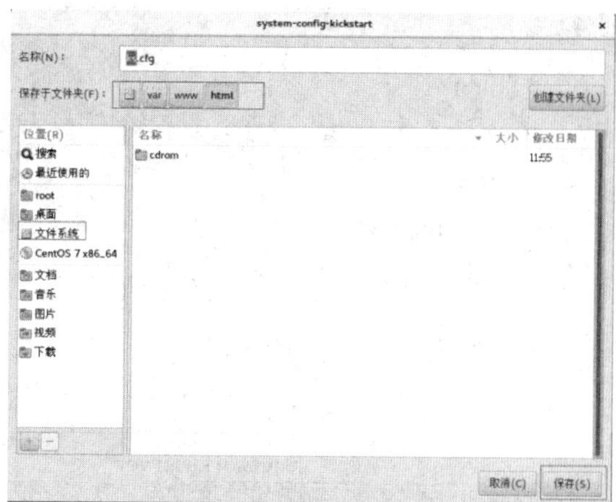

图 8-29　选择 ks.cfg 文件保存路径

第二十一步：保存完成后，打开 ks.cfg 文件，在文件底部手动输入需要安装的软件包。如示例代码 CORE0814 所示。

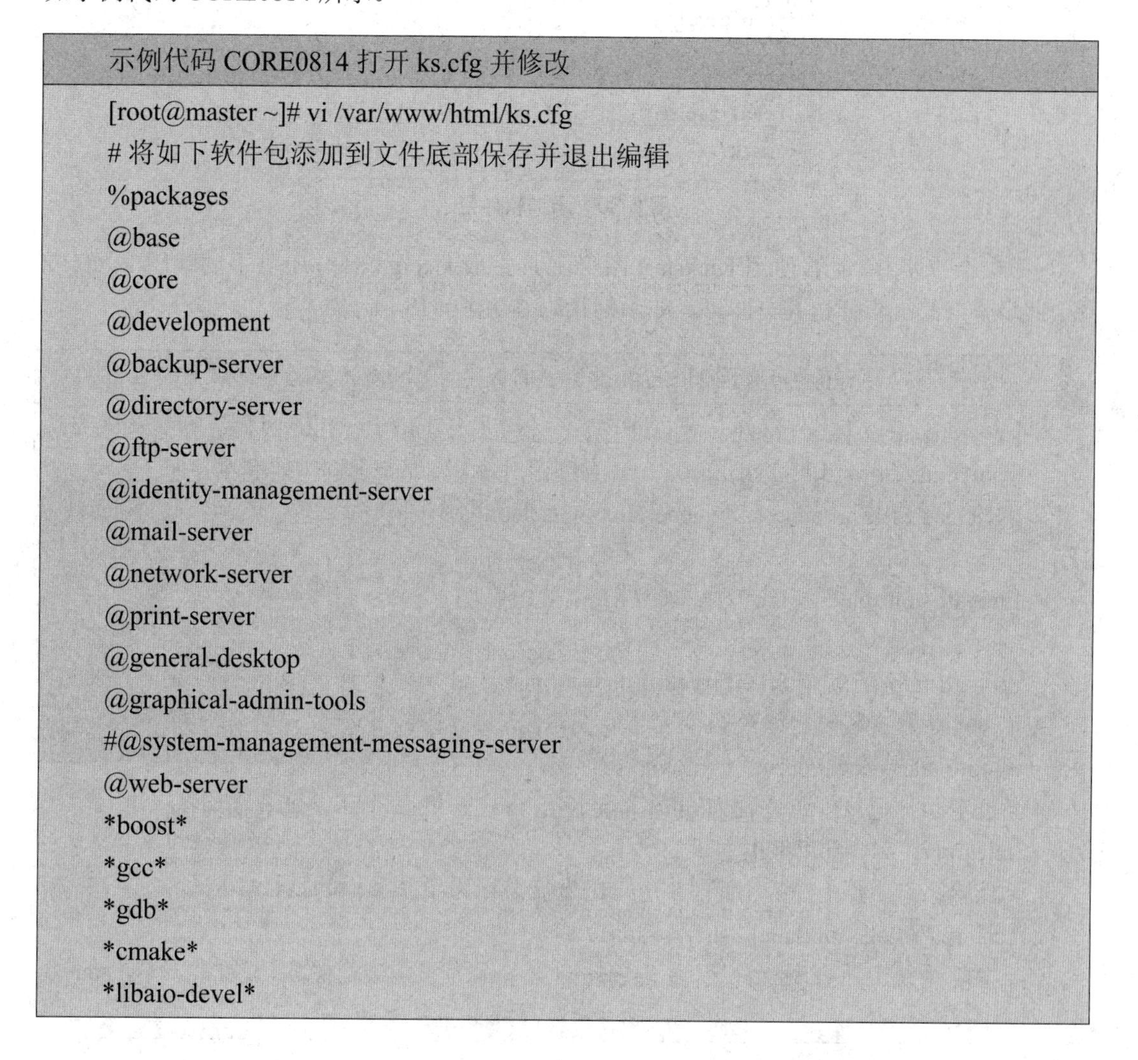

示例代码 CORE0814 打开 ks.cfg 并修改

```
[root@master ~]# vi /var/www/html/ks.cfg
# 将如下软件包添加到文件底部保存并退出编辑
%packages
@base
@core
@development
@backup-server
@directory-server
@ftp-server
@identity-management-server
@mail-server
@network-server
@print-server
@general-desktop
@graphical-admin-tools
#@system-management-messaging-server
@web-server
*boost*
*gcc*
*gdb*
*cmake*
*libaio-devel*
```

```
*rsync*
*libicu*
*expect*
*glibc*
@virtualization*
%end
```

执行结果如图 8-30 所示。

```
@mail-server
@network-server
@print-server
@general-desktop
@graphical-admin-tools
#@system-management-messaging-server
@web-server
*boost*
*gcc*
*gdb*
*cmake*
*libaio-devel*
*rsync*
*libicu*
*expect*
*glibc*
@virtualization*
%end
-- INSERT --
```

图 8-30 添加软件包

第二十二步：除能够使用 Kickstart 图形工具生成 ks.cfg 文件，还可手动编辑 ks.cfg 文件，此步骤与第五步任选其一即可。如示例代码 CORE0815 所示。

示例代码 CORE0815 手动编辑 ks.cfg

```
[root@master ~]# cd /var/www/html/            # 进入 /var/www/html 目录
[root@master html]# vi ks.cfg            # 创建并编辑 ks.cfg 脚本，脚本内容如下
# Kickstart file automatically generated by anaconda.

firewall --disabled                 # 防火墙关闭
install
url --url http://192.168.10.110/cdrom
# 指定获取安装时网络获取位置
#bootloader --location=mbr --driveorder=sda
# 设定引导记录安装位置为 mbr，设定设备 bios 开机设备启动顺序为 sda
#clearpart --all --initlabel
# 擦除系统上原有所有分区，并初始化磁盘卷标为系统架构的默认卷标
#clearpart --all --initlabel --drives=sda
# 擦除系统上原有所有分区，并初始化磁盘卷标为系统架构的默认卷标并删除 sda 驱动器上的分区
```

```
#zerombr yes          # 清除 mbr 信息

selinux --disable        # 关闭 selinux 安全机制
reboot               # 完成默认安装重新启动系统
keyboard us           # 设置键盘类型为 US
lang en_US.UTF-8       # 设置默认语言为英语编码方式为 utf-8
timezone --utc Asia/Shanghai        # 设置时区为上海
authconfig --enableshadow --enablemd5       # 设置系统认证方式为 MD5
rootpw 123456                # 设置 root 账户的密码
graphical                  # 在图形模式下进行 Kickstart 方式安装
firstboot disable              # 关闭第一启动项

network --bootproto=dhcp --device=enp8s0f0 --onboot=on
# 指定 IP 获取方式为 DHCP 设置       设置系统安装时激活的网卡设备
bootloader location=mbr         # 设定应到记录位置为 mbr
clearpart --all --initlabel
# 擦除系统上原有所有分区并初始化磁盘卷标为系统默认架构的默认卷标
part biosboot --fstype=biosboot --size=1
# 创建 biosboot 分区，分区类型为 biosboot，大小为 1 MB 的分区
part swap --asprimary --fstype="swap" --size=1024
# 创建 swap 分区并强制指定该分区为主分区，分区类型为 swqp 大小为 1024 MB
part /boot --fstype xfs --size=800
# 创建 /boot 分区分区类型为 xfs 大小为 800 MB
part pv.01 --size=1 --grow
# 创建 LVM 类型的分区并设置初始大小为 1 MB 且可自动增长
volgroup rootvg01 pv.01
# 创建名为 rootvg01 类型为 LVM 的卷组 VG
logvol / --fstype xfs --name=lv01 --vgname=rootvg01 --size=1 --grow
# 创建一个 LVM 逻辑卷 LV
xconfig                  # 配置 X window
user --name=admin --password=123456  --homedir=/home/admin
# 创建用户名 admin 密码为 123456，并设置主目录为 /home/admin

%packages                # 选择安装包以及安装系统时需要的服务
@base
@core
@development
@backup-server
```

```
@directory-server
@ftp-server
@identity-management-server
@mail-server
@network-server
@print-server
#@system-management-messaging-server
@web-server
*boost*
*gcc*
*gdb*
*cmake*
*libaio-devel*
*rsync*
*libicu*
*expect*
*glibc*
@virtualization*
%end
```

执行结果如图 8-31 所示。

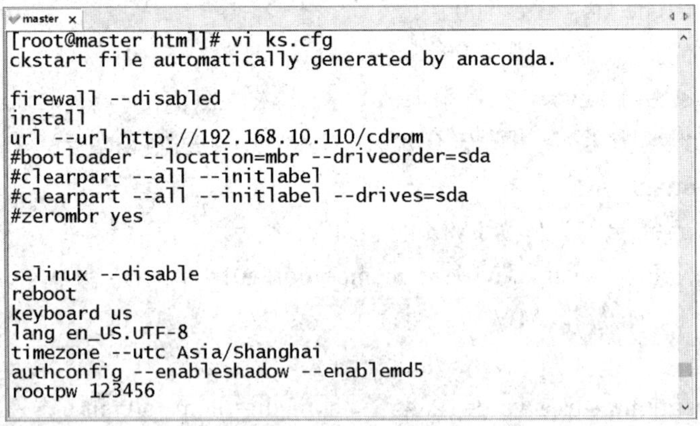

```
[root@master html]# vi ks.cfg
ckstart file automatically generated by anaconda.

firewall --disabled
install
url --url http://192.168.10.110/cdrom
#bootloader --location=mbr --driveorder=sda
#clearpart --all --initlabel
#clearpart --all --initlabel --drives=sda
#zerombr yes


selinux --disable
reboot
keyboard us
lang en_US.UTF-8
timezone --utc Asia/Shanghai
authconfig --enableshadow --enablemd5
rootpw 123456
```

图 8-31 ks.cfg 文件

第二十三步：创建空白虚拟机，内存不得低于 2 GB，网络模式选择桥接模式，CD/DVD 不要挂在关盘镜像，其他设置默认即可，如图 8-32 所示。

图 8-32　新建虚拟机

第二十四步：开启虚拟机，系统会自动选择从网卡启动，从 master 节点获取引导文件、关盘镜像等文件，系统会自动完成安装并根据 ks.cfg 完成系统初始化设置，如图 8-33 所示。

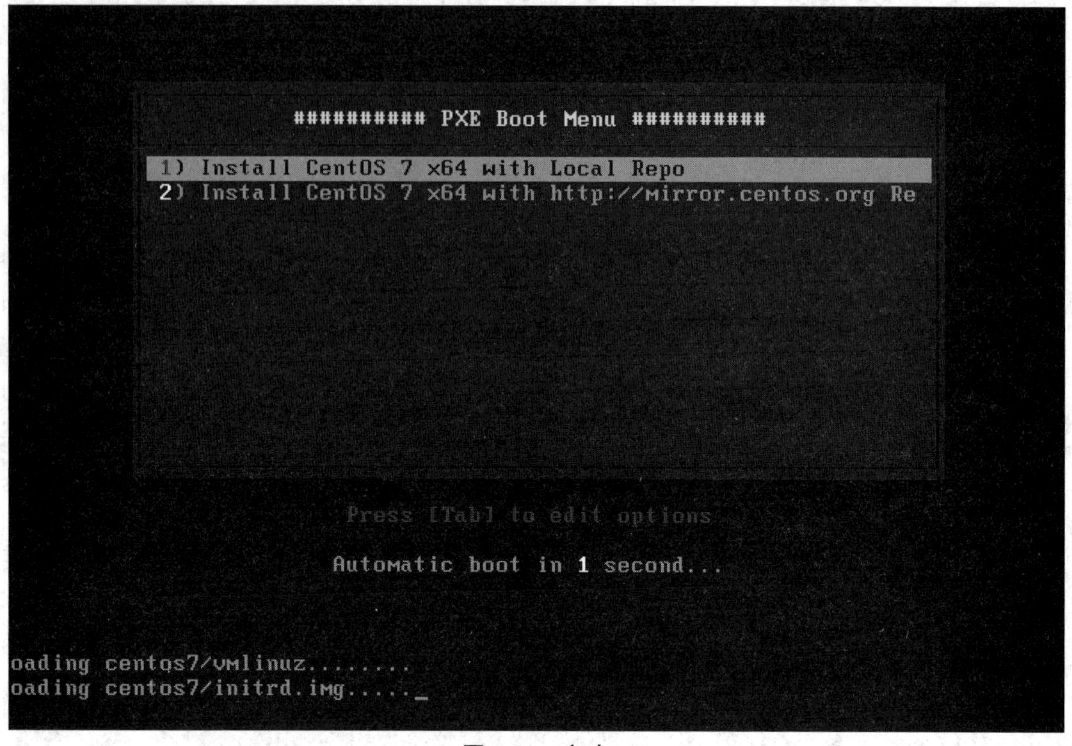

图 8-33 启动

至此 Linux 自动部署任务已经完成，其中主要使用预启动技术完成了预启动服务器的配置，其他主机通过网卡启动实现了 Linux 的批量部署，最终效果见表 8-1。

本项目主要介绍了 DHCP 动态主机配置协议和 PXE 预启动技术的工作流程和搭建方法，对 HTTPD 和 TFTPD 的相关知识和配置方法进行了详细描述，通过对预启动服务器的部署，最终完成 Linux 自动化安装。

project	项目	relay	中继器
hypertext	超文本	security	安全
content	内容	snooping	侦听

length	长度	request	请求
preboot	预启动	discover	发现
execute	执行	transfer	转移
environment	环境	configuration	组态

1. 选择题

（1）在 ks.cfg 文件中（　　）参数能够设置系统缺省语言。

A. keyboard　　B. lang　　C. firewall　　D. network

（2）以下选项中（　　）是预启动技术。

A. HTTP　　B. DHCP　　C. PXE　　D. Kickstart

（3）以下选项中（　　）是网络协议。

A. Ambari　　B. Kickstart　　C. HTTP　　D. pxelinux.cfg

（4）（　　）是一个局域网的网络协议，用于对多个客户机集中分配网络配置信息。

A. TFTP　　B. HTTPD　　C. PXE　　D. DHCP

（5）TFTP 协议的运行基于（　　）协议。

A. UDP　　B. Linux　　C. Windows　　D. HDP

2. 填空题

（1）Kickstart 能够记录在安装系统时需要人为干预的设置并生成 ________ 文件。

（2）Apache HTTP Server 2.X 支持插入式并行处理模块，称为 ________。

（3）DHCP 的工作分为 6 个阶段：__________、____________、____________、__________、____________、____________。

（4）__________ 是小型 Linux 操作系统，能够缩短安装时间，建立维护特殊用途启动盘。

（5）DHCP 提供了 ________、________、________ 的 TCP/IP 网络设置，避免了 TCP/IP 网络中的地址的冲突。

3. 简答题

（1）简述预启动过程。

（2）简述 DHCP 工作流程。

项目九　Ambari 大数据环境搭建利器

通过对本项目的学习了解 Yum 工作机制和 Ambari 的目标，了解 HDP 软件包的版本信息，熟悉 Yum 的常用命令和 Ambari 的功能，掌握 Yum 源配置方法和 Ambari 的搭建流程，在任务实施过程中：

- ➢ 熟悉 Ambari 搭建集群的流程；
- ➢ 掌握 Yum 源配置；
- ➢ 掌握 Ambari 的配置使用方法。

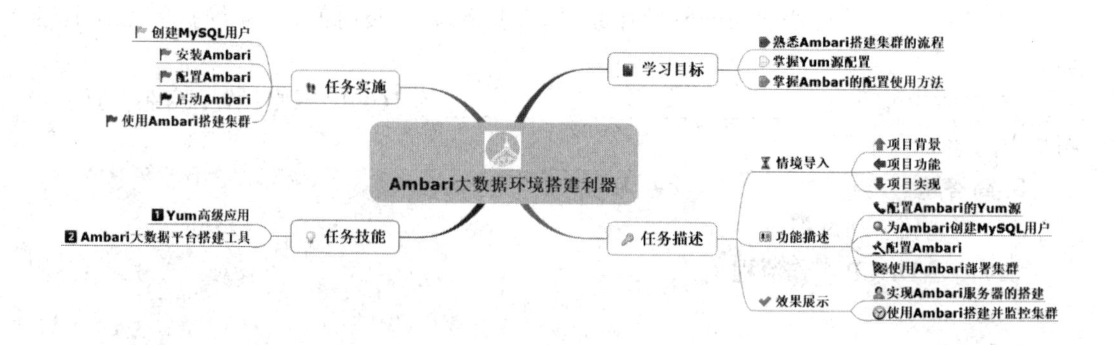

【情境导入】

采用传统方式手动搭建大数据集群，在配置时会容易出现配置错误且排查过程十分烦琐。Ambari 集群搭建工具不仅可以解决容易配置错误的问题，还可以在搭建完成之后监控集群信息，达到方便管理、及时发现并解决问题的目的。本项目主要通过对 Ambari 集群搭建工具的使用，完成对大数据集群的自动化搭建与配置。

【功能描述】

- 配置 Ambari 的 Yum 源。
- 为 Ambari 创建 MySQL 用户。
- 配置 Ambari。
- 使用 Ambari 部署集群。

【效果展示】

通过对本次任务的学习，完成 Ambari 服务器的搭建并使用 Ambari 完成大数据集群的部署。通过 Ambari Web 查看集群运行状态指标，最终效果如图 9-1 所示。

图 9-1　集群运行指标

技能点一 Yum 高级应用

1. Yum 简介

Yum 是一个用于 CentOS、RedHat 等 Linux 系统中的 Shell 前端软件包管理器。Yum 基于 RPM 包管理，不仅可以从指定的服务器自动下载 RPM 包，还能进行自动安装，并且 Yum 可以解决依赖性关系的问题，还能一次性安装所有依赖的软件包，不需要烦琐地逐个下载、安装。

Yum 源可理解为一个目录项，当使用 Yum 机制安装软件时，若需要安装该软件的依赖软件，则 Yum 机制就会根据在 Yum 源中定义好的路径查找依赖软件并自动安装依赖软件。

2. Yum 工作机制

1）服务器端工作机制

所有发行的 RPM 包都会保存到服务器中为用户提供下载，Yum 服务器会整理出每个 RPM 包的基本信息，包括 RPM 包版本号、conf 文件、binary 信息以及相关依赖等。Yum 服务器提供了 createrepo 工具，将 RPM 包的基本信息解析成为“清单”，其中包括每个 spec 文件信息。

2）客户端工作机制

客户端每次调用 yum install 时，会解析 /etc/yum.repos.d 目录下所有扩展名为 .repo 的文件，这些配置文件指定了 Yum 服务器的地址。Yum 会定期更新 Yum 服务器中的 RPM 包“清单”，然后将更新后的清单保存到缓存中，使用 Yum 进行软件安装时会去缓存中查找 RPM 包的相关信息和依赖包等，然后在 Yum 服务器上下载 RPM 包并进行安装。

3. Yum 常用命令

在 Yum 服务器搭建完成后，Yum 客户端可以通过 HTTP、FTP 方式获取软件包，并使用简洁的命令直接管理、更新所有的 RPM 包，甚至包括 kernel 的更新，Yum 命令分为 6 类，见表 9-1。

表 9-1　Yum 常用命令

类型	指令	功能
列举包文件	yum list	列出可以安装或更新的 RPM 包
	yum list updates	列出可更新的 RPM 包
	yum list installed	列出已安装的 RPM 包
	yum list extras	列出已安装但不包含在资源库的 RPM 包
列举资源信息	yum info	列出资源库中可安装或更新的 RPM 包
	yum info updates	列出资源库中可更新的 RPM 包信息
	yum info installed	列出以安装的所有 RPM 包信息
搜索	yum search [包名称]	列出指定包名的 RPM 包信息
管理包	yum install [包名]	安装 RPM 包
	yum remove [包名]	删除 RPM 包
更新	yum check-update	检查可更新的 RPM 包
	yum update	更新所有的 RPM 包
	yum upgrade	大规模版本升级
清空缓存	yum clean packages	清除缓存中的 rom 包文件
	yum clean headers	清除缓存中的 RPM 头文件
	yum clean oldheaders	清除缓存中的旧的 RPM 头文件
	yum clean	清除缓存中的 RPM 头文件和包文件

4. 配置 Yum 源

第一步:配置 HTTPD 文件服务器并设置为开机启动,本步骤只在 master 主机上进行即可,配置步骤参照文件服务器配置相关内容,HTTPD 安装启动步骤如下。

(1)安装 HTTPD 服务。

(2)设置为开机启动。

(3)启动 HTTPD。

参考流程如下。

步骤	示例代码 CORE0901
1	[root@master ~]# yum install httpd Total download size：2.8 M Installed size：9.6 M Is this ok [y/d/N]：y Is this ok [y/N]：y Running transaction check Running transaction test

2	Transaction test succeeded Complete! [root@master ~]# chkconfig httpd on Note：Forwarding request to 'systemctl enable httpd.service'. Created symlink from /etc/systemd/system/multi-user.target.wants/httpd.service to /usr/lib/systemd/system/httpd.service.
3	[root@master ~]# service httpd start Redirecting to /bin/systemctl start httpd.service

第二步：在 HTTP 网站根目录默认“var/www/html”下创建 Ambari 目录，使用 SecureFXPortable 并 ambari-2.6.0.0-centos7.tar.gz、HDP-2.6.3.0-centos7-rpm.tar.gz 和 HDP-UTILS-1.1.0.21-centos7.tar.gz 压缩包上传到 var/www/html/ambari 目录下并解压（以上 3 个安装包在资料包 \08 课件工具 \09Ambari 大数据环境搭建利器目录下），步骤如下。

（1）进入 /var/www/html 目录。

（2）创建 ambari 目录。

（3）进入 /var/www/html/ambari 目录。

（4）解压 ambari 包。

（5）解压 HDP。

（6）解压 HDP-UTILS。

参考流程如下。

步骤	示例代码 CORE0902
1 2 3 4 5 6	[root@master ~]# cd /var/www/html [root@master html]# mkdir ambari [root@master html]# cd /var/www/html/ambari [root@master ambari]#mkdir HDP-UTILS [root@master ambari]# tar -zxvf ambari-2.6.0.0-centos7.tar.gz [root@master ambari]#tar -zxvf HDP-2.6.3.0-centos7-rpm.tar.gz [root@master ambari]# tar -zxvf HDP-UTILS-1.1.0.21-centos7.tar.gz -C ./HDP-UTILS/

第三步：通过访问 http：//master/ambari/ 验证 HTTP 网站是否可用，如果能够看到 Ambari 目录则表示 HTTP 服务器配置成功，结果如图 9-2 所示。

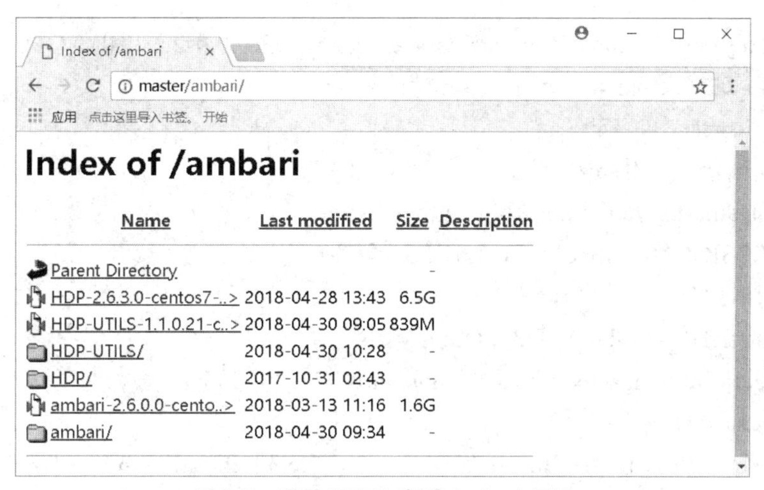

图 9-2　登录 HTTP 查看 Ambari 目录

第四步：搭建 Yum 服务器需要安装 createrepo 源制作工具，命令如下。

```
[root@master ~]# yum install createrepo
```

第五步：以配置本地源为例，介绍 Yum 源配置方法和步骤，同时为搭建 Ambari 做准备，避免因网络问题导致错误，步骤如下。

（1）进入 Yum 源配置目录 /etc/yum.repos.d。

（2）下载源配置文件。

（3）修改源配置文件。

（4）修改 vi ambari.repo 文件。

（5）修改 hdp.repo 文件。

参考流程如下。

步骤	示例代码 CORE0903
1	[root@master ambari]# cd /etc/yum.repos.d/
2	[root@master yum.repos.d]# wget http：//public-repo-1.hortonworks.com/ambari/centos7/2.x/updates/2.6.0.0/ambari.repo #Ambari 源配置文件
3	[root@master yum.repos.d]#wget http：//public-repo-1.hortonworks.com/HDP/centos7/2.x/updates/2.6.3.0/hdp.repo
4	[root@master yum.repos.d]# vi ambari.repo # 将 ambari.repo 文件内容修改为如下所示内容 #VERSION_NUMBER=2.6.0.0-267 [ambari-2.6.0.0] name=ambari Version - ambari-2.6.0.0　　# 源命名 baseurl=http：//master/ambari/ambari/centos7/2.6.0.0-267　　# 源地址 gpgcheck=1　　# 检查 RPM

<table><tr><td>5</td><td>gpgkey=http：//master/ambari/ambari/centos7/2.6.0.0-267/RPM-GPG-KEY/RPM-GPG-KEY-Jenkins # 数字签名位置
enabled=1   # 启动
priority=1   # 优先级
[root@master yum.repos.d]# vi hdp.repo
#VERSION_NUMBER=2.6.3.0-235
[HDP-2.6.3.0]
name=HDP Version - HDP-2.6.3.0
baseurl=http://master/ambari/HDP/centos7/2.6.3.0-235
gpgcheck=1
gpgkey=http：//master/ambari/HDP/centos7/2.6.3.0-235/RPM-GPG-KEY/RPM-GPG-KEY-Jenkins
enabled=1
priority=1

[HDP-UTILS-1.1.0.21]
name=HDP-UTILS Version - HDP-UTILS-1.1.0.21
baseurl=http://master/ambari/HDP-UTILS
gpgcheck=1
gpgkey=http：//master/ambari/HDP-UTILS/RPM-GPG-KEY/RPM-GPG-KEY-Jenkins
enabled=1
priority=1</td></tr></table>

第六步：制作离线源，命令如下。

```
[root@master yum.repos.d]# createrepo /var/www/html/ambari/ambari/
[root@master yum.repos.d]# createrepo /var/www/html/ambari/HDP/
[root@master yum.repos.d]# createrepo /var/www/html/ambari/HDP-UTILS/
```

结果如图 9-3 所示。

```
[root@master ~]# createrepo /var/www/html/ambari/ambari/
Spawning worker 0 with 12 pkgs
Workers Finished
Saving Primary metadata
Saving file lists metadata
Saving other metadata
Generating sqlite DBs
Sqlite DBs complete
[root@master ~]# createrepo /var/www/html/ambari/HDP/
Spawning worker 0 with 236 pkgs
Workers Finished
Saving Primary metadata
Saving file lists metadata
Saving other metadata
Generating sqlite DBs
Sqlite DBs complete
[root@master ~]# createrepo /var/www/html/ambari/HDP-UTILS/
Spawning worker 0 with 64 pkgs
Workers Finished
Saving Primary metadata
Saving file lists metadata
Saving other metadata
Generating sqlite DBs
Sqlite DBs complete
[root@master ~]#
```

图 9-3　制作源

第七步:清除缓存目录下的软件包,命令如下。

```
[root@master yum.repos.d]# yum clean all
```

结果如图 9-4 所示。

```
[root@master ~]# yum clean all
Loaded plugins: fastestmirror, langpacks
Cleaning repos: HDP-2.6.3.0 HDP-UTILS-1.1.0.21 ambari-2.6.0.0 base extras
              : mysql-connectors-community mysql-tools-community mysql57-community
              : updates
Cleaning up everything
Maybe you want: rm -rf /var/cache/yum, to also free up space taken by orphaned data fr
om disabled or removed repos
Cleaning up list of fastest mirrors
[root@master ~]#
```

图 9-4 清理 Yum 缓存

第八步:从当前激活的 Yum 软件仓库中下载可用的元数据,命令如下。

```
[root@master yum.repos.d]# yum makecache
```

结果如图 9-5 所示。

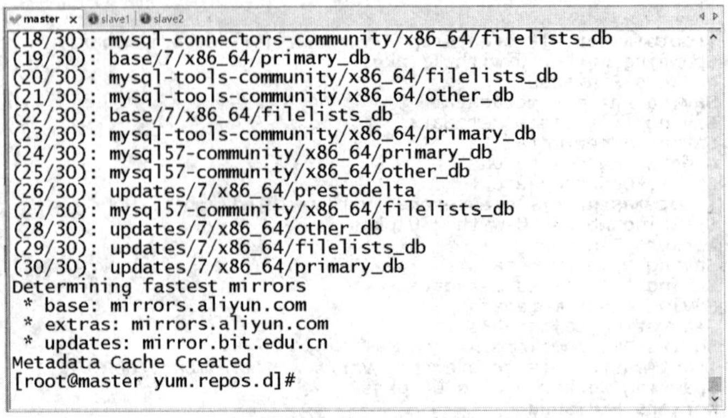

```
(18/30): mysql-connectors-community/x86_64/filelists_db
(19/30): base/7/x86_64/primary_db
(20/30): mysql-tools-community/x86_64/filelists_db
(21/30): mysql-tools-community/x86_64/other_db
(22/30): base/7/x86_64/filelists_db
(23/30): mysql-tools-community/x86_64/primary_db
(24/30): mysql57-community/x86_64/primary_db
(25/30): mysql57-community/x86_64/other_db
(26/30): updates/7/x86_64/prestodelta
(27/30): mysql57-community/x86_64/filelists_db
(28/30): updates/7/x86_64/other_db
(29/30): updates/7/x86_64/filelists_db
(30/30): updates/7/x86_64/primary_db
Determining fastest mirrors
 * base: mirrors.aliyun.com
 * extras: mirrors.aliyun.com
 * updates: mirror.bit.edu.cn
Metadata Cache Created
[root@master yum.repos.d]#
```

图 9-5 激活 Yum 源

第九步：获取当前系统有效的 reolist，命令如下。

```
[root@master yum.repos.d]# yum repolist
```

结果如图 9-6 所示。

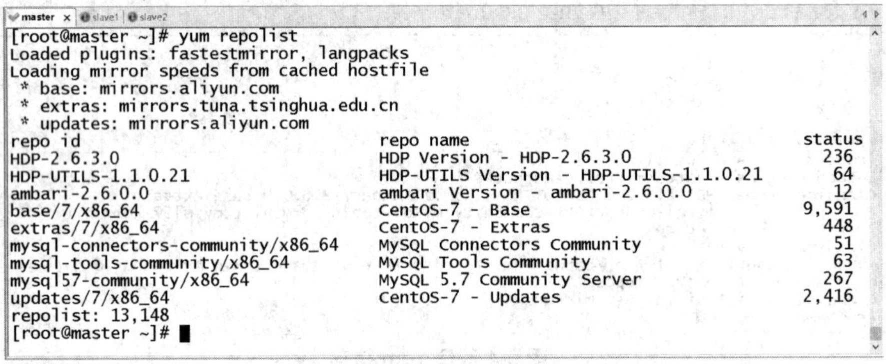

```
[root@master ~]# yum repolist
Loaded plugins: fastestmirror, langpacks
Loading mirror speeds from cached hostfile
 * base: mirrors.aliyun.com
 * extras: mirrors.tuna.tsinghua.edu.cn
 * updates: mirrors.aliyun.com
repo id                                 repo name                                   status
HDP-2.6.3.0                             HDP Version - HDP-2.6.3.0                      236
HDP-UTILS-1.1.0.21                      HDP-UTILS Version - HDP-UTILS-1.1.0.21          64
ambari-2.6.0.0                          ambari Version - ambari-2.6.0.0                 12
base/7/x86_64                           CentOS-7 - Base                              9,591
extras/7/x86_64                         CentOS-7 - Extras                              448
mysql-connectors-community/x86_64       MySQL Connectors Community                      51
mysql-tools-community/x86_64            MySQL Tools Community                           63
mysql57-community/x86_64                MySQL 5.7 Community Server                     267
updates/7/x86_64                        CentOS-7 - Updates                           2,416
repolist: 13,148
[root@master ~]#
```

图 9-6 获取有效 Yum 包

技能点二 Ambari 大数据平台搭建工具

1. Ambari 简介

Ambari 提供了一个直观、易用的 Hadoop 管理界面。Ambari 能够做到步骤化和可视化大数据平台搭建（目前支持 Flume，HBase，HDFS，Hive，Kafka，Oozie，Spark，Sqoop，Yarn，ZooKeeper 等），搭建时可指定集群中的任意机器提供统一管理界面，帮助用户和管理员启动、停止和重置 Hadoop 集群相关服务。

通过扫描下方二维码了解其他大数据管理平台。

2. Ambari 功能概述

Ambari 提供了类似于仪表的可视化界面，除用于监控 Hadoop 集群健康状态，同时提供报警系统，可供管理员对报警进行处理，方便集群安装、管理和监控。其优点如下。

①步骤化安装向导简化了集群安装步骤。

②预先配置好关键的运维指标（metrics），可以直接查看 Hadoop Core（HDFS 和 MapReduce）及相关项目（如 HBase 和 Hive 等）是否健康。

③支持作业与任务执行的可视化与分析，能够直观地查看依赖和性能。

④通过一个完整的 RESTful API 友好展示了监控信息并集成现有的运维工具。

⑤直观的界面可以使用户有效地查看并控制集群。

Ambari 的功能有集群信息监控（Dashboard）、集群服务（Services）、集群节点，以下是对 Ambari 的详细介绍。

1）集群信息监控（Dashboard）

Ambari 能够通过 Web UI 界面友好地展示集群在运行状态下的各种参数指标，能够使管理员或用户较为直观地监控 HDFS Disk Usage（HDFS 磁盘使用情况）、NameNode Uptime（NameNode 正常运行时间）、ResourceManager Uptime（ResourceManager 正常运行时间）等集群详细运行指标，能够使管理员及时发现并解决集群在长时间运行的情况下出现的故障，还可通过选择服务监控单个服务的详细运行信息。集群信息监控如图 9-7 所示。

图 9-7　集群信息监控

2）集群服务（Services）

登录 Ambari 的 UI 页面，查看集群所安装的服务列表，可通过 Service Actions 按钮选择相应服务，以 MapReduce2 为例，点击 MapReduce2 查看其相关信息，如图 9-8 所示。

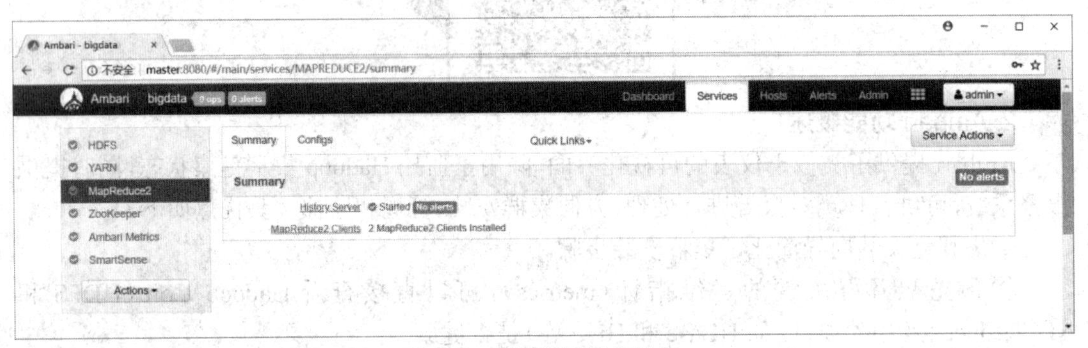

图 9-8　查看集群服务信息

在环境搭建完成后无法确定所安装的服务是否可用，可通过运行 Run Service Check（服务检查）测试服务是否可用，以 MapReduce2 为例选择“MapReudce2”，点击“Service Actions”→“Run Service Check”运行服务检查，Ambari 会自动运行 MapReduce Word Count 示例检查 MapReudce 服务是否正常，结果如图 9-9 所示。

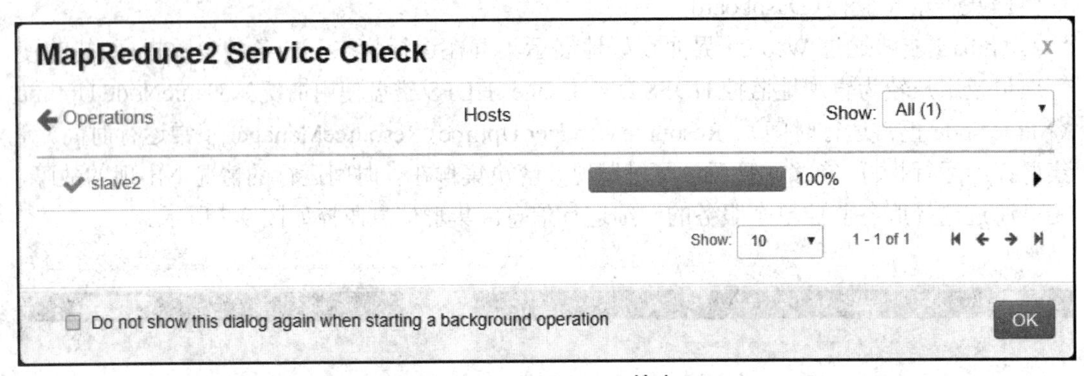

图 9-9　MapReduce 检查

3）集群节点

通过 Hosts 选项卡，可以看到 Ambari 管理的机器列表，通过 Actions 按钮可以查看主机级别的相关操作，可控制所有主机中的所有组件，选择“All Hosts”→“Hosts”→“Start All Components”启动所有服务的所有模块，如图 9-10 所示。

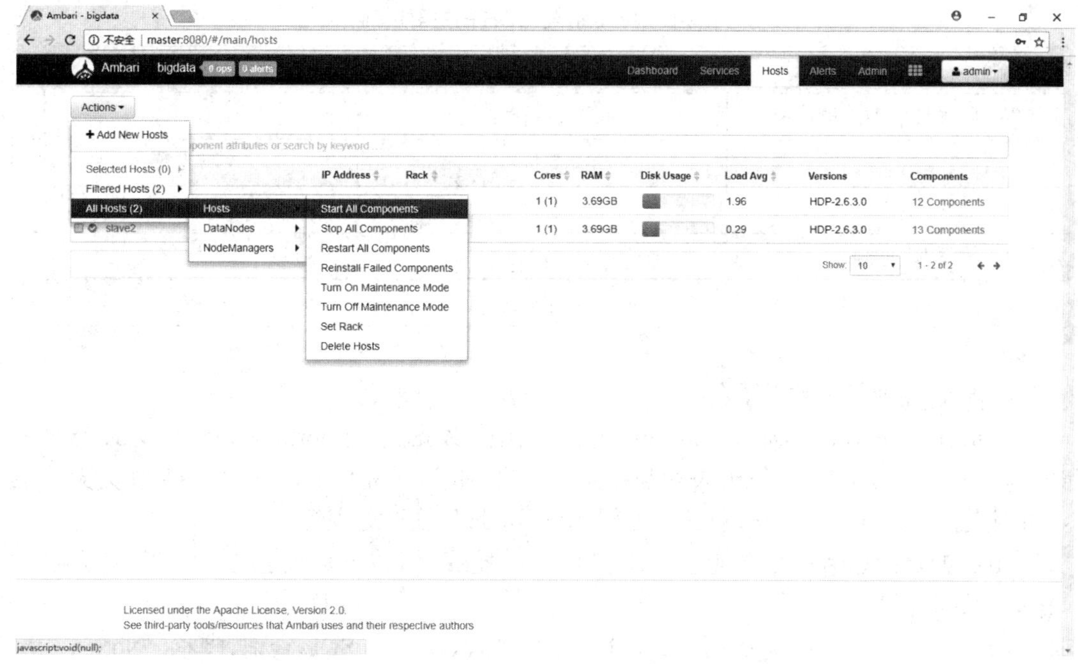

图 9-10　启动所有模块

除可控制全部模块外，还可单独选择某模块的启动与停止，在 Hosts 界面选择 master 主机，进入 Components 界面，可看到 master 主机上正在运行的模块，选择模块后的按钮可看到该模块的相关指令，包括 Restart（重新启动）、Stop（停止）、Move（移除）、Turn On Maintenance Mode（打开维护模式）、Rebalance HDFS（重新平衡 HDFS）。点击 NameNode 模块对应指令按钮的 Stop 停止所选模块服务，如图 9-11 所示。

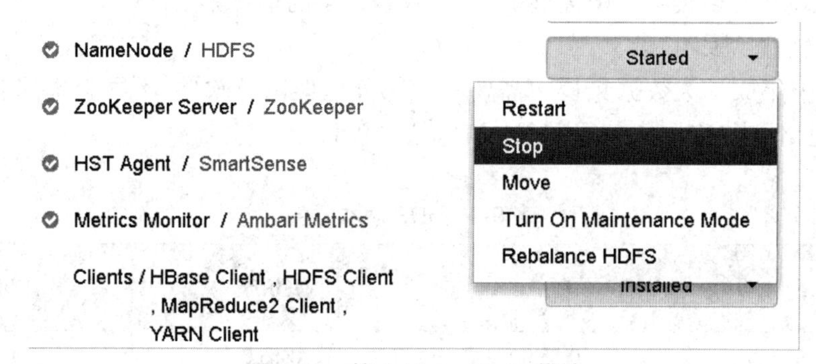

图 9-11　停止 NameNode 模块

3. Ambari 与 CDH

Ambari 与 CDH 同为 Hadoop 开源项目，可做到大数据集群环境的步骤化安装、集群健康状况的检测、更新集群配置、向集群添加服务、为每个服务添加对应组件等。

Ambari 与 CDH 的主要区别见表 9-2。

表 9-2　Ambari 与 CDH 的主要区别

不同点	apache Ambari	ClouderaManager
配置版本控制和历史记录	支持	不支持
二次开发	支持	不支持
集成	支持	不支持 redis、kylin
权限控制	简单	复杂
视图定制	支持自定义视图，添加自定义服务	不支持

4. HDP 企业级大数据平台

HDP（Hortonworks Data Platform）是由美国大数据公司 Hortonworks 开发的企业级 Hadoop 平台。HDP 的设计、开发均是在完全开源的情况下完成的，它以 YARN 作为架构中心并且支持一系列处理方法，包括批处理、交互式处理、实时处理等。

HDP 的功能包括数据访问、安全性、HDP 软件包版本，以下是对这些功能的详细介绍。

1）数据访问

HDP 提供了多种数据访问方式，分别为批处理、交互式 SQL 查询、脚本、NoSQL 等。MapReduce 作为 Hadopp 的默认处理引擎已经得到了广泛测试和信赖。Apache Hive 可进行批量交互式 SQL 查询，Apache HBase 提供了快速的 NoSQL 访问，Apache Storm 能够实现对数据的实时处理，即当数据流入 HDFS 时就开始数据分析。

2）安全性

为确保集群安全，HDP 提供了身份验证、授权、可归责性以及数据保护等安全性设置，HDP 在与其他企业级 Hadoop 功能上保持一致的同时，确保可集成和扩展自定义安全解决方案，在企业现代化数据架构中提供单一、一致和安全的保护。

3）HDP 软件包版本

HDP 包中集成了大数据集群中需要的大部分框架以及软件，不同版本的 HDP 中集成的框架版本也不同，HDP 对应组件版本信息见表 9-3。

表 9-3　HDP 版本信息

组件 \ 版本	HDP2.4	HDP2.5	HDP2.6
Pig	0.15.0	0.16.0	0.16.0
Hive	1.2.1	1.2.1+2.1.***	1.2.1+2.1.***
Druid	X	X	0.9.2
Tez	0.7.0	0.7.0	0.7.0
Solr	5.2.1	5.2.1	5.2.1
Spark	1.6.0	1.6.2+2.0***	1.6.3+2.1***
Zeppelin	X	0.6.0	0.7.0
Slider	0.80.0	0.91.0	0.91.0

续表

组件 \ 版本	HDP2.4	HDP2.5	HDP2.6
HBase	1.1.2	1.1.2	1.1.2
Phoenix	4.4.0	4.7.0	4.7.0
Accumulo	1.7.0	1.7.0	1.7.0
Storm	0.10.0	1.0.1	1.1.0
Falcon	0.6.1	0.10.0	0.10.0
Atlas	0.5.0	0.7.0	0.8.0
Sqoop	1.4.6	1.4.6	1.4.6
Flume	1.5.2	1.5.2	1.5.2
Kafka	0.9.0	0.10.0	0.10.0
Ambari	2.2.1	2.4.0	2.5.0
ZooKeeper	3.4.6	3.4.6	3.4.6
Oozie	4.2.0	4.2.0	4.2.0
Konx	0.6.0	0.9.0	0.11.0
Ranger	0.5.0	0.6.0	0.7.0

本次任务通过以下步骤完成 Amabri 的配置并使用 Amabri 搭建大数据集群，本任务使用 3 台虚拟机，分别为 master，slave1，slave2，以下操作步骤只在 master 节点进行。

第一步：进入 MySQL 数据库，密码为：123456，为 Amabri 创建 MySQL 用户，如示例代码 CORE0904 所示。

示例代码 CORE0904 创建 MySQL 用户

```
mysql -uroot -p
mysql> CREATE DATABASE ambari;
mysql> use ambari;
mysql> FLUSH PRIVILEGES;
mysql> CREATE USER 'ambari'@'%' IDENTIFIED BY 'ambari';
mysql> GRANT ALL PRIVILEGES ON *.* TO 'ambari'@'%';
mysql> CREATE USER 'ambari'@'localhost' IDENTIFIED BY 'ambari';
```

```
mysql> GRANT ALL PRIVILEGES ON *.* TO 'ambari'@'localhost';
mysql> CREATE USER 'ambari'@'master' IDENTIFIED BY 'ambari';
mysql> GRANT ALL PRIVILEGES ON *.* TO 'ambari'@'master';
mysql> FLUSH PRIVILEGES;
```

结果如图 9-12 所示。

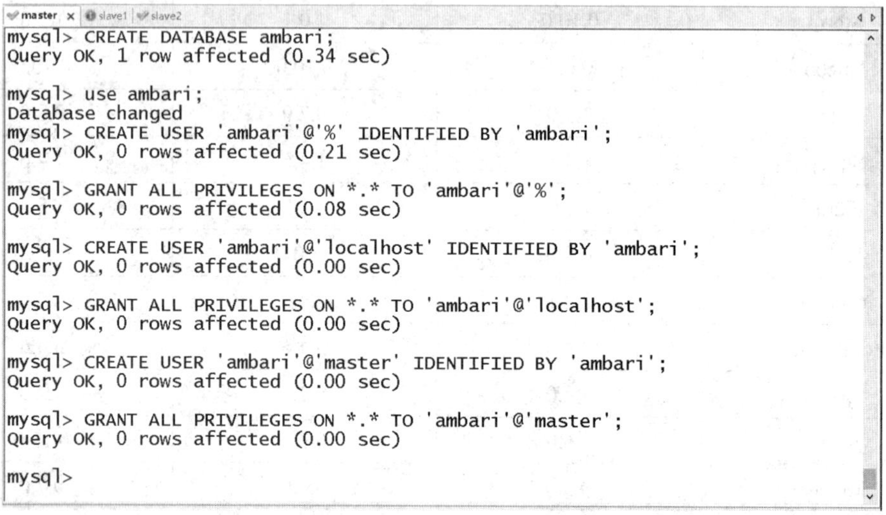
master
slave1
slave2
mysql> CREATE DATABASE ambari;
Query OK, 1 row affected (0.34 sec)
mysql> use ambari;
Database changed
mysql> CREATE USER 'ambari'@'%' IDENTIFIED BY 'ambari';
Query OK, 0 rows affected (0.21 sec)
mysql> GRANT ALL PRIVILEGES ON *.* TO 'ambari'@'%';
Query OK, 0 rows affected (0.08 sec)
mysql> CREATE USER 'ambari'@'localhost' IDENTIFIED BY 'ambari';
Query OK, 0 rows affected (0.00 sec)
mysql> GRANT ALL PRIVILEGES ON *.* TO 'ambari'@'localhost';
Query OK, 0 rows affected (0.00 sec)
mysql> CREATE USER 'ambari'@'master' IDENTIFIED BY 'ambari';
Query OK, 0 rows affected (0.00 sec)
mysql> GRANT ALL PRIVILEGES ON *.* TO 'ambari'@'master';
Query OK, 0 rows affected (0.00 sec)
mysql>

图 9-12 创建 Ambari 用户

第二步：使用 Yum 命令安装 Amabri，如示例代码 CORE0905 所示。

示例代码 CORE0905 安装 Ambari

```
[root@master ~]# yum install ambari-server
```

结果如图 9-13 所示。

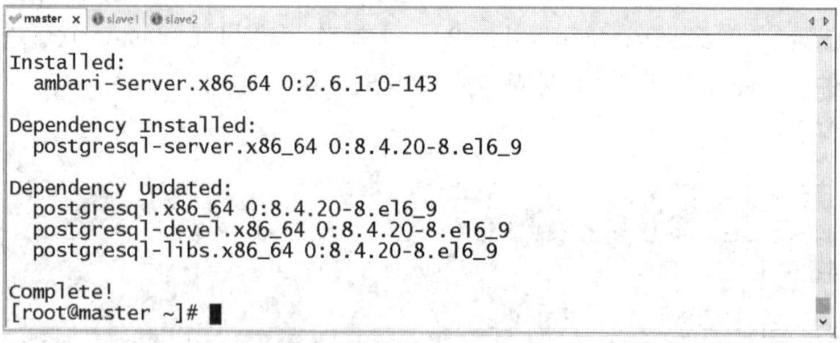
master
slave1
slave2
Installed:
ambari-server.x86_64 0:2.6.1.0-143
Dependency Installed:
postgresql-server.x86_64 0:8.4.20-8.el6_9
Dependency Updated:
postgresql.x86_64 0:8.4.20-8.el6_9
postgresql-devel.x86_64 0:8.4.20-8.el6_9
postgresql-libs.x86_64 0:8.4.20-8.el6_9
Complete!
[root@master ~]#

图 9-13 安装 Ambarin

第三步：使用 SecureFX 工具将 mysql-connector-java-5.1.39.jar（mysql 驱动包在资料包 \08 课件工具 \09Ambari 大数据环境搭建利器目录下）上传到 /usr/share/java 目录下，并将 mysql-connector-java-5.1.39.jar 复制到 /var/lib/ambari-server/resources 目录下，如示例代码 CORE0906 所示。

示例代码 CORE0906 拷贝 JDBC 链接包

```
[root@master ~]# cp /usr/share/java/mysql-connector-java-5.1.39.jar /var/lib/ambari-server/resources/mysql-jdbc-driver.jar
```

结果如图 9-14 所示。

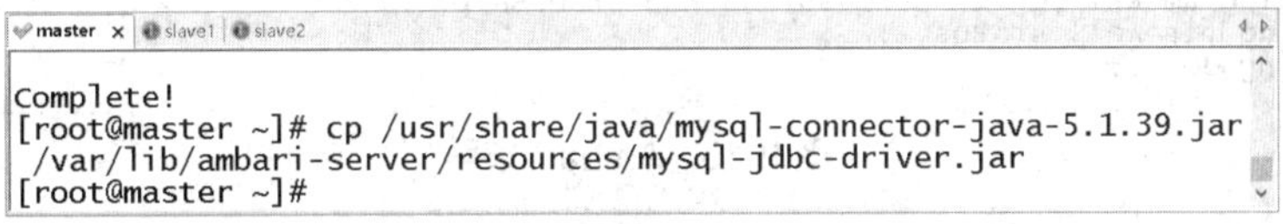
master
slave1
slave2
Complete!
[root@master ~]# cp /usr/share/java/mysql-connector-java-5.1.39.jar
/var/lib/ambari-server/resources/mysql-jdbc-driver.jar
[root@master ~]#

图 9-14　拷贝 MySQL 驱动包

第四步：编辑 ambari.properties 文件，配置 jdbc 连接，如示例代码 CORE0907 所示。

示例代码 CORE0907 配置 JDBC 连接

```
[root@master ~]# vi /etc/ambari-server/conf/ambari.properties
# 添加如下内容
server.jdbc.driver.path=/usr/share/java/mysql-connector-java-5.1.39.jar
```

结果如图 9-15 所示。

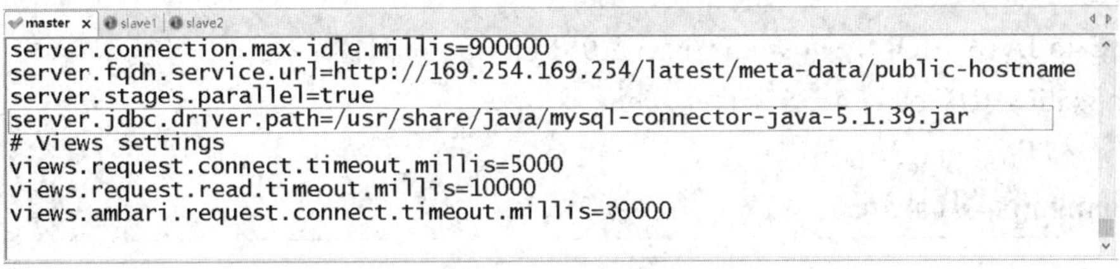
master
slave1
slave2
server.connection.max.idle.millis=900000
server.fqdn.service.url=http://169.254.169.254/latest/meta-data/public-hostname
server.stages.parallel=true
server.jdbc.driver.path=/usr/share/java/mysql-connector-java-5.1.39.jar
# Views settings
views.request.connect.timeout.millis=5000
views.request.read.timeout.millis=10000
views.ambari.request.connect.timeout.millis=30000

图 9-15　ambari.properties

第五步：配置 Ambari，如示例代码 CORE0908 所示。

示例代码 CORE0908 配置 Ambari

```
[root@master ~]# ambari-server setup
```

第六步：提示，是否自定义配置，输入 Y，如示例代码 CORE0909 所示。

示例代码 CORE0909 自定义 Ambari

```
Ambari-server daemon is configured to run under user 'master'. Change this setting [y/n]
```

第七步：提示输入 Ambari-server 账号，输入 Ambari，如示例代码 CORE0910 所示。

示例代码 CORE0910 输入 Ambari-server 账号

```
Enter user account for ambari-server daemon（root）：
```

结果如图 9-16 所示。

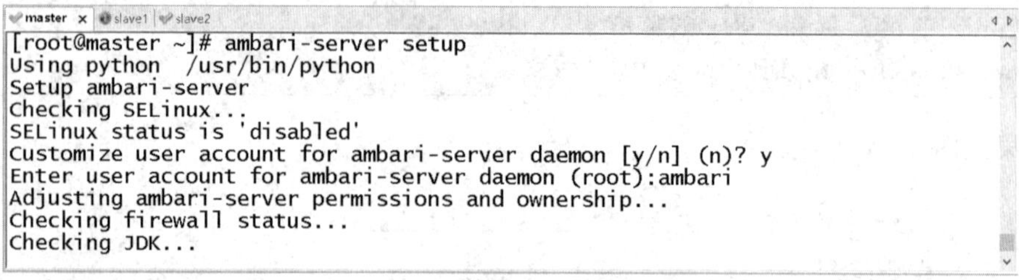
master slave1 slave2
[root@master ~]# ambari-server setup
Using python /usr/bin/python
Setup ambari-server
Checking SELinux...
SELinux status is 'disabled'
Customize user account for ambari-server daemon [y/n] (n)? y
Enter user account for ambari-server daemon (root):ambari
Adjusting ambari-server permissions and ownership...
Checking firewall status...
Checking JDK...

图 9-16 Ambari 帐号

第八步：提示是否使用 Oracle JDK，输入 Y，选择（3），输入 /usr/java/jdk1.8.0_144，如示例代码 CORE0911 所示。

示例代码 CORE0911 配置 JDK

```
Do you want to change Oracle JDK [y/n]（n）?  y
[1] Oracle JDK 1.8 + Java Cryptography Extension（JCE）Policy Files 8
[2] Oracle JDK 1.7 + Java Cryptography Extension（JCE）Policy Files 7
[3] Custom JDK
===============================================================================
Enter choice（3）:
Path to JAVA_HOME：/usr/java/jdk1.8.0_144
Validating JDK on Ambari Server...done.
Completing setup...
Configuring database...
```

结果如图 9-17 所示。

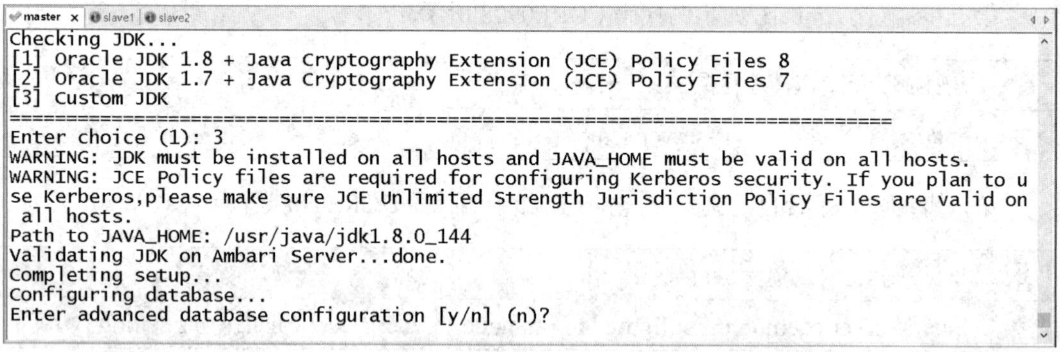
master slave1 slave2
Checking JDK...
[1] Oracle JDK 1.8 + Java Cryptography Extension (JCE) Policy Files 8
[2] Oracle JDK 1.7 + Java Cryptography Extension (JCE) Policy Files 7
[3] Custom JDK
==
Enter choice (1): 3
WARNING: JDK must be installed on all hosts and JAVA_HOME must be valid on all hosts.
WARNING: JCE Policy files are required for configuring Kerberos security. If you plan to u
se Kerberos,please make sure JCE Unlimited Strength Jurisdiction Policy Files are valid on
all hosts.
Path to JAVA_HOME: /usr/java/jdk1.8.0_144
Validating JDK on Ambari Server...done.
Completing setup...
Configuring database...
Enter advanced database configuration [y/n] (n)?

图 9-17 选择 JDK 版本

第九步：根据提示配置数据库，输入 Y，如示例代码 CORE0912 所示。

示例代码 CORE0912 配置数据库

```
Enter advanced database configuration [y/n]
```

第十步：根据提示选择数据库类型，输入 3 选择 MySQL 数据库，如示例代码 CORE0913 所示。

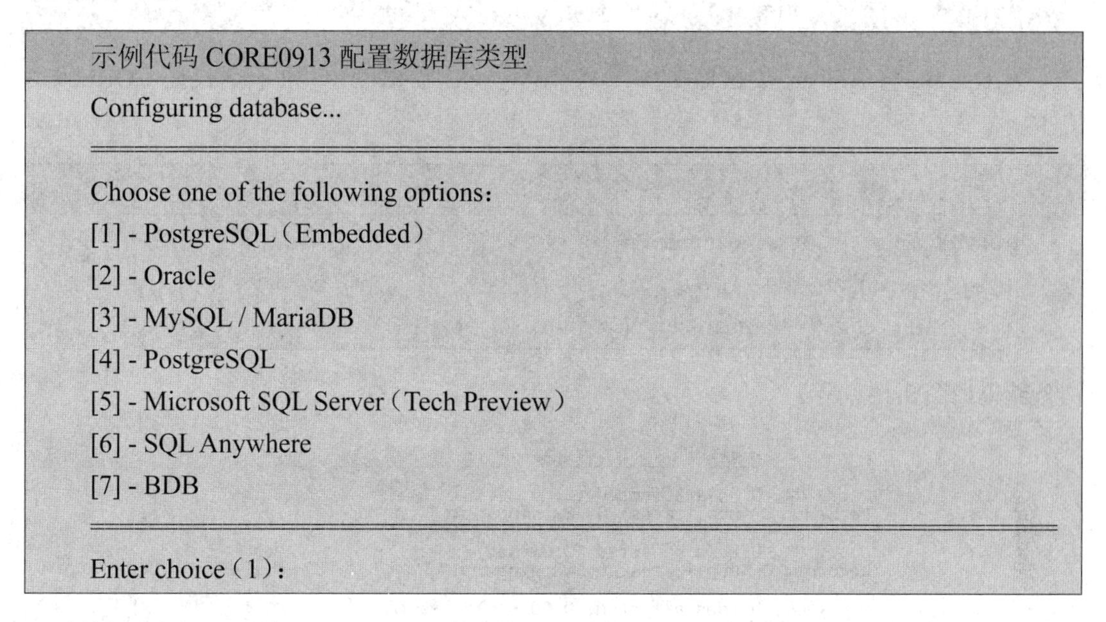

示例代码 CORE0913 配置数据库类型

```
Configuring database...
==============================================================================
Choose one of the following options：
[1] - PostgreSQL（Embedded）
[2] - Oracle
[3] - MySQL / MariaDB
[4] - PostgreSQL
[5] - Microsoft SQL Server（Tech Preview）
[6] - SQL Anywhere
[7] - BDB
==============================================================================
Enter choice（1）：
```

结果如图 9-18 所示：

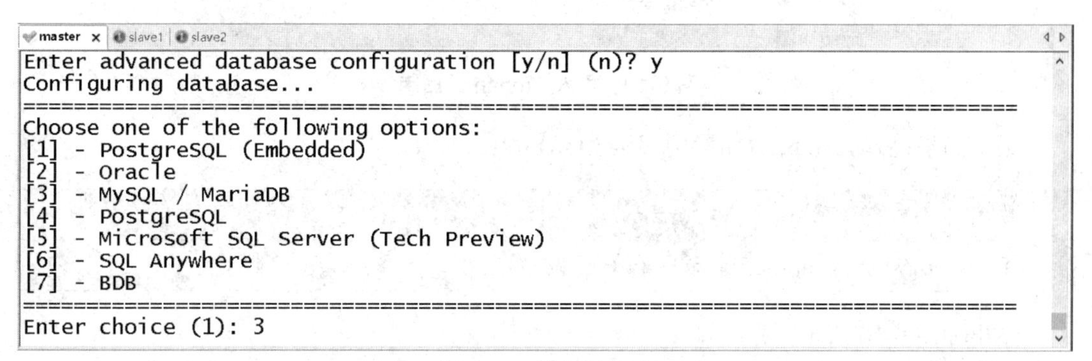

```
Enter advanced database configuration [y/n] (n)? y
Configuring database...
==============================================================================
Choose one of the following options:
[1] - PostgreSQL (Embedded)
[2] - Oracle
[3] - MySQL / MariaDB
[4] - PostgreSQL
[5] - Microsoft SQL Server (Tech Preview)
[6] - SQL Anywhere
[7] - BDB
==============================================================================
Enter choice (1): 3
```

图 9-18　选择数据库

第十一步：根据提示输入主机名、端口号、数据库名、用户名、用户密码，如示例代码 CORE0914 所示。

示例代码 CORE0914 配置基本信息

```
Hostname（localhost）：    # 主机名
Port（3306）：    # 端口默认即可
Database name（ambari）：    # 数据库名
Username（ambari）：    #MySQL 用户名
Enter Database Password（ambari）：    #MySQL 用户密码
```

第十二步：提示继续配置远程数据库连接属性，输入 Y，如示例代码 CORE0915 所示。

示例代码 CORE0915 远程数据库连接
Proceed with configuring remote database connection properties [y/n]

第十三步：将 Ambari 数据库脚本导入到 MySQL 数据库中，如示例代码 CORE0916 所示。

示例代码 CORE0916 导入数据库

```
[root@master ~]# mysql -uambari -p
mysql> use ambari;
mysql> source /var/lib/ambari-server/resources/Ambari-DDL-MySQL-CREATE.sql;
```

结果如图 9-19 所示。

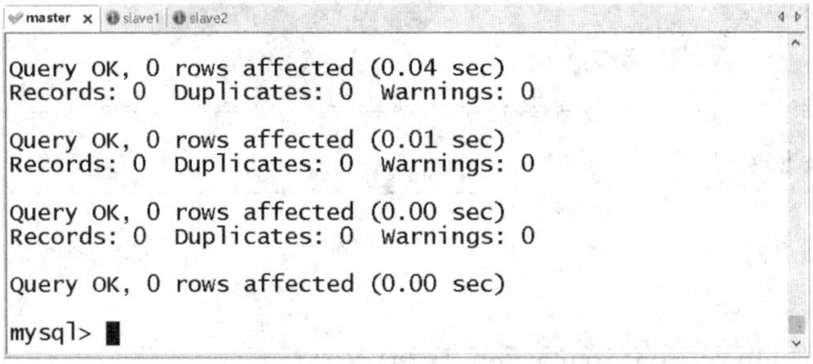

```
Query OK, 0 rows affected (0.04 sec)
Records: 0  Duplicates: 0  Warnings: 0

Query OK, 0 rows affected (0.01 sec)
Records: 0  Duplicates: 0  Warnings: 0

Query OK, 0 rows affected (0.00 sec)
Records: 0  Duplicates: 0  Warnings: 0

Query OK, 0 rows affected (0.00 sec)

mysql>
```

图 9-19　导入 Ambari 数据库

第十四步：启动 Ambari，如示例代码 CORE0917 所示。

示例代码 CORE0917 启动 Ambari

```
[root@master ~]# ambari-server start
```

结果如图 9-20 所示。

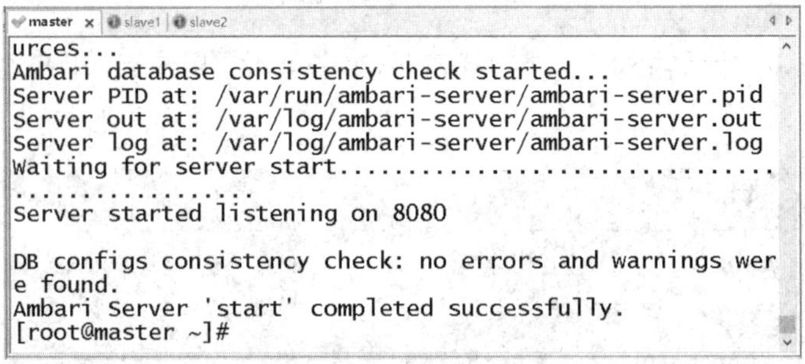

```
urces...
Ambari database consistency check started...
Server PID at: /var/run/ambari-server/ambari-server.pid
Server out at: /var/log/ambari-server/ambari-server.out
Server log at: /var/log/ambari-server/ambari-server.log
Waiting for server start..............................
..................
Server started listening on 8080

DB configs consistency check: no errors and warnings wer
e found.
Ambari Server 'start' completed successfully.
[root@master ~]#
```

图 9-20　启动 Ambari

第十五步：使用浏览器访问 http：//master：8080，进入 Ambari 登录界面，Ambari 默认登录名为：admin，密码为：admin，登录成功后点击 Launch Install Wizard 按钮创建集群。如图 9-21 所示。

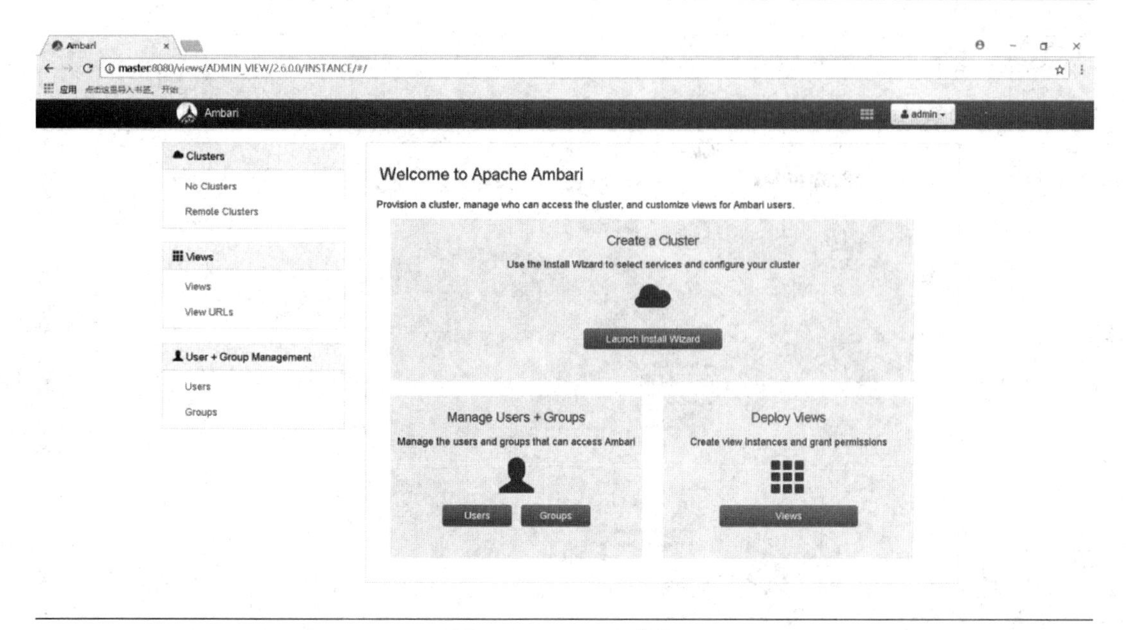

图 9-21　Ambari 主页

第十六步：输入集群名称，点击 Next 进行下一步，如图 9-22 所示。

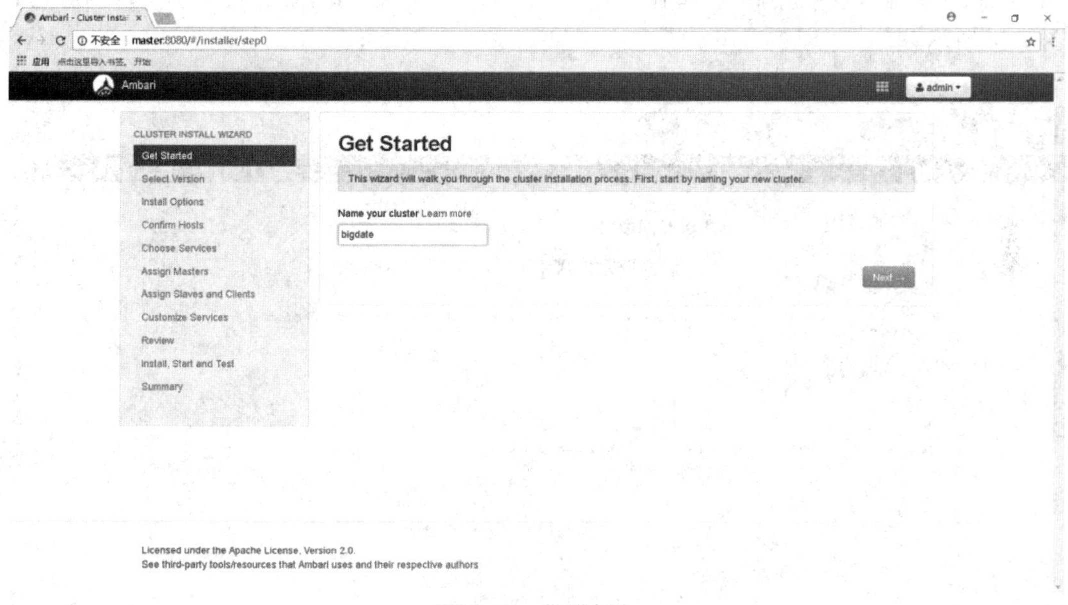

图 9-22　集群名称

第十七步：选择 HDP2.6，Repositories（库文件），挑出 redhat7 库文件，将其余库文件全部移除并选择使用本地资源库，在 Base URL 处分别输入如下内容，如图 9-23 所示。

HDP-2.6	http://master/ambari/HDP/centos7/2.6.3.0-235
HDP-UTILS-1.1.0.21	http://master/ambari/HDP-UTILS

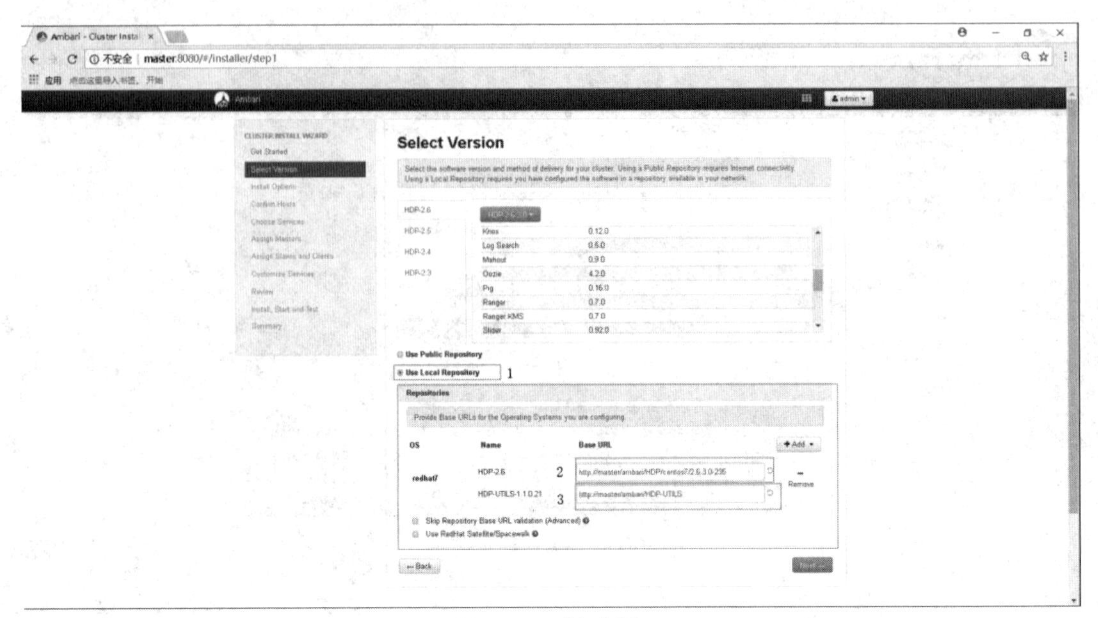

图 9-23 选择版本

第十八步：安装选项，在 Target Hosts 中输入集群中机器的主机名，在 Host Registration information 中输入密钥文件内容，在终端中输入 cat /root/.ssh/id_rsa 查看密钥文件内容，如图 9-24 所示。

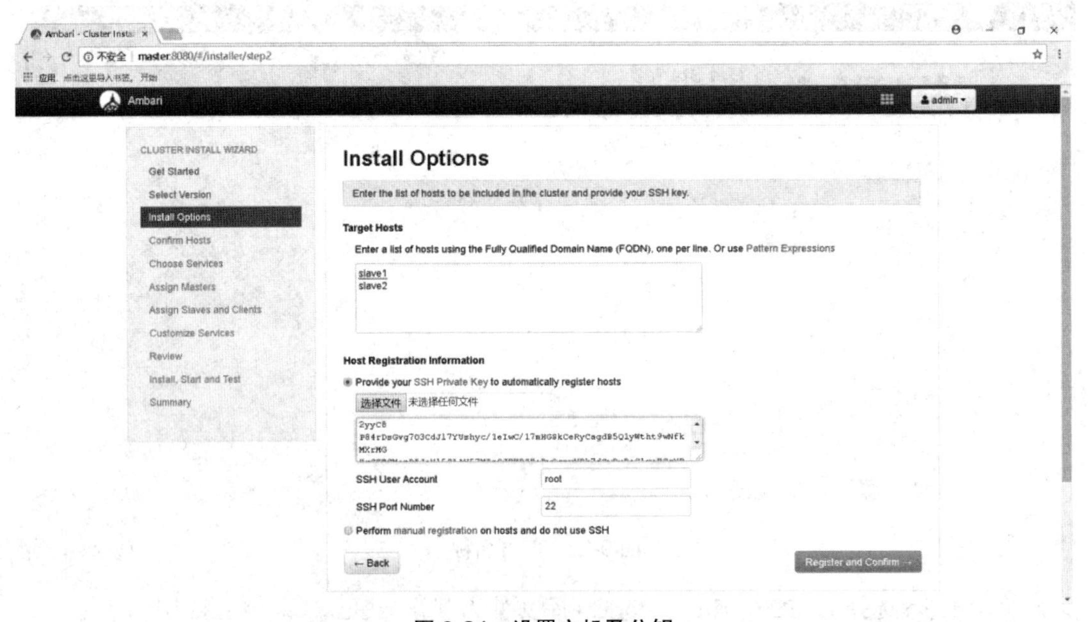

图 9-24 设置主机及公钥

第十九步：确认主机，等待确认主机能够通信后点击 Next 按钮进行下一步，如图 9-25 所示。

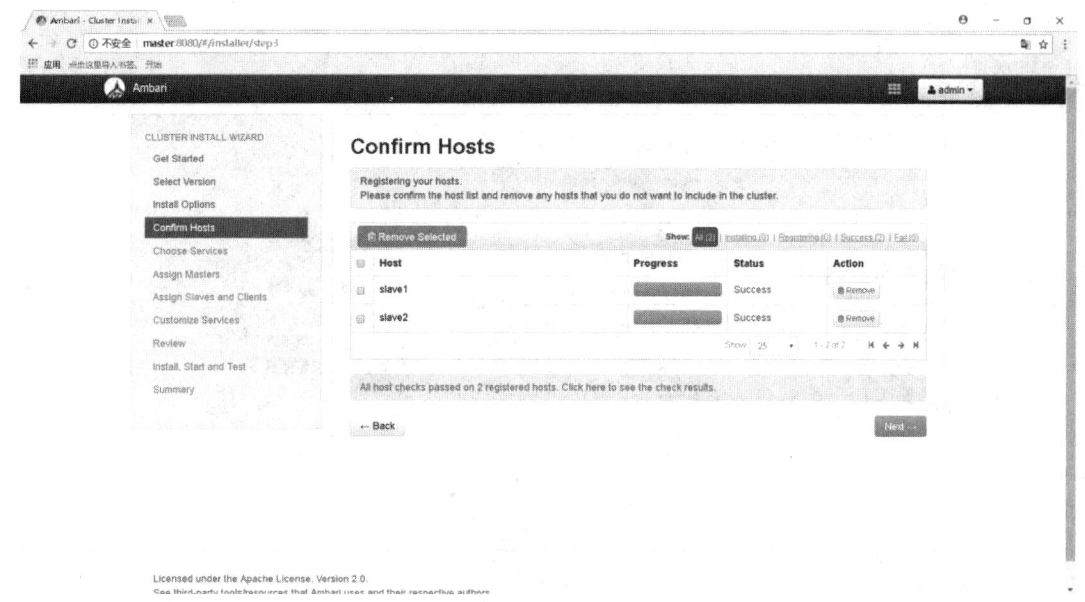

图 9-25　注册主机

第二十步：选择集群中需要安装的服务，选择完成后，点击 Next，如图 9-26 所示。

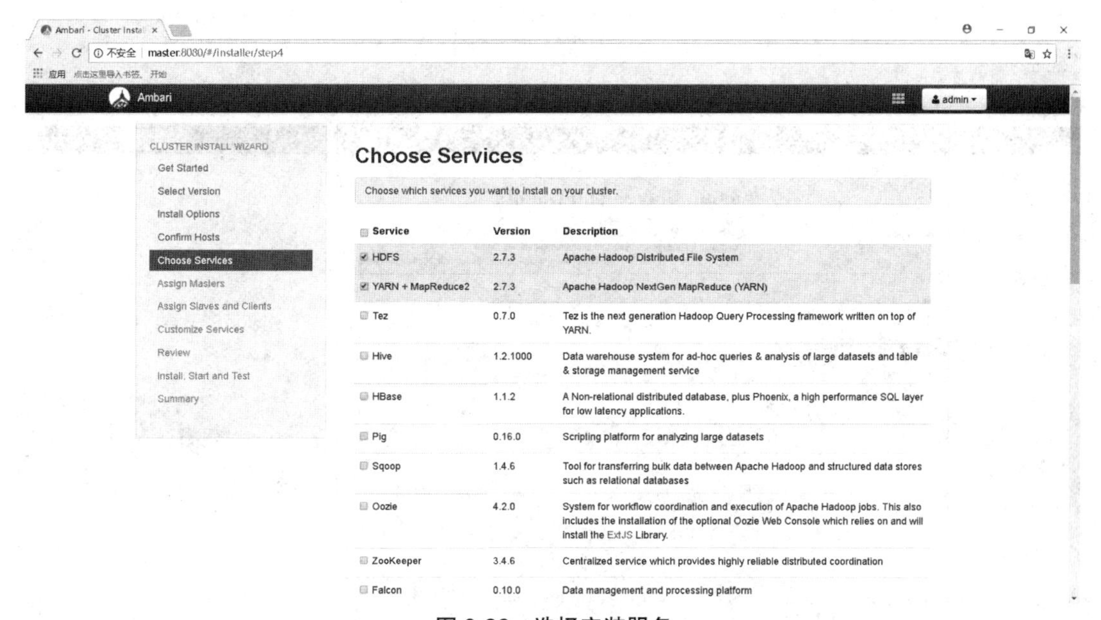

图 9-26　选择安装服务

第二十一步：分配主节点（Assign Masters），此项默认选择即可，点击 Next，如图 9-27 所示。

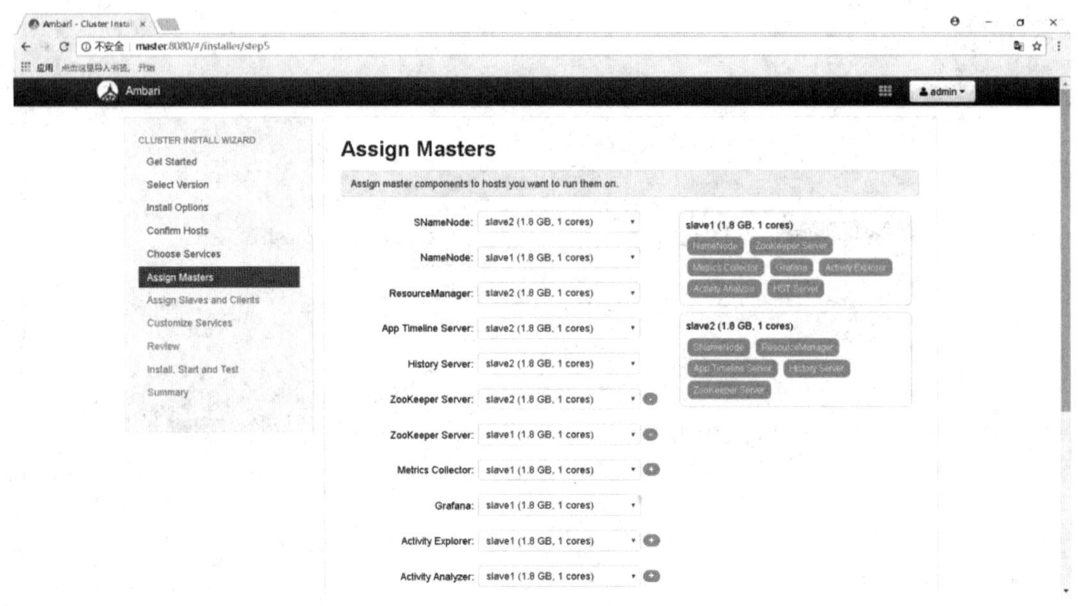

图 9-27　分配节点

第二十二步：分配分支节点与客户端节点（Assign Slaves and Clients）后，点击 Next，如图 9-28 所示。

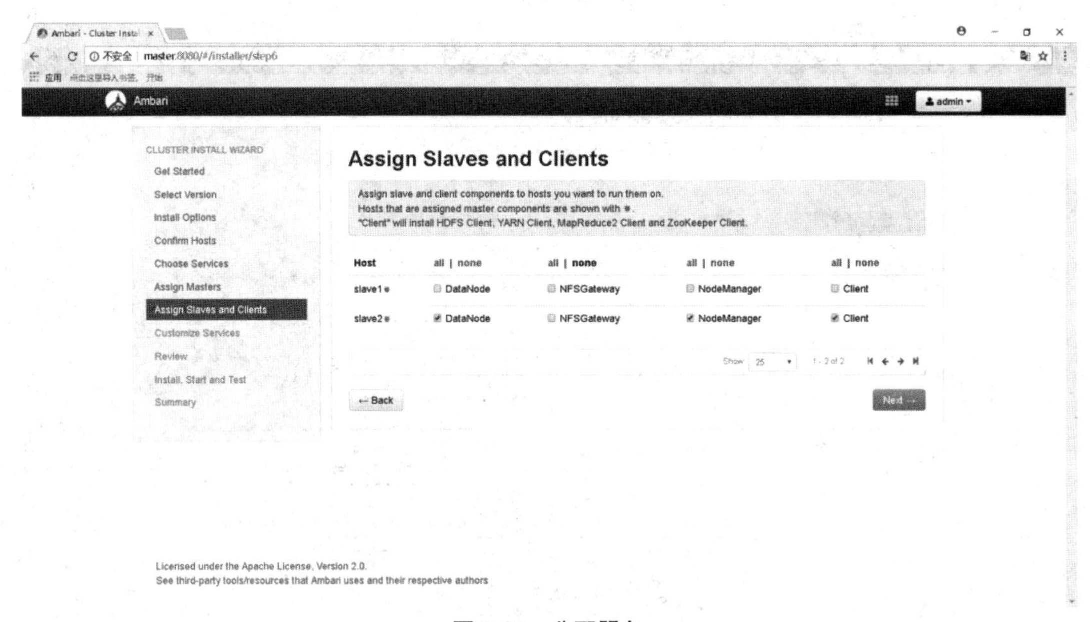

图 9-28　分配服务

第二十三步：确认配置（Review），确认配置正确后，点击 Deploy 进行下一步，如图 9-29 所示。

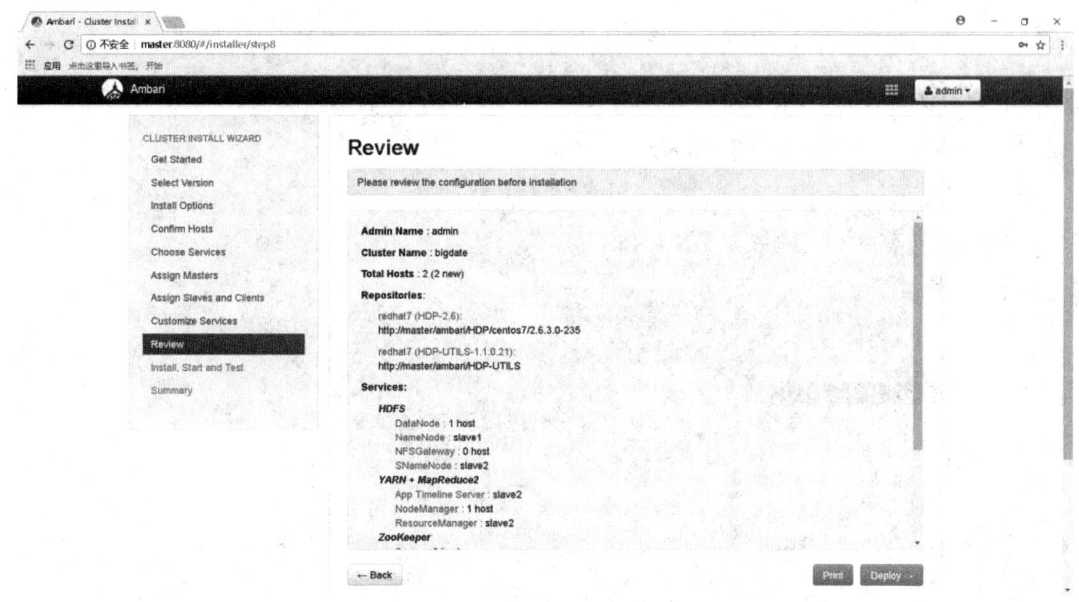

图 9-29　确认配置

第二十四步：安装、启动、测试（Install，Start and Test），此阶段时间消耗较长，会安装选择服务阶段选择的服务，完成后点击 Next，如图 9-30 所示。

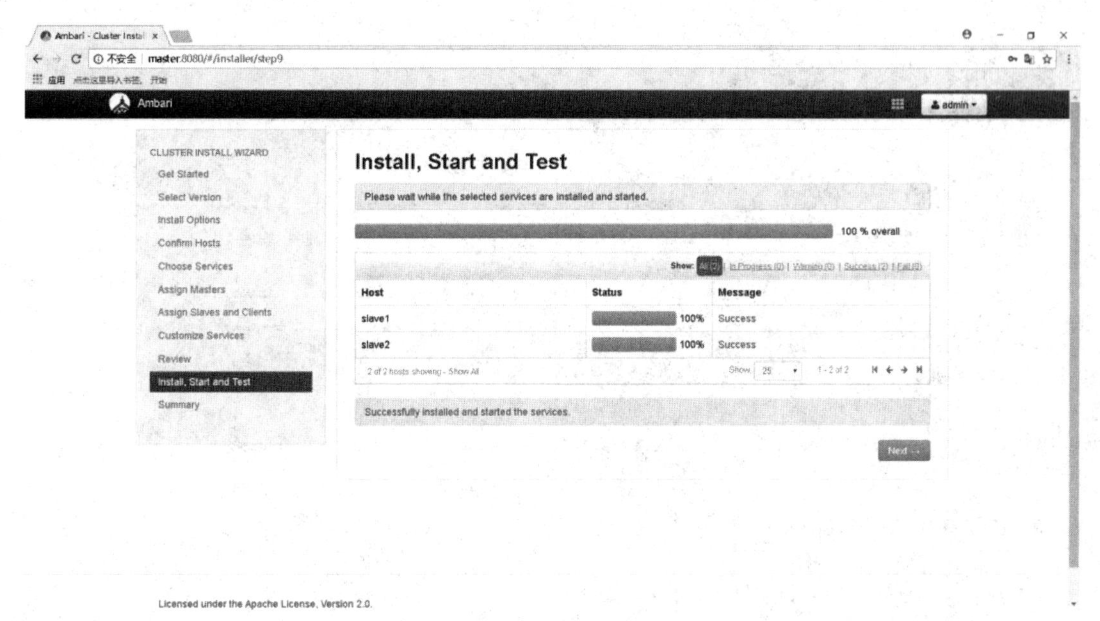

图 9-30　启动测试

第二十五步：安装过程总结，可查看不同服务安装在哪些节点，点击 Complete 完成集群的搭建，如图 9-31 所示。

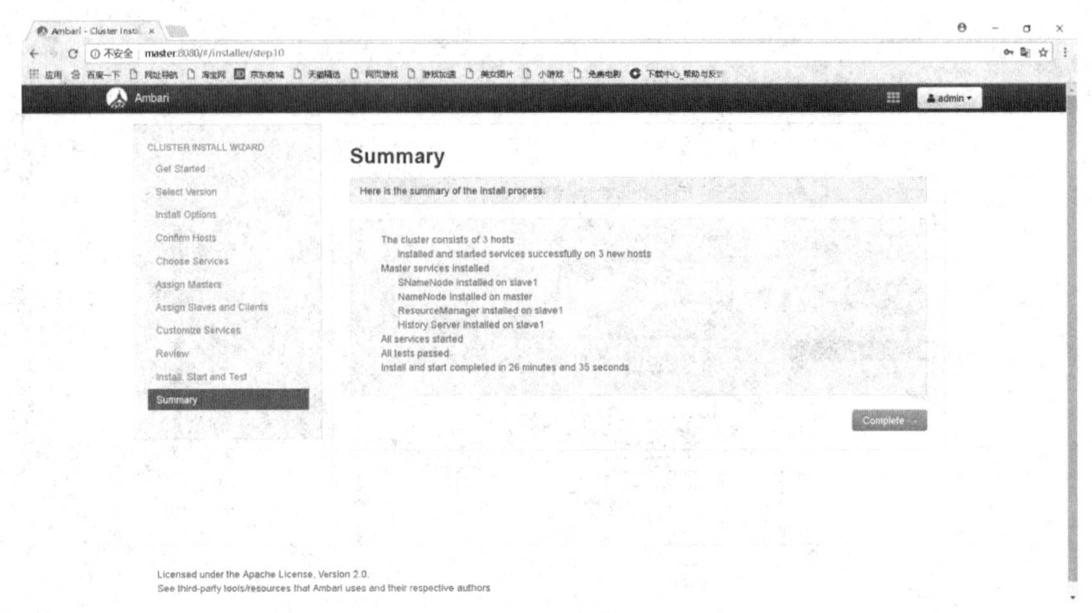

图 9-31 安装总结

第二十六步:集群搭建完成,可在主页面查看 HDFS 磁盘使用情况、数据节点详情、HDFS 连接、等集群详细相关参数,如图 9-32 所示。

图 9-32 搭建完成

至此 Ambari 大数据搭建利器已经部署成功并使用其完成了数据集群的搭建,最终效果如图 9-1 所示。

本项目主要介绍了 Yum 和 Ambari 的相关知识，详细描述了 Yum 源配置和 Ambari 的搭建方法并对 Ambari 与 CDH 的区别进行了对比。最终完成了 Ambari 的配置，并使用 Ambari 完成大数据集群的搭建。

binary	二进制	restart	重新启动
update	更新	mode	模式
install	安装	rebalance	重新平衡
remove	移除	platform	平台
core	核心	launch	发射
privileges	特权	repositories	库
headers	标题	registration	注册
metrics	指标	information	消息
dashboard	仪表盘	assign	分配
uptime	正常运行时间	review	回顾
actions	操作	complete	完成
components	组件	grant	授予

1. 选择题

（1）在 Yum 常用指令中使用（　　）列出可安装或可更新的 RPM 包。

A. yum list　　B. yum list updates
C. yum info updates　　D. yum info installed

（2）客户端每次调用 yum install 时，会解析 /etc/yum.repos.d 目录下所扩展名为（　　）的文件。

A. txt　　B. xml　　C. word　　D. repo

（3）Ambari 目前不支持（　　）组件的安装。

A. Kafka　　B. Sqoop　　C. ZooKeeper　　D. MySQL

（4）HDP 的设计、开发均是在完全开源的情况下完成的，它以（　　）作为架构中心，HDP 支持一系列处理方法——批处理、交互式处理、实时处理。

A. YARN　　B. Hadoop　　C. Sqoop　　D. Storm

（5）Ambari 不能对集群的（　　）进行监控。

A. HDFS 磁盘使用情况　　B. NameNode 正常运行时间

C. ResourceManager　　D. MySQL 数据量

2. 填空题

（1）Yum 是一个用于 CentOS、RedHat 等 Linux 系统中的 Shell 前端软件包 ________。

（2）Yum 会定期更新 Yum 服务器中的 RPM 包清单，然后将更新后的清单保存到 _____。

（3）在环境搭建完成后无法确定所安装的服务是否可用，可通过运行 ________ 测试服务是否可用。

（4）HDP 的设计、开发均是在完全开源的情况下完成的，它以 YARN 作为架构中心，HDP 支持一系列处理方法——__________、__________、__________。

3. 简答题

（1）Yum 的概念和作用。

（2）Ambari 可视化界面的优点。

项目十　企业级 Hadoop 调优方案

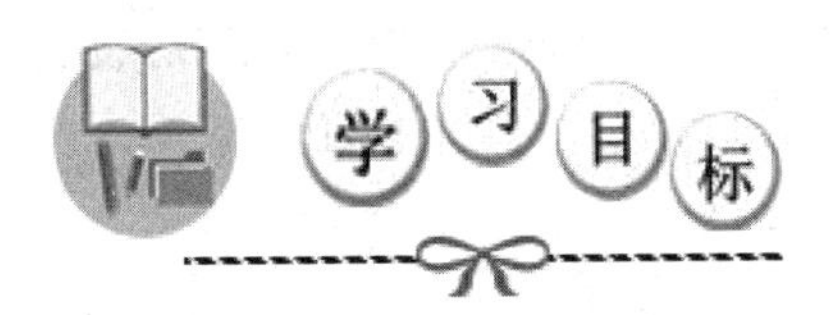

通过对本项目的学习，了解硬件调优、性能调优和管理员调优的区别，熟悉 3 种调优方法的原理，熟悉 Hadoop 调优的配置参数及其含义，掌握调优不同方法的操作，在任务实施过程中：

- 掌握 Linux 系统优化方式；
- 掌握配置优化方式；
- 掌握管理集群方式；
- 掌握作业调优与任务调优方法。

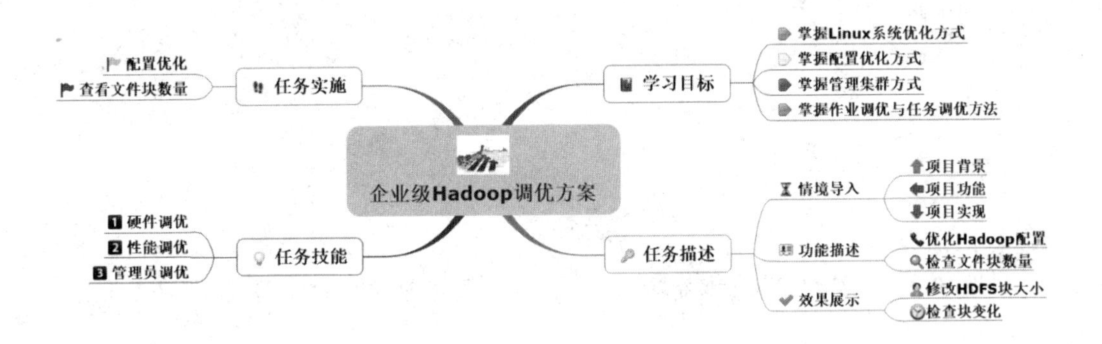

【情景导入】

数据量对性能有着直接影响。Hadoop 集群需要处理的数据量越大，对性能优化的需求越大。性能优化是指在维持正常生产的同时，通过“硬件优化”“性能调优”等方式寻求最佳操作方法，以达到使性能更加优化的目的。本项目主要通过对配置属性的调优，完成对 Hadoop 集群的优化。

【功能描述】

- 优化 Hadoop 配置。
- 检查文件块数量。

【结果展示】

通过本次任务的学习，修改配置文件信息 HDFS 块大小，解决 Hadoop 由于数据量过大产生的元数据处理负载问题。优化对比如图 10-1（优化前）和图 10-2（优化后）所示。

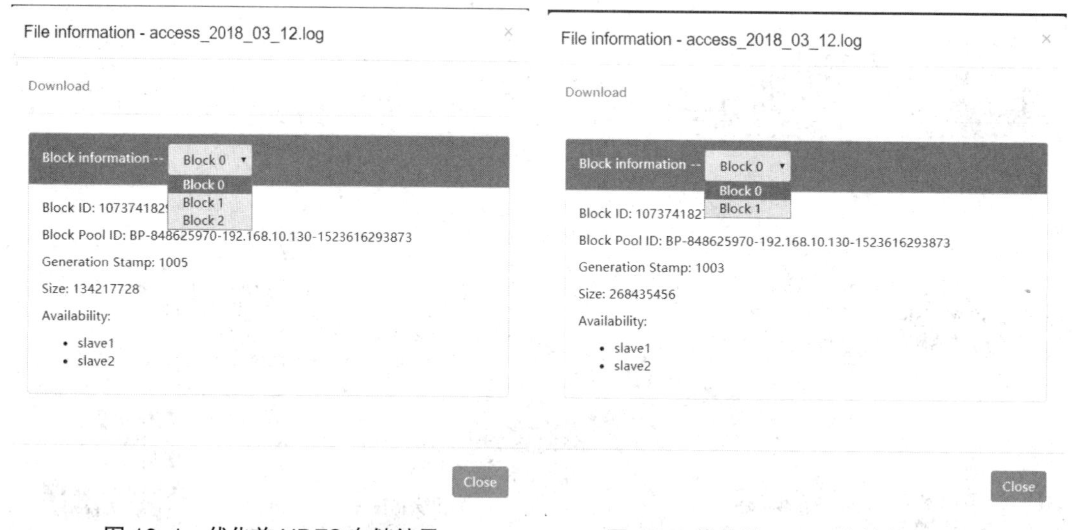

图 10-1 优化前 HDFS 存储结果

图 10-2 优化后 HDFS 存储结果

技能点一　硬件调优

大数据性能优化技术分为两个层面，其一是通过硬件和系统层面的观察，发现大数据集群的性能缺陷，从而便于进行硬件和系统方面的调整；其二是通过对软件版本的选择和架构的调整达到优化的目的。

1. 硬件选择

1）主从节点服务器选择

在选择集群主从节点时，主节点的可靠性应高于从节点且应根据实际需要选择服务器，做到低投入、高回报。

2）节点选择

主节点 NameNode 的内存是决定集群保存文件数量的重要标准，同时 Resource Manager 在运行时会消耗主节点的一定内存。

从节点的内存选择要根据 CPU 的虚拟核心数量进行。具体计算公式见表 10-1。

表 10-1　内存与 CPU 核心数计算公式

条件	内容
CPU 核心数计算公式	CPU 核心数 =CPU 个数 * 单 CPU 核数 *HT（超线程数）
内存计算公式	内存大小 =CPU 核心数 *2 GB（最低为 2 GB 内存）

集群规模

大数据集群的规模应根据数据量确定，假设集群起始有 1 TB 数据，且每天增加 10 GB，一年将会达到：（1 TB+10 GB*365）*3=14 TB 数据，乘以 3 是考虑到了备份的数量（根据数据备份数量得来），假设现有每台服务器的内存为 1 TB，那么最少需要 14/1=14 台数据节点才能保证这一年之内的数据存储，另外为满足集群要求，还需增加两个节点分别做 NameNode 和 Secondary NameNode，本集群节点数量等于 14+2=16 个节点，完整公式如下。

```
1 TB+10 GB*365=4 650 GB  # 初始数据量加年增长数据量得到年数据量
4 650 GB*3=13 950 GB  #*3 考虑到备份数量，四舍五入取 14 000 GB
14 000 GB/1 000 GB=14  #1 000 GB 为一台节点的内存大小，最后得到需要使用的数据节点个数
14+2=16  # 为满足集群的高可用要求，需要再增加两个节点分别作 NameNode 和 SecondartNode，最后得到集群节点数量为 16 个。
```

2. Linux 系统优化

Linux 常用的系统优化方法有禁用进程节约资源、关闭 GUI、优化 Exim 服务器性能和远程备份，详解如下。

1）禁用进程节约资源

每台服务器再开机时都会启动许多不必要的守护进程，对 CPU 和内存的消耗非常巨大，因为每个服务都存在会被黑客利用的漏洞，所以在服务器上禁用这些服务，这样做能有以下的好处：①能够加快启动速度，释放内存，减少 CPU 的负荷；②会因守护进程减少、服务器可被攻击的漏洞也会减少，从而增强了服务器的安全性。查看、禁用、启动进程，常用命令见表 10-2。

表 10-2 进程指令

指令	解释
ps	查找与进程相关的 PID 号
ps a	显示现行终端机下的所有程序
ps -A	显示所有程序
ps c	列出程序时显示每个程序的指令名称
ps u	以用户为主的格式显示程序状况
ps x	显示所有程序，不以终端机来区分

2）关闭 GUI

一般情况下 Linux 服务器是不需要图形界面的，所有管理操作均可在命令窗口完成，因此最好关掉 GUI（图形界面），有助于节约内容消耗，禁用 GUI 操作流程如下。

（1）临时关闭 GUI，操作过程可在虚拟机中看到直观效果。

（2）启动 GUI，操作过程可在虚拟机看到直观效果。

步骤	示例代码 CORE1001 禁用 GUI
1	[root@master ~]# init 3
2	[root@master ~]# startx

3）优化 Exim 服务器性能

使用 DNS 缓存守护进程，可以有效地节约解析 DNS 记录的带宽和 CPU 时间，DNS 会

清除根节点的记录，从而改善网络性能。Djbdns 是一个非常强大的 DNS 服务器，其具有 DNS 缓存功能，且比 BIND DNS 服务器更安全、性能更好。

4）远程备份

为了保证文件的绝对安全，会将部分数据通过 scp 命令传输到安全性较高的远程服务器上，这样就可以防止因黑客攻击而造成数据不可恢复的问题。

3. 配置优化

用户可以通过修改 Hadoop 的配置文件来提高性能。通常修改配置文件主要有 3 个：core-site.xml、hdfs-site.xml、mapred-site.xm，下面分别介绍这 3 个文件常用的参数配置。

1）core-site.xml

该文件能够设置 Hadoop 中的一些基本参数，与 Hadoop 部署密切相关，但在性能优化等方面的效果不是很明显，调优参数及说明见表 10-3。

表 10-3　core-site.xml 调优参数

参数	说明	建议配置
fs.default.name	主节点地址	master
hadoop.tmp.dir	集群的临时文件存放目录	/usr/local/hadoop/tmp
io.file.buffer.size	系统 I/O 的属性，读写缓冲区的大小	131072
io.seqfile.compress.blocksize	块压缩时块的最小块大小	1024000
io.seqfile.lazydecompress	压缩块解压的相关参数	True

2）hdfs-site.xml

该文件与 HDFS 分布式文件系统密切相关，其中参数的设置对集群性能具至关重要的影响，调优参数及说明见表 10-4。

表 10-4　hdfs-site.xml 调优参数

参数	说明	建议配置
dfs.name.dir	指定 name 镜像文件存放目录	默认为 core-site 中配置的 tmp 目录
dfs.replication	hdfs 数据块的备份数量	3
dfs.block.size	每个文件块的大小	128 MB
dfs.namenode.handler.count	NameNode 节点上面为处理 DataNode 节点的远程调用的服务线程数量	20
dfs.datanode.max.xcievers	相当于 Linux 下的打开文件最大数量	300
dfs.datanode.handler.count	DataNode 节点的远程调用开启的服务线程数量	3

3）mapred-site.xml

该配置文件对集群的性能影响十分巨大，因为其与 MapReduce 计算模型密切相关，调优参数及说明见表 10-5。

表 10-5 mapred-site.xml

参数	说明	建议配置
mapred.job.tracker	Job Tracker 地址	hdfs://master:8021
mapred.job.tracker.handler.count	Job Tracker 服务的线程数	15
mapred.map.tasks	默认每个 Job 所使用的 Map 数	2
mapred.reduce.tasks	每个 Job 的 Reduce 任务数量	2
mapred.tasktracker.map.tasks.maximum	一个 Task Tracker 上可以同时运行的 Map 任务的最大数量	2
mapred.tasktracker.reduce.tasks.maximum	一个 Task Tracker 上可以同时运行的 Reduce 任务的最大数量	2
io.sort.mb	Map Task 缓存区所占内存大小	200 MB
io.sort.factor	文件合并时一次合并的文件数目	100

配置优化方式可通过扫描下方二维码进行了解。

技能点二 性能调优

Hadoop 机架感知实现及配置：通常大型的分布式集群都会跨好几个机架，由多个机架上的机器共同组成一个分布式集群。由于受到机架槽位和交换机网口的限制，机架内的机器之间的网络速度通常都会高于跨机架机器之间的网络速度，并且机架之间机器的网络通信通常受到上层交换机之间网络带宽的限制。

1. 作业调优

Hadoop 为用户作业提供了多种可供配置的参数，用户可根据实际作业特点调整参数配置，使作业工作效率达到最优。

1）文件副本数调整

针对文件副本的调整达到作业调优的效果。若单个作业并行任务数量过多，会造成多任务同时读取同一个文件而导致的效率降低。为防止这种情况的发生，用户可根据需要增加输入文件的副本数量。

2）推测执行机制

推测执行是 Hadoop 对执行效率较低的任务的优化机制，当同作业的某些任务执行效率明显落后于其他任务时，Hadoop 会为效率较低的任务在其他节点启动备份任务，两个任务对同一个数据同时进行处理，Hadoop 会将最先完成任务的结果作为最终结果并停止另一任务。

3）失败容忍

失败容忍是指 Hadoop 能够接受作业级别和任务级别的失败比例。失败容忍主要在两个方面体现作业级别和任务级别。作业级别的失败容忍是指每个作业都允许特定比例的任务运行失败；任务级别的失败容忍是指任务失败后，在另外一个节点尝试运行失败任务，如果经过多次尝试均运行失败，那么 Hadoop 才会认为该任务运行失败，用户应根据实际需求合理配置失败容忍度，以达到快速完成任务且节约资源的目的。

4）任务超时

任务超时指某一个任务在特定时间内对未完成任务进度进行汇报，则该任务会被 Task Tracker 主动结束并在另一节点重新启动执行。用户可根据实际需要配置任务超时时间。

5）作业优先级

Hadoop 作业调度器会根据作业优先级进行任务调度。作业优先级越高，能够获取的资源（slot 数目）也越多。Hadoop 提供了 5 种作业优先级别，分别为 VERY_HIGH、HIGH、NORMAL、LOW、VERY_LOW。在生产环境中，管理员会按照作业的重要程度进行分级，根据作业重要程度的不同，所分配的优先级也不同，用户可根据实际需求进行调整。

6）坏记录处理

Hadoop 拥有非常强大的坏记录处理能力，当因遇到一条或几条坏数据记录导致任务运行失败时，Hadoop 会自动识别并跳过这些坏记录。

7）HDFS 审计日志

HDFS 审计日志是一个和进程分离的日志文件，默认为关闭状态，启动后用户的所有请求都会记录到审计日志中，通过审计日志可以发现某用户或某 IP 进行了哪些操作，比如：数据在什么地方、什么时间、被谁删除和分析哪些 Job 在密集地对 NameNode 进行访问。

8）输出文件压缩

压缩可以节约网络和磁盘的输入和输出，常用的压缩格式有以下 4 种，分别是 Gzip、Snappy、Lzo 和 Bzip2，常用压缩格式特征见表 10-6。

表 10-6　压缩格式特征

压缩格式	压缩率	Hadoop 自带	Linux 命令	压缩后原程序是否需要修改
Gzip	低	是	有	无须修改
Lzo	中	否	有	需要建立索引并指定输入格式
Snappy	中	否	无	无须修改
Bzip2	高	是	有	无须修改

2. 任务调优

Hadoop 任务级别参数调优分为两个方面：Map Task 调优和 Reduce Task 调优。

1）Map Task 调优

Map 运行期间分为 5 个阶段（read、map、collect、spill、merge）。修改任务执行过程中会产生中间数据，这些中间结果并不会被直接写入磁盘中，而是会先暂存到缓存中，并在缓存中进行预排序从而达到优化 Map 的性能的目的（存储 Map 中间数的缓存大小默认为 100 MB，也可根据实际需求进行调整）。当 Map 任务产生了较大中间数据时可根据数据大小由 io.sort.mb 参数调整缓存大小，使缓存能够容纳大量的 Map 中间数据，而不必频繁地读写磁盘。在磁盘读写速度较慢时，可根据实际情况调整该参数，减少读写磁盘的频率，从而提升性能。

Map 任务运行时，中间结果会预先保存到缓存中，当缓存的使用率达到 80% 时，中间结果就会写入到磁盘，这个过程称之为溢出（spill）。通过对 io.sort.spill.percent 参数的调整可以影响 spill 的频率，进而可以影响读写的频率。

Map 任务完成计算并有输出结果时，会产生多个 spill。然后 Map 必须将这些 spill 通过并行处理合并（merge），merge 每次并行处理 spill 的数量由参数 io.sort.factor 指定（默认为 10 个）。当有大量 spill 时，merge 过程会同时并行运行 10 个 spill，会造成频繁的进行读写操作，因此根据实际需求调整并行处理 spill 的数量可以提升 Map 的性能。

Map Task 调优参数含义及默认值见表 10-7。

表 10-7　Map Task 调优参数

参数名称	参数含义	默认值
io.sort.spill.percent	缓冲区限额比例	0.8
mapred.conmpress.map.output	是否压缩 Map Task 中间输出结果	False
mapred.mao.output.compression.codec	设置压缩器	基于 Zlib 的 DefauleCodec
Io.sort.factor	文件合并时一次合并的文件数目	10
mapred.max.map.failures.percent mapred.max.reduce.failures.percent	作业最多允许失败的 Map Task 和 Reduce Task 比例	0
mapred.map.max.attemps mapred.reduce.max.attemps	一个 Map Task 或则 Reduce Task 最多尝试次数	4
Mapred.map.tasks.speculative.execution Mapred.reduce.tasks.spculative.execution	Map Task 和 Reduce Task 启动推测执行	True
mapred.job.reuse.jvm.num.tasks	1 表示每个 JVM 只能启动一个 Task；若为 -1，则表示每个 JVM 最多可运行 Task 数目不受限制	1
Mapred.task.timeout	设置任务超时时间	600 000 ms
Mapred.ignore.badcompress	忽略输入文件压缩错误	False

2）Reduce Task 调优

Reduce 运行分为 5 个阶段：shuffle（copy）、merge、sort、reduce、write。

shuffle 阶段会拷贝 Map 任务执行完成后产生的中间结果，如果 Map 任务对中间结果进行了压缩，Reduce 首先会将 Map 任务产生的中间结果在缓存中进行解压，解压过程会占用一部分 CPU。为了提升 Reduce 的执行效率，Reduce 不会等到所有 Map 数据全部拷贝完成后才开始 Reduce 任务，而是在执行完第一个 Map 任务后开始运行。在 Reduce 的 shuffle 阶段会从已经完成的不同 Map 上并行下载数据，这个并行的线程可通过 mapred.reduce.parallel.copies 参数指定，默认情况下每次只能有 5 个 Reduce 线程去拷贝 Map 的中间结果。当 Map 任务数量较多时可根据实际需求调整该参数，做到让 Reduce 快速高效完成数据处理的任务。

Reduce 线程在下载 Map 数据时会因网络、系统或 DataNode 故障导致 Reduce 任务无法获取 DataNode 上的数据。这时 download thread 会尝试从其他节点下载。若集群网络状况较差，可通过 mapred.reduce.copy.backoff 参数根据实际需求调整线程下载超时时间，避免因下载时间超时 Reduce 误判为下载失败。

由于 Reduce 线程下载 Map 结果到本地时是多线程并行下载，所以需要将下载完成的数据进行合并（merge）。因此 Map 阶段的 io.sort.factor 也同样影响 Reduce。

同 Map 一样缓冲区不会等到完全被占满时才开始写入磁盘，默认情况下是完成 66% 时开始写入到磁盘，该参数可通过 mapred.job.shuffle.merge.percent 参数根据实际需求指定。

Reduce 开始计算任务时，可通过 mapred.job.reduce.input.buffer.percent 参数设置，使用多少内存作为 Reduce 读取已经 sort 完成的数据的 buffer 百分比，该值默认为 0。Hadoop 假设用户的 reduce（）函数需要所有的 JVM（JAVA 虚拟机）内存，因此执行 reduce（）函数前要释放所有内存。如果设置了该值，可将部分文件保存在内存中（不必写到磁盘上）。

Reduce Task 调优参数含义及默认值见表 10-8。

表 10-8　Reduce Task 调优参数

参数名称	参数含义	默认值
mapred.reduce.parallel.copies	Reduce Task 同时启动的数据拷贝线程数目	5
mapred.job.shuffle.input.buffer.percent	ShuffleRamManager 管理的内存占 JVM Heap Max Size 的比例	0.7
mapred.job.shuffle.merge.percent	当内存使用率超过该值后，会触发一次合并，以将内存中的数据拷贝到磁盘	0.66
mapred.inmem.merge.thredhold	当内存中文件超过该阈值，会触发一次合并，将内存中的数据写到磁盘上	1 000
mapred.job.reduce.input.buffer.percent	在 Reduce 过程中，在内存中保存 Map 输出的空间占整个堆空间的比例	0
mapred.reduce.slowstart.completed.maps	设置 Reduce Task 的启动时机	0.05
mapred.job.priority	设置作业优先级	NORMAL

技能点三　管理员调优

管理员负责给用户提供一个高效的运行环境,通过调整关键参数提高系统的性能。为提高性能,管理员需从 JVM 参数调优和 Hadoop 参数调优两个角度入手,为 Hadoop 用户提供一个高效的作业运行环境。

1. JVM 参数调优

Hadoop 中每个任务和服务均会运行在一个单独的 JVM 中,因此 JVM 的重要配置会直接影响 Hadoop 性能。管理员可对 JVM FLAGS 和 JVM 进行调整以提高 Hadoop 性能。

2. Hadoop 参数调优

Hadoop 参数调优分为槽位数目调整、配置健康监测脚本和调整心跳配置,以下是对它们的详细介绍。

1)槽位数目调整

Hadoop 中计算资源以 Slot 表示。Slot 分为两种:Map Slot 和 Reduce Slot。相同 Slot 代表的资源是相同的,管理员需要根据实际需求调整 Task Tracker 的 Map Slot 和 Reduce Slot 数量,从而限制每个 Task Tracker 上并发执行的 Map Task 和 Reduce Task 的数目。

2)配置健康监测脚本

Hadoop 允许为每个 Task Tracker 节点配置健康检测脚本。Task Tracker 包含专门的线程周期执行该脚本,并将执行结果通过心跳机制汇报给 Job Tracker, Job Tracker 一旦发现某个 Task Tracker 当前处于非健康状态,则会将其加入黑名单,不再为它分配任务。

3)调整心跳配置

根据实际需要调整与集群规模适度的心跳间隔。为了减少任务分配延迟,Hadoop 引入了能够在任务运行结束或者任务运行失败时触发的带外心跳机制,启用带外心跳能够在出现空闲资源时,第一时间通知 Job Tracker,以便能够迅速地为空闲资源分配任务。

3. 磁盘块配置

对于读写密集型的任务来说, Map Task 要将中间结果写到本地磁盘,会给本地磁盘造成很大压力,管理员可配置多块磁盘。Hadoop 将采用轮询方式将不同 Map Task 的中间结果写到磁盘,从而平分负载。

4. 启用批量任务调度

调度器是 Hadoop 的核心组件之一,负责将空闲的资源分配给各个任务。当前 Hadoop 提供了默认的 FIFO 调度器、Fair Scheduler、Capacity Scheduler 等,调度器的效率决定了系统吞吐率。为了将空闲资源尽量分配给任务, Hadoop 支持批量任务调度,一次将所有空闲任务分配,而不是一次只分配一个。

本次任务通过以下步骤对大数据集群可通过多途径进行优化，其中包括硬件选择 Linux 系统配置、参数配置和管理员维护等，以下任务主要实现了对 HDFS 分布式文件系统文件块大小的优化，达到资源的充分利用。

第一步：使用 SecureFX 上传准备好的日志文件 access_2018_03_12 至 Linux 系统 /usr/local 目录下。如图 10-3 所示。

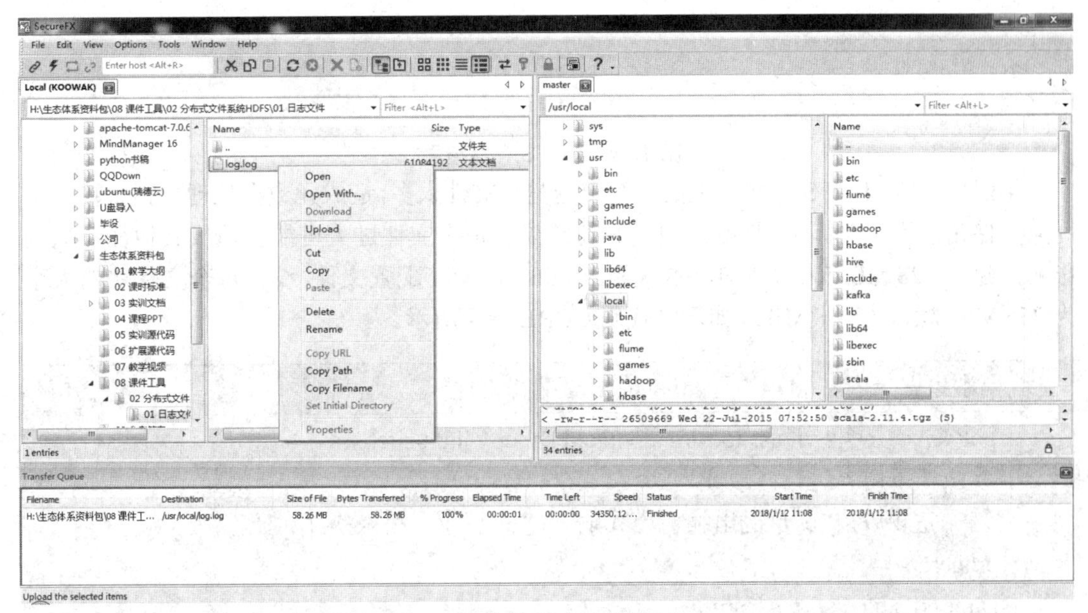

图 10-3　上传日志文件到 Linux

第二步：在 HDFS 上创建新目录 test，如示例代码 CORE1002 所示。

示例代码 CORE1002 在 HDFS 上创建新目录 test

```
[root@master ~]# hadoop fs –mkdir /test
```

第三步：上传日志文件 access_2018_03_12 至 HDFS 的 test 目录下，如示例代码 CORE1003 所示，HDFS 存储结果如图 10-4 所示。

示例代码 CORE1003 上传日志文件至 HDFS

```
[root@master ~]# hadoop fs –put /usr/local/access_2018_03_12 /test
```

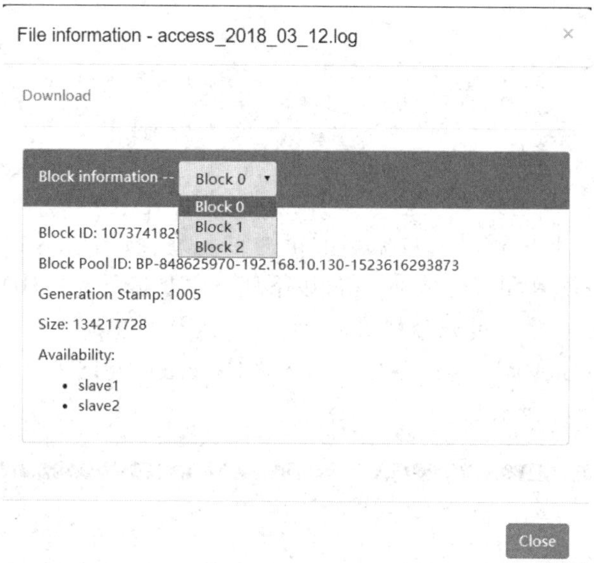

图 10-4 HDFS 存储结果

第四步：现在 HDFS 里比较大的一个问题是小文件太多，造成元数据处理负担太重。单纯从存储角度看，文件越大越好。但是其他结果也指出文件过大可能会造成其他任务受到影响。建议 128 MB 或 256 MB。本次修改 hdfs-site.xml 配置文件，设置每个文件块的大小为 256 MB（默认为 128 MB），如示例代码 CORE1004 所示。

示例代码 CORE1004 修改 hdfs-site.xml 配置文件

```
[root@master ~]# vi /usr/local/hadoop/etc/hadoop/hdfs-site.xml
# 参照如下内容进行修改或增加
# 编辑完成后按“esc”退出编辑模式输入：“：wq”按回车键保存退出
<property>
<name>dfs.block.size</name>
<value>256m</value>
</property>
```

结果如图 10-5 所示。

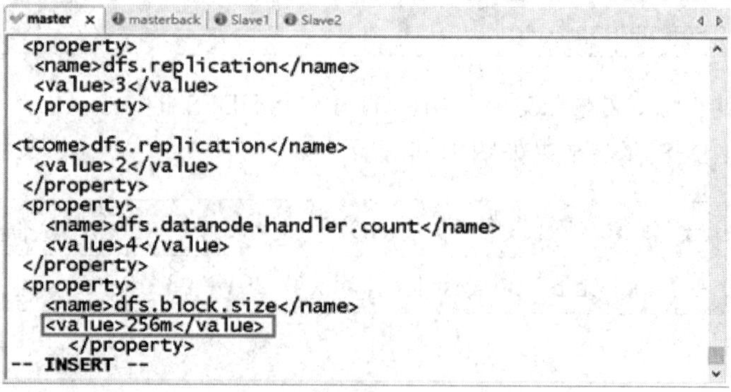

图 10-5 hdfs-site.xml

第五步：重新启动 Hadoop 集群服务，如示例代码 CORE1005 所示。

示例代码 CORE1005 重新启动 Hadoop 集群服务

```
[root@master ~]# stop-all.sh
[root@master ~]# start-all.sh
```

第六步：在 HDFS 创建新的存储文件目录 test1，如示例代码 CORE1006 所示。

示例代码 CORE1006 在 HDFS 创建新的存储文件目录 test1

```
[root@master ~]# hadoop fs –mkdir /test
```

第七步：重新上传日志文件 access_2018_03_12 至 HDFS 的 test1 目录下，如示例代码 CORE1007 所示，HDFS 存储结果如图 10-6 所示。

示例代码 CORE1007 上传日志文件至 HDFS

```
[root@master ~]# hadoop fs –put /usr/local/access_2018_03_12 /test1
```

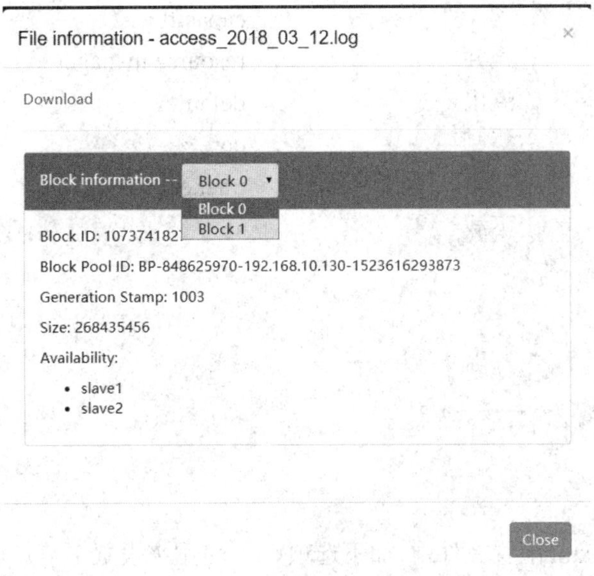

File information - access_2018_03_12.log

Download

Block information -- Block 0

Block 0
Block 1

Block ID: 107374182

Block Pool ID: BP-848625970-192.168.10.130-1523616293873

Generation Stamp: 1003

Size: 268435456

Availability:

- slave1
- slave2

Close

图 10-6　HDFS 存储结果

至此对 HDFS 文件系统的优化已经完成，本次任务主要对 HDFS 文件块的大小进行了修改，结果如图 10-1 和图 10-2 所示。

本项目主要介绍了 Hadoop 调优的 3 种类型，对硬件、性能和管理员调优方法进行了具体讲解。通过对 Linux 系统优化的操作，最终完成了 Hadoop 调优的任务。

slot	槽	thread	线程
normal	正常的	fair	公平
high	高的	scheduler	调度器
read	读	capacity	容量
merge	合并	resource manager	资源管理器
spill	溢出	default	缺席
copy	复制	core	核心
write	写	tracker	跟踪系统
download	下载	sort	种类

1. 选择题

（1）在 core-site.xml 配置文件中，如下选项（　　）用来设置主节点机制。

A. fs.default.name　　B. io.seqfile.lazydecompress

C. io.file.buffer.size　　D. hadoop.tmp.dir

（2）在 hdfs-site.xml 配置文件中，如下选项（　　）用来设置文件快大小。

A. dfs.datanode.handler.count　　B. dfs.namenode.handler.count

C. dfs.block.size　　D. dfs.name.dir

（3）如下进程指令中（　　）用来查找与进程相关的 PID 号。

A. ps　　B. ps u　　C. ps x　　D. ps –A

（4）在 mapred-site.xml 配置文件中（　　）用来设置 Job Tracker 地址。

A. mapred.job.tracker

B. mapred.reduce.tasks

C. io.sort.factor

D. mapred.tasktracker.reduce.tasks.maximum

2. 填空题

（1）________ 指某一个任务在特定时间内对未完成任务进行进度汇报，则该任务会被 Task Tracker 主动结束，并在另一节点重新启动执行。

（2）Map 运行期间分为 5 个阶段：________、________、________、________、________。

（3）为了减少任务分配延迟，Hadoop 引入了能够在任务运行结束或者任务运行失败时触发的 ________ 机制。

（4）________ 是 Hadoop 的核心组件之一，负责将空闲的资源分配给各个任务。

3. 简答题

（1）作业如何调优。

（2）Hadoop 参数如何调优。

项目十一　企业级 Hadoop 安全方案

通过对本项目的学习，了解 Hadoop 安全的 10 条方案和网络安全的相关知识，熟悉 Kerberos 的相关概念，掌握 Hadoop 企业级的安全规则和方法，在任务实现过程中：

- 掌握网络加密配置操作；
- 掌握 Kerberos 的安装配置；
- 掌握 Kerberos 的基础操作。

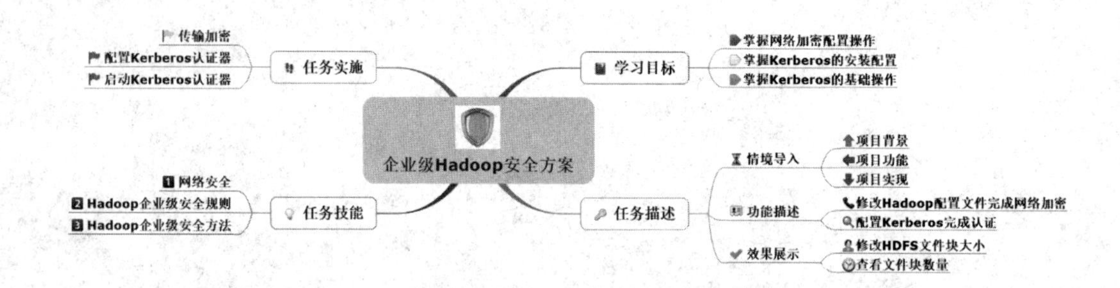

【情景导入】

信息安全和数据安全向来是大型企业和组织最为关注的问题。由于 Hadoop 设计的原始初衷是在可信任的商用服务器环境中进行大量非结构化数据的分析，因此对安全性的加强成为开发过程中必不可少的步骤。本项目通过对防火墙进行配置和 Kerberos 安全认证，完成对大数据集群的安全配置。

【功能描述】

- 修改 Hadoop 配置文件完成网络加密。
- 配置 Kerberos 完成认证。

【效果展示】

通过对本次任务的学习，实现企业级 Hadoop 安全配置并通过网络加密和 Kerberos 认证提高集群安全性，最终结果如图 11-1 所示。

```
[root@masterback ~]# klist
Ticket cache: FILE:/tmp/krb5cc_0
Default principal: admin/admin@HADOOP.COM

Valid starting       Expires              Service principal
03/18/2018 13:58:43  03/19/2018 13:58:43  krbtgt/HADOOP.COM@HADOOP.COM
[root@masterback ~]#
```

图 11-1　Kerberos 认证

技能点一　网络安全

1. CentOS7 防火墙简介

CentOS7 在原有的 netfilter/iptables 架构基础上新增了 firewalld。iptables 只能够对

IPV4 的防火墙规则进行调整，是一个较为低级的工具，所以在 CentOS7 中新增了 firewalld 作为默认的防火墙管理工具。当用户使用 firewalld 修改 IPV4 规则时 firewalld 会调用 iptables 实现。

2. iptables 防火墙

iptables 仅是 Linux 的防火墙管理工具，并没有实现真正的防火墙功能，iptables 文件中保存的是各种出入站规则，其语法格式如下。

（1）删除已有规则命令，如示例代码 CORE1101 所示。

示例代码 CORE1101 删除已有规则

```
[root@master ~]# iptables –F
[root@ master ~]# service iptables save    # 保存 iptables 配置
```

（2）组织指定 IP 的 TCP 包命令，如示例代码 CORE1102 所示。

示例代码 CORE1102 组织指定 IP 的 TCP 包

```
[root@ master ~]# iptables -A INPUT -i ens33 -s x.x.x.x -j DROP
[root@ master ~]# iptables -A INPUT -i ens33 -p tcp -s x.x.x.x -j DROP
[root@ master ~]# service iptables save    # 保存 iptables 配置
```

（3）允许所有 SSH 连接请求，如示例代码 CORE1103 所示。

示例代码 CORE1103 允许所有 SSH 连接请求

```
[root@ master ~]# iptables -A INPUT -i ens33 -p tcp --dport 22 -m state --state NEW，ES-
TABLISHED -j ACCEPT
[root@MiWiFi-R1CM-srv ~]# iptables -A OUTPUT -o ens33 -p tcp --sport 22 -m state
--state ESTABLISHED -j ACCEPT
[root@ master ~]# service iptables save    # 保存 iptables 配置
```

（4）允许指定 IP 的 SSH 连接请求，如示例代码 CORE1104 所示。

示例代码 CORE1104 允许指定 IP 的 SSH 连接请求

```
[root@ master ~]# iptables -A INPUT -i ens33 -p tcp -s x.x.x.x/24 --dport 22 -m state
--state NEW，ESTABLISHED -j ACCEPT
[root@MiWiFi-R1CM-srv ~]# iptables -A OUTPUT -o ens33 -p tcp --sport 22 -m state
--state E。STABLISHED -j ACCEPT
[root@ master ~]# service iptables save    # 保存 iptables 配置
```

参数说明见表 11-1。

表 11-1　iptables 参数说明

参数	说明
-P	设置默认策略
-F	清空规则链
-L	查看规则链
-A	在规则链的末尾加入新规则
-I num	在规则链的头部加入新规则
-D num	删除某一条规则
-s	匹配来源地址 IP/MASK，加叹号 "！" 表示除这个 IP 外
-d	匹配目标地址
-i	网卡名称匹配从这块网卡流入的数据
-o	网卡名称匹配从这块网卡流出的数据
-p	匹配协议，如 tcp，udp，icmp
--dport num	匹配目标端口号
--sport num	匹配来源端口号

3. firewalld 防火墙

除能使用 iptables 设置防火墙规则以外，还可通过 CentOS7 中新增的 firewalld 防火墙管理工具对防火墙规则进行配置，firewalld 通过 Zones 对防火墙规则进行管理。Zones 规则会检查所有进入系统数据包的源 IP 地址，如果该地址与 Zones 中的某个规则匹配，则该 zone 中的规则将生效，firewalld 常用指令如下。

（1）查看默认 zone，如示例代码 CORE1105 所示。

示例代码 CORE1105 查看默认 zone

```
[root@ master ~]# firewall -cmd --get-default-zone
```

（2）设置默认 zone 为 trusted，如示例代码 CORE1106 所示。

示例代码 CORE1106 设置默认 zone 为 trusted

```
[root@ master ~]# firewall -cmd --ser-default-zone=trusted
```

（3）显示当前正在使用的 zone 信息，如示例代码 CORE1107 所示。

示例代码 CORE1107 显示当前正在使用的 zone 信息

```
[root@ master ~]# firewall -cmd --get-active-zones
```

（4）显示系统预定义的 zone，默认为 9 个 zone，如示例代码 CORE1108 所示。

示例代码 CORE1108 显示系统预定义的 zone

```
[root@ master ~]# firewall –cmd --get-zones
```

zone 详细描述与 frewalld-cmd 命令选项见表 11-2 和表 11-3。

表 11-2 firewall 防火墙

zone 名称	说明
trusted	允许所有入站流量
home	允许其他主机入站访问本机的 SSH、mdns、ipp-client、samba-client；本机访问其他主机返回的数据都被允许
Internal	与 home 相同
work	允许其他主机入站访问本机的 ssh 或 dhcp6-client 服务；本机访问其他主机返回的数据都被允许
external	允许其他主机入站访问本机的 SSH 服务；本机访问其他主机返回的数据都被允许；拒绝所有入站数据包
dmz	允许其他主机入站访问本机的 SSH 服务
block	本机访问其他主机返回的数据都被允许；拒绝所有其他入站的数据包
drop	本机访问其他主机返回的数据都被允许；丢弃掉所有其他入站的数据包
public	允许其他主机入站访问本机的 SSH 或 dhcpv6-client 服务；本机访问其他主机返回的数据都被允许；拒绝其他所有入站数据包

表 11-3 firewalld-cmd 命令选项

选项	说明
--get-default-zone	获取默认 zone 信息
--set-default-zone=<zone>	设置 zone
--get-active-zones	显示当前正在使用的 zone 信息
--get-zones	显示预定义的 zone
--get-services	显示系统预定义服务名称
--get-zone-of-interface=<interface>	查询接口与 zone 的对应关系
--get-zone-of-source=<source>[/<mask>]	查询源地址与 zone 的匹配关系
--list-all-zones	显示所有 zone 信息的所有规则
--add-service=<service>	向 zone 中添加允许访问规则
--add-port=<portid>[_<protid>]/<protocol>	向 zone 中添加允许访问的端口
--add-interface=<interface>	将接口与 zone 绑定
--list-all	列出某个 zone 的所有规则信息
--remove-service=<service>	从 zone 中移除允许某个服务规则

使用上述规则以 master 节点的 50070 端口为例，设置所有 http 服务流量通过 public 区域，并设置 50070 能够通过，操作流程如下。

（1）启动 firewalld 防火墙。

（2）禁用 http 服务流量通过 public 区域并设置为立即生效。通过浏览器访问 50070 端口查看效果。

（3）重新加载配置。

（4）重启防火墙是配置生效。

（5）允许 50070 端口流量通过 public 区域，设置为立即生效。

（6）重新加载配置，通过浏览器访问 50070 端口查看效果。

参考流程如示例代码 CORE1109 所示。

步骤	示例代码 CORE1109
1	[root@master ~]# systemctl start firewalld.service
2	[root@master ~]# firewall-cmd --permanent --zone=public --remove-service=http success　　# 成功
3	[root@master ~]# firewall-cmd --reload success　　# 成功
4	[root@master ~]# systemctl stop firewalld.service [root@master ~]# systemctl start firewalld.service
5	[root@master ~]# firewall-cmd --permanent --zone=public --add-port=50070/tcp
6	[root@master ~]# firewall-cmd --reload success　　# 成功

通过扫描下方二维码了解更多 Linux 安全控制机制。

技能点二　Hadoop 企业级安全规则

1. Hadoop 安全机制的发展

就传统系统安全概念而言，系统的安全机制是由认证和授权两部分构成的。认证就是简单地对身份进行判断，而授权则是向访问者或注册用户授予访问信息的权限。下面就将从这两个方面来介绍 Hadoop 安全相关的知识。

Hadoop 的早期业务主要围绕着如何管理大量数据展开，并没有办法兼顾到系统的保密性和安全性问题。在早期版本中，Hadoop 假设 HDFS 和 MapReduce 集群运行在绝对安全的内部环境之中，由一对互相合作、相互信任彼此的用户所使用。因此其访问控制措施的目标并不在于应对外部安全问题，仅仅是防止偶然的数据丢失，而并非阻止非授权的数据访问请求。因此未针对数据传输过程中的通信安全制定合理有效的防范措施。即便在相对早期的版本中实现了授权控制，这种访问控制也很容易被规避，因为所有用户都能较为容易地模仿成其他任何一个用户，占有其他用户的资源，严重的话还能杀死其他用户的任务。

随着 Hadoop 在大数据分析和处理上渐渐被越来越多的人和企业使用，开发者开始意识到安全问题（尤其是不授权的随意访问用户数据）开始变为 Hadoop 发展的瓶颈，甚至是致命的缺陷。至此，Hadoop 开始开发健全的安全措施，并且在之后选择 Kerberos（Kerberos 由 MIT 于 20 世纪 80 年代发布，在本项目的后半部分会着重描述）作为 Hadoop 的认证机制。并且 Hadoop 在 0.20 版本之后采用新的安全措施，新安全措施如下。

1）在 Hadoop 远程访问过程调用协议中添加了对权限认证的机制

用 Kerberos RPC 来实现 Kerberos 及 RPC 连接上的用户、进程以及 Hadoop 的服务之间的相互认证，并且新的安全措施为 HTTP Web 控制台提供了“随即验证”的认证。网络应用和网络控制台的实现者可以为 HTTP 连接编写属于自己的认证机制，包括 HTTP SPNEGO（安全协议）认证且不仅仅局限于此。当用户调用 RPC 时，用户的登录名会通过 RPC“头部”传递给 RPC，之后 RPC 使用简单验证安全层，确定一个权限协议，完成 RPC 授权。

2）强制执行 HDFS 的文件许可

经过前面项目的学习，我们已经知道了 HDFS 是 Hadoop 核心的一部分。新的安全措施可以通过 NameNode 根据文件许可（用户及组的访问控制列表（ACLs））强制执行对 HDFS 中文件的访问控制，用于以后认证和识别检查的委托令牌。为了减少性能消耗和 Kerberos KDC 上的负载，可以采取在不同客户端和服务经过初始的用户认证后使用委托令牌的方法。委托令牌用于和 NameNode 之间进行的通信，在不需要 Kerberos 服务器参与的情况下完成之后的认证访问。委托令牌的安全机制也一直延续到后续版本。

3）使用作业令牌强行对任务进行授权

作业令牌是由 JobTracker 创建的，传递给 Task Tracker。“作业令牌”确保 Task Tracker 仅可以做分配的指定作业，也可以把任务配置成当用户提交作业时才运行，使访问控制检查简单化。

4）用于控制数据访问的块访问令牌

每次需要访问数据块时，NameNode 会根据 HDFS 的文件许可作出访问控制决策，并且发出一个块访问令牌，可以把此令牌交给 DataNode 用于块访问请求。由于 DataNode 没有文件或访问许可的概念，所以必须在 HDFS 许可和数据块的访问之间建立对接。

2. Hadoop 安全机制

Hadoop 的安全机制分为 Hadoop 安全机制、Hadoop 2（YARN）面临的安全威胁、大数据第三方安全维护工具、Hadoop 2（YARN）的其他安全机制，以下是对这些安全机制的详细介绍。

1）Hadoop 安全机制

进入 Hadoop2.x 版本后，Hadoop 安全机制显著提高。

（1）Hadoop 2（YARN）的认证机制。

YARN 是在 Hadoop2 中引入的新概念，是 MapReduce 的运行环境（MapReduce 运行在 YARN 之上）。在 Hadoop 中，客户端与 NameNode 和客户端与 Resource Manager 之间的第一次通信都会采用 Kerberos 进行身份认证，然后便换用"委托令牌"认证以减少开销，而 NodeManager 与 Resource Manager 和 DataNode 与 NameNode 之间的认证，始终采用 Kerberos 机制。

（2）Hadoop 2（YARN）的授权机制。

HDFS 的文件访问控制机制与 CentOS7 一致，即将权限授予对象分为用户、同组用户和其他用户，且可单独为每类对象设置一个文件的读、写以及可执行权限。此外，用户和用户组的关系是插拔式的，默认情况下共用 CentOS7 下的用户与用户组对应关系，这与 YARN 的授权设计思路是一致的。

YARN 的授权机制是通过访问控制列表实现的。访问控制列表授权哪些资源可以访问，哪些资源无法访问。按照授权实体划分，可以分成为服务访问控制列表、作业队列访问控制列表和应用程序访问控制列表。

①服务访问控制列表。

服务访问控制是为 Hadoop 所提供的最为初始的授权机制，用于确保只有经过授权的用户才能访问相对应经过授权的服务。例如可以设置访问控制列表，指定哪些用户可以向集群中提交应用程序。服务访问控制实现方式是控制各个服务之间的通信协议，通常发生在其他访问控制机制之前，例如文件权限检查、队列权限检查等。

②作业队列访问控制列表。

YARN 为了方便管理集群中的用户，将用户 / 用户组分成很多队列并且可以指定任意用户 / 用户组所属的队列。在每个队列中，用户可以进行对作业的提交、删除等操作。通常来说，任何队列都包含两种权限：提交应用程序的权限和管理应用程序的权限（例如杀死任意应用程序），这些可以通过修改配置文件设置。

③应用程序访问控制列表。

应用程序访问控制机制的设置方法是：在客户端设置所对应的用户列表，将这些信息传递到 Resource Manager 端后，由 Resource Manager 来提供维护的义务和使用的权利。为实现用户使用过程中方便，应用程序可对外部提供部分特殊的、可以直接设置的参数。例如 MapReduce 作业，用户可以为每个作业单独设置查看和修改权限。

这种授权机制的最大缺点是，因为需要维护大量的访问控制列表，授权给系统带来了不小的开销。

2）Hadoop 2（YARN）面临的安全威胁

作为一个开源云计算平台，Hadoop 还面临如下威胁。

（1）集中控制模式不健全。

在 HDFS 中，NameNode 保存了所有元数据信息。一旦 NameNode 遭受恶意攻击或者出现故障，严重时将导致整个系统无法正常运行。虽然 Hadoop 中存在一个 SecondNameNode（第二主节点），但其作用只是保存主节点中某一时间点的信息和之后的操作日志，在主节点发生故障时无法立刻对主节点中的数据进行快速恢复，因此无法保证运行的任务不被中断。

（2）基于ACL的访问控制机制过于简单。

Hadoop中采用较为简单的访问控制机制，对访问权限的设定与Linux系统相同，存在可读、可写、可执行3个权限，但此简单的访问控制机制显然不能对数据进行较为健全的保护。

（3）过于依赖Kerberos。

在整个Hadoop集群中，有且只有一个Kerberos服务器，此Kerberos服务器负责集群中所有节点的访问控制。当Hadoop中节点的数量变大时，Kerberos负担会加重。如果在其中某一时间有很多节点向服务器请求访问Token（令牌），可能会超出服务器的处理能力。此外，过于依赖Kerberos也是Hadoop中心控制问题的一个表现，如果Kerberos服务器出现了任何故障，整个Hadoop集群都将无法运行。

（4）无法应对恶意的网络攻击。

Hadoop在设计时没有对可能遭受的网络安全问题进行考虑（其原因已经介绍过），Hadoop中没有对应的网络安全防护措施，很容易受到诸如分布式拒绝服务攻击（DDoS）等攻击，因此Hadoop对网络安全的防护只能借助第三方工具。

3）大数据第三方安全维护工具

因为比较缺乏对系统安全的防护，时至今日，Hadoop上诞生了相当数量的企业级安全解决方案，比如DataStax企业版、DataGuise for Hadoop、英特尔的安全版Hadoop、IBM InforSphere Optim Data Masking、Protegrity大数据保护器、Cloudera Sentry等。这些企业级安全解决方案在很大程度上改善了Hadoop的安全状况。除此之外，Apache Ranger、Apache Rhino、Apache Knox、Gateway等Apache支持的安全项目也使得Hadoop运行的安全环境得到极大的改善。

4）Hadoop 2（YARN）的其他安全机制

（1）审查日志。

Hadoop部署了一个审查日志和监控日志系统，管理和报告系统变化情况。

（2）资源控制。

Yarn中可以控制保存系统最低限度的网络消耗，最低限度的线程、进程、资源的消耗，从而保障和维持系统的稳定和安全性。

（3）加密机制。

加密机制主要分为静态数据加密和动态数据加密。对于静态的数据加密，Hadoop提供两种方式进行保护：一是先进行文件的加密，之后将其存储在Hadoop的节点之中；二是一旦数据被加载到Hadoop的系统之中，就立即申请对数据块的加密。对于动态数据加密，输入或输出的动态数据，在Hadoop中可以提供认证与安全层认证来进行加密。其核心加密技术常用MD5-DIGEST（基于MD5算法的LINUX安全认证机制），在此基础上搭载加密的安全协议有以下3种，见表11-4。

表 11-4　3 种加密协议

名称	描述
SASL 安全协议加密	SASL 提供了 MD5-DIGEST 等可选的不同种类的保护服务，提供认证，保护消息数据完整性、机密性等
HDFS 文件传输加密	HDFS 现存的数据服务协议封装了简单的认证与安全握手协议。认证后，NameNode 产生数据加密密钥并将数据信息（如数据块位置、数据块标志、访问令牌等）发送到客户端，成为 MD5-DIGEST 的凭证
安全套接层（SSL）	首先需要配置 SSL 来加密 HTTP 协议。为了避免恶意用户访问 Reduce 后的输出结果，Reduce 任务计算请求的 HMAC-SHA1，并通过作业令牌加密当前时间戳。任务追踪器将利用该 HMAC-SHA1 与请求中发送的 HMAC-SHA1。如果计算出的 HMAC-SHA1 是 URL 中的一个，任务追踪器将会相应请求

3. Kerberos 安全认证

Kerberos 最初版本由 MIT 于 20 世纪 80 年代发布。如今，Kerberos 已成为 Hadoop 安全模型的基础，是基于密钥的计算机网络身份鉴别系统，Kerberos 通过将密码作为对称加密的密钥，通过判断能否解密来验证用户身份，避免了密码在网络上的传输，Kerberos 工作过程如下。

（1）客户端输入自身信息并请求 KDC（密钥分发中心）获取授予票据（TGT）。

（2）Client 将第一步取得的 TGT 与请求的服务发送给 KDC 服务器。负责响应的 KDC 服务器会创建包含客户端名字、KDC 名字、客户端 IP 地址和会话的密钥票据并使用 KDC 密钥进行加密，响应客户端并返回票据。

（3）客户端收到服务器响应后，采用解密算法解密 KDC 获取下次请求中需要的会话密钥并创建包含名字、IP 地址和时间的元组，并使用新会话加密此元组后发送此元组从 KDC 接收的票据和请求服务的名称，发送给票据服务器。

（4）服务器收到票据后利用与 KDC 中间的密钥解析票据中的信息，从而获得用户名、用户地址、服务名、有效期。然后将用户名与第一次请求票据中解密出的用户名和 IP 地址与本次做比较，从而验证客户端身份。

Kerberos 认证过程如图 11-2 所示。

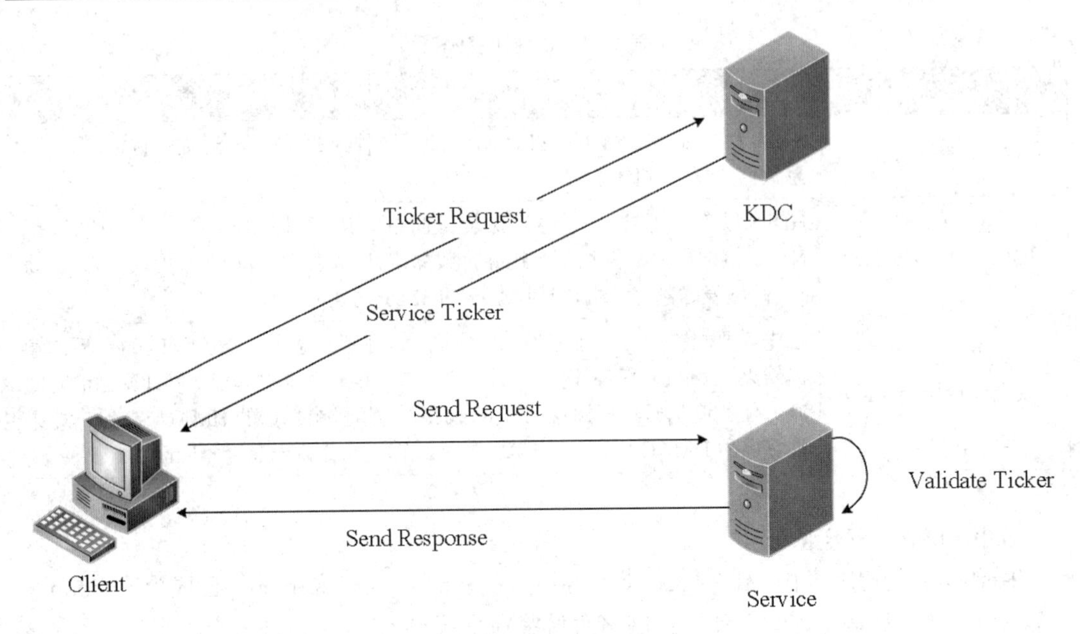

图 11-2　Kerberos 认证过程

4. Kerberos 的优点与缺点

Kerberos 相对之前的身份认证方式具有明显的优势，但与其同类方式相比也存在一定的缺陷。

Kerberos 优点和缺点分别见表 11-5 和 11-6。

表 11-5　Kerberos 的优点

优点	解释
支持互相身份验证	通过使用 Kerberos 协议，通信双方均可对对方进行身份验证
支持委派身份认证	Kerberos 协议拥有代理机制，可以使一个服务器在链接其他服务器时模仿客户端
为服务器提供有效验证	Kerberos 身份认证拥有优于其他同类型身份验证协议的新功能
简化信任管理	具有多个域网络，不需要一组复杂的显示，点对点信任关系

表 11-6　Kerberos 的缺点

缺点	内容
密钥安全性差	Kerberos 采用对称加密机制，加密和解密使用相同密钥，交换密钥时的安全性难以保障
易遭受密码攻击	Kerberos 服务器与用户共享的密钥为用户口令字（建立证书时使用的密码），服务器在响应时不需验证用户的真实性
严重依赖	Kerberos 中身份认证服务和票据为集中式管理，系统的性能和安全也严重依赖于身份验证服务和票据的性能和安全

5. 授权

通过使用 HDFS 文件权限控制和服务级权限控制完成对已认证用户提供授权控制，HDFS 中每个文件和目录都与一个具有相关读写权限的所有者和组关联。HDFS 可通过这些文件访问权限以及通过对用户的身份和组关系的识别，控制分布式文件系统的读取和写入访问。服务级授权与 HDFS 文件权限类似，它通过在控制列表定义用户权限的方式控制用户可访问的特定服务。

1）HDFS 文件权限

HDFS 分布式文件系统提供了 3 种权限控制：只读权限（r），写入权限（w）和可执行权限（x）。读取文件内容或查看目录中文件只需读取权限。写入、创建和删除文件或目录需要写入权限。每个文件或目录都拥有自己所属的用户、用户组、组别以及模式。这个模式由所属用户权限、组内成员权限以及其他用户权限组成。默认可通过正在运行进程的用户和组确定客户端标识。由于是远程客户端任何用户均可在远程系统上创建对账户进行访问，因此，为防止共享文件或资源数据的丢失和损坏，权限只能提供给合作团队中的用户使用，而不能在一个高风险的环境下保护资源。在权限检查开启状态下，会检查所属用户权限和所属组别权限，判断客户端用户名与所属用户名是否匹配或该客户端是否为该用户组的成员。超级用户是 NameNode 进程的标识。对于超级用户，系统不会执行任何权限检查。

2）服务级授权

Hadoop 在服务层提供了授权控制功能，为确保 HDFS 的客户端有权限访问 HDFS 的必要权限并可提交 MapReduce 作业，可对用户能够访问的服务进行权限控制，默认情况下服务级授权为关闭状态，需要在 core-site.xml 中启用服务级授权，将 hadoop.security.autoritio 设置为 true。hadoop-policy.xml 文件控制集群中服务的 ACL。ACL 是协议级的，默认情况下，每个人都被授予所有权限。配置属性见表 11-7。

表 11-7　hadoop-policy.xml 配置文件

属性	说明
security.datanode.protocol.acl	数据节点和名称节点通信的数据节点协议
security.client.datanode.protocol.acl	客户端到数据节点的块恢复协议
security.client.protocol.acl	用于使用分布式文件系统的用户代码
security.inter.tracker.protocol.acl	作业客户端和资源管理器之间
security.ha.service.protocol.acl	HAADMIN 用于管理名称节点状态
security.namenode.protocol.acl	第二节点和主节点的协议
security.inter.datanode.protocol.acl	数据节点之间的，用于更新时间戳
security.refresh.policy.protocol.acl	dfsadmin/rmadmin 刷新安全策略
security.job.submission.protocol.acl	MapReduce 任务和节点管理器之间

3）作业授权

要控制对作业操作的访问，应该在 moepdiai 文件中设置以下配置属性，这些属性在默认情况下是被禁用的，配置属性见表 11-8。

表 11-8 作业授权配置属性

属性名	解释
mapred.acls.enabled	是否开启 ACL 检查。若将其设置为 True 开启状态，Job Tracker 和 Task Tracker 会在用户发起提交作业、杀死作业和查看作业详情的请求时进行访问控制检查
mapreduce.job.acl-view-job	指定哪些用户和组列表可查看作业私有细节。默认情况下，除了作业所有者、启动集群的用户、集群管理员和队列管理员之外，其他人不可以对作业执行查看操作
mapreduce.job.acl-modify-job	指定哪些用户和组列表可以对作业执行修改操作。默认情况下，仅有作业所有者、启动集群的用户、集群管理员和队列管理员可以对作业执行修改操作

6. 网络加密

在 Hadoop 发行版中为所有网络通信提供了网络加密技术，如 HDFS 传输加密、RPC 加密和 HTTP 加密。

客户端被 NameNode 授予块访问令牌后，这些令牌会在数据块请求的过程中提供给 DataNode。若 ds.cncrypt.data.trafr 属性设置为 true，可以对其进行加密。还应该确保 RPC 加密已启用。当使用 Kerberos RPC 时，提供质量保护（QoP）的功能，它可以是仅认证（Auth）消息完整性（auth-int）或者认证保密性（auth-conf）。可通过 core-site.xml 配置文件中的 hadoop.rpc.nrotection 属性设置为 privacy。为确保所有使用 HTTP 的通信安全，必须配置 Hadop Web 服务器使用 SSL 并设置适当的密钥库。需要在 core-site.xml 文件中进行配置，见表 11-9。

表 11-9 core-site.xml 网络安全配置

属性	所属配置文件	说明
hadoop.rpc.protection	core-site.xml	设置为 privacy，开启认证加密传输
dfs.encrypt.data.transfer	hdfs-site.xml	设置为 true，开启 HDFS 传输加密
Hadoop.ssl.enabled	core-site.xml	设置为 true，启动 Web 传输加密
Hadoop.ssl.require.client.cert	core-site.xml	设置为 true，客户端可通过 SSL 进行证书认证
Hadoop.ssl.hostname.verifier	coer-site.xml	HttpsURLConnections 验证器
hadoop.ssl.keystores.factory.class	core-site.xml	设置为读取密钥库文件的类
Hadoop.ssl.server.conf	core-site.xml	ssl-server.xml（包含洗牌服务器和 Web 用户接口所使用的 SSL 服务器密钥库信息的资源文件）包含关于服务器所使用的密钥库和信任库的信息，其中包括位置和密码
Hadop.ssl.client.conf	core-site.xml	Ssl-server.xml（包含 Reducer/Fetcher 所使用的客户端密钥库信息的资源文件）包含关于服务器所使用的密钥库和信任库的信息，其中包括位置和密码

7. 安全方案

根据 Hadoop 安全性优化，给出了 10 条 Hadoop 项目实施的最佳安全实践，这里将每条内容总结成一个关键词并辅以说明，见表 11-10。

表 11-10　优化建议

关键词	说明
尽早	进行 Hadoop 数据隐私的保护措施尽可能早。在 Hadoop 规划和搭建阶段就明确数据隐私保护举措，最好在将数据导入 Hadoop 之前完成，这可以防患于未然
确立	明确所在企业和环境中哪些数据是敏感数据，哪些数据不是敏感数据。充分考虑企业的隐私政策，相关行业规定和政府法规
审查	审视分析环境和装配 Hadoop 系统的过程中是否藏有 / 夹带敏感数据
明确	收集足够信息来明确风险
更小	确定特定数据集是否需要定制的保护方案，出于数据单元安全管理的需要，可以考虑将 Hadoop 目录划分成更小的群组
准确	确保数据保护技术对所有数据文件提供一致的 masking 方式，这样可以保证在各个数据汇聚维度上的分析的准确性
合适	明确业务分析是否需要访问真实数据，或"脱敏"数据能否使用。然后选择合适的敏感信息遮挡和加密等矫正技术（masking or encryption）。遮挡技术提供最好的安全性能，而加密则更具灵活性，视将来的需要而定
支持	确保数据保护方案能够同时支持遮挡和加密两种数据矫正技术，尤其是在需要将经过遮挡处理和未经遮挡的两个版本的数据分别存放于不同的 Hadoop 目录下的时候
互通	确保你选择的加密方案与企业的访问控制技术能够互操作，这样特定级别和身份的用户只能访问 Hadoop 集群中特定的数据范围
无缝	当需要使用加密技术的时候，确保部署合适的技术（Java、Pig 等）实现无缝加密，同时确保对数据的无障碍访问

技能点三　Hadoop 企业级安全方法

1. 认证

认证可以验证某个系统中的用户、应用程序、任务或者其他"执行者"。同时还可使用 Kerberos 验证用户服务和集群服务器。认证不仅可以保证用户和服务的身份，还可以阻止用户、任务和系统被恶意软件冒充。不同企业级应用可能需要将其他身份和访问管理基础设施集成到自身的解决方案中。

2. 授权

授权确定主体权限。主体身份在认证中验证完成之后，系统确定主体授权凭据并将它们与既定的授权策略进行比较，来提供对被请求资源的访问。Hadoop 提供不同级别的访问控制,可以通过使用访问控制列表(ACD)来表示对 Hadoop 某些方面的访问控制策略并使用类似 UNIX 的文件访问权限表示所有者和组用户的访问权限。

除 Hadoop 提供的机制之外,大多数企业还使用了用于授权的额外控制,例如:各组织还会使用一个或多个机制,见表 11-11。

表 11-11 其他授权机制

机制名称	内容
轻量级目录访问协议(LDAP)	为主体保存组、角色和访问权限
属性服务	将属性作为主体的授权凭据
安全令牌服务(STS)	用于发放与主体授权凭据相关的令牌和事务中的授权决策
策略服务	使用一些标准,例如可扩展访问 XACML(控制标记语言)和(安全声明标记语言),来表达资源的访问控制策略,并为主体提供访问控制决策

使用 Hadoop 的企业级解决方案需要基于自己制定的企业级访问控制策略来控制对数据集的访问,需要使用其他机制补充 Hadoop 原生授权控制。

在整个数据生命周期中必须保持一致性的授权。若原始数据源存在对数据的访问控制策略,必须为对数据运行查询的管理员或用户提供相同的访问控制。对后续导入到企业级应用的结果进行合理的控制。

3. 网络隔离

网络隔离技术既可以使两个网络实现物理上的隔离,又能在安全的网络环境下进行数据交换。许多组织在有保密和敏感数据的 Hadoop 集群上会使用网络隔离。网络隔离可行性有以下几点。

1)安全集成复杂

若集群中安全策略非常复杂的数据非常敏感,使用网络隔离可避免在集群中使用大量非原生安全控制,网络隔离能够将 Hadoop 集群与其他网络进行隔离,限制仅有通过授权的用户能够访问。

2)性能

解决方案中的安全机制越多,性能就会越低。为了保证 Hadoop 的安全,使用第三方工具来加密和解密 HDFS 上的静止数据会使性能变得更低。因此,大部分人会选择网络隔离方案来简单地避免性能损失。

3)数据的敏感程度不同

当组织中的某些数据只能对某些人群可见时,Hadoop 作业的结果集是敏感的。虽然 Hadoop 中的某些工具可以提供列级别(HBase)和单元格级别(Accumulo)的访问过滤方式,但是 Hadoop 中的其他工具不提供该级别的安全性。当正在运行用于构建结果集的 JavaMapReduce 应用程序时,还在使用各种不同的工具,可以通过用户的可见性来分隔集群。

4)Hadoop 安全范畴

大量的 Hadoop 新产品、发布版本和发行版正在提供新的安全特性,这些新特性在影响着 Hadoop 企业级应用程序的使用，在了解这些新特性之前很多 Hadoop 组织使用网络隔离模型。

5）数据安全审核

采用网络隔离方案后其他企业级应用程序无法对数据进行实时访问，因此它允许在企业级应用程序访问数据之前，对其进行审核和过滤，做到风险最小化。

网络隔离可通过使用物理“气隙”将其从企业网络中分离，阻止两个网络间进行数据传输，如图 11-3 所示。

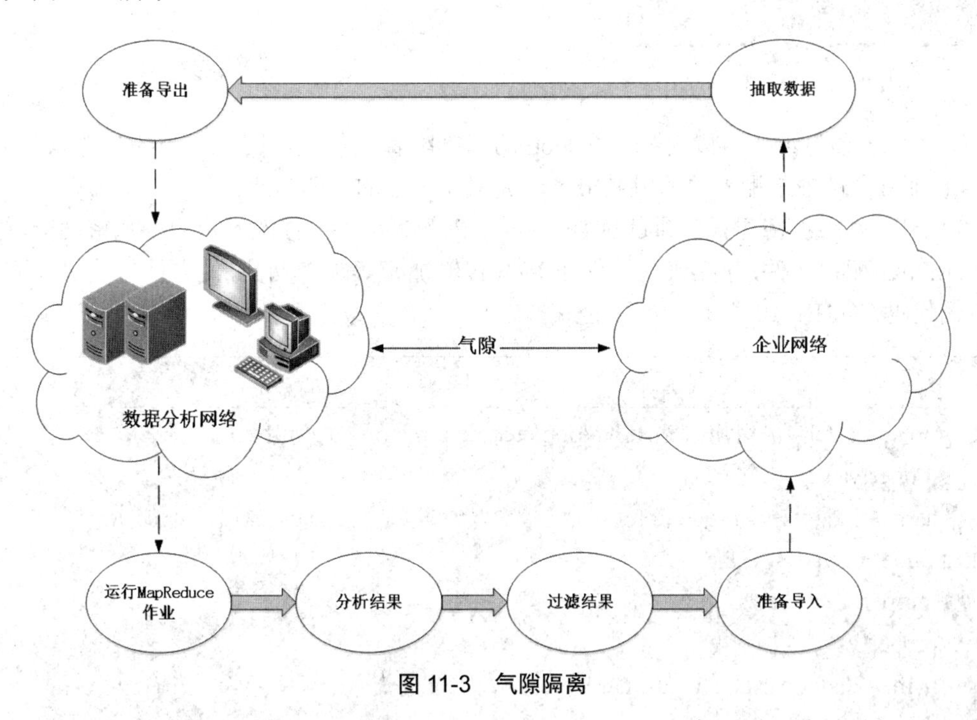

图 11-3　气隙隔离

4. 保密性

保密性是一种限制敏感信息，使敏感信息仅对已授权的参与方可见的安全目标。在网络信息安全中保密性是指：信息按给定要求不泄漏给非授权的个人、实体或过程，或提供其利用的特性，强调有用信息只被授权对象使用的特征。保密性可通过网络加密的方式实现。

5. 完整性

完整性能够保证数据在传输或静止时没有改动。输出传输完整性见表 11-12。

表 11-12　输出传输完整性

属性	内容
域完整性	指一个列的输入有效性，是否允许为空值
实体完整性	指保证表中所有的行唯一
参照完整性	指保证主关键字（被引用表）和外部关键字（引用表）之间的参照关系

一般情况下，完整性需要使用哈希值、消息摘要或数字签名附带功能等加密机制实现。

配置 Hadoop 实现网络加密时，会在传输中应用数据完整性。

因为要保证数据复制的可靠性，Hadoop 中内置了大量数据完整性机制。由于 HDFS 被设计为运行在商用硬件之上，因此为了实现故障容忍机制，它会将数据的副本存储在多个节点。

本次任务通过以下步骤，修改 Hadoop 的基础配置文件完成网络加密的功能以及 Kerberos 认证服务的安装配置并使用 Kerberos 完成子节点的认证功能。

第一步：网络加密配置。通过对 Hadoop 基础配置文件的修改开启网络加密功能，修改 core-site.xml 配置文件，开启认证加密和 Web 传输加密等加密功能，使文件传输更为安全，如示例代码 CORE1110 所示。

示例代码 CORE1110 配置 core-site.xml 文件

```
[root@master ~]# vi /usr/local/hadoop/etc/hadoop/core-site.xml
<property>
<name>hadoop.rpc.protection</name>        # 设置为 privacy 开启认证加密
<value>privacy</value>
</property>
<property>
<name>Hadoop.ssl.enabled</name>        # 设置为 true 启动 Web 传输加密
<value>true</value>
</property>
<property>
<name>Hadoop.ssl.require.client.cert</name>     # 设置为 true 客户端可通过 SSL 进行
证书认证
<value>true</value>
</property>
<property>
<name>Hadoop.ssl.hostname.verifier</name>   # HttpsURLConnections 验证器
<value>HttpsURLConnections</value>
</property>
<property>
<name>Hadoop.ssl.server.conf</name>        # ssl-server.xml（包含洗牌服务器和 Web
用户接口所使用的 SSL 服务器密钥库信息的资源文件）包含关于服务器所使用的密钥库
和信任库的信息，其中包括位置和密码
```

```
<value>ssl-server.xml</value>
</property>
<property>
<name>Hadop.ssl.client.conf</name>    # Ssl-server.xml(包含 Reducer/Fetcher 所使用的客户端密钥库信息的资源文件)包含关于服务器所使用的密钥库和信任库的信息,其中包括位置和密码
<value>ssl-server.xml</value>
</property>
```

结果如图 11-4 所示。

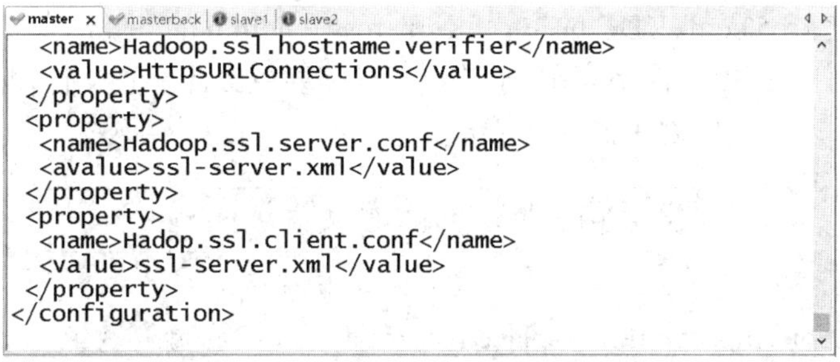

```
master x | masterback | slave1 | slave2
  <name>Hadoop.ssl.hostname.verifier</name>
  <value>HttpsURLConnections</value>
 </property>
 <property>
  <name>Hadoop.ssl.server.conf</name>
  <avalue>ssl-server.xml</value>
 </property>
 <property>
  <name>Hadoop.ssl.client.conf</name>
  <value>ssl-server.xml</value>
 </property>
</configuration>
```

图 11-4 core-site.xml

第二步:修改 hdfs-site.xml 配置文件,开启 HDFS 传输加密,如示例代码 CORE1111 所示。

示例代码 CORE1111 配置 hdfs-site.xml 文件

```
[root@master ~]# vi /usr/local/hadoop/etc/hadoop/hdfs-site.xml
# 将如下内容添加到配置文件
<property>
<name>dfs.encrypt.data.transfer</name>  # 设置为 true 开启 HDFS 传输加密
<value>true</value>
</property>
```

第三步:配置 Kerberos 认证器,选择 master 主机作为服务器,在该计算机上配置安装 Kerberos 认证器,如示例代码 CORE1112 所示。

示例代码 CORE1112 配置 Kerberos

```
[root@master ~]# yum install krb5-server krb5-libs krb5-auth-dialog
```

结果如图 11-5 所示。

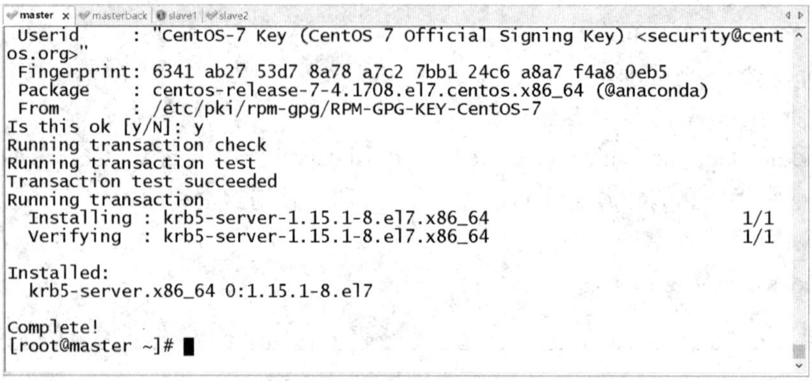

```
master × | masterback | slave1 | slave2
 Userid     : "CentOS-7 Key (CentOS 7 Official Signing Key) <security@cent
os.org>"
 Fingerprint: 6341 ab27 53d7 8a78 a7c2 7bb1 24c6 a8a7 f4a8 0eb5
 Package    : centos-release-7-4.1708.el7.centos.x86_64 (@anaconda)
 From       : /etc/pki/rpm-gpg/RPM-GPG-KEY-CentOS-7
Is this ok [y/N]: y
Running transaction check
Running transaction test
Transaction test succeeded
Running transaction
  Installing : krb5-server-1.15.1-8.el7.x86_64                    1/1
  Verifying  : krb5-server-1.15.1-8.el7.x86_64                    1/1

Installed:
  krb5-server.x86_64 0:1.15.1-8.el7

Complete!
[root@master ~]# █
```

图 11-5 安装 Kerberos

第四步：配置 krb5.conf、KDC 的位置、Kerberos 中 admin 的 realms 等。需要所有使用的 Kerberos 的机器上的配置文件都同步，子节点同样需要更改此配置文件，配置文件内容与主节点一致即可，如示例代码 CORE1113 所示。

示例代码 CORE1113 配置 krb5.conf 和 KDC 位置

```
[root@master ~]# vi /etc/krb5.conf  # 修改为如下内容
# Configuration snippets may be placed in this directory as well
includedir /etc/krb5.conf.d/
default_realm = HADOOP.COM
default_realm = HADOOP.COM

[logging]    #server 端日志位置
default = FILE:/var/log/krb5libs.log
kdc = FILE:/var/log/krb5kdc.log
admin_server = FILE:/var/log/kadmind.log

[libdefaults]    # 连接默认配置
dns_lookup_realm = false
dns_lookup_kdc = false
ticket_lifetime = 24h  # 凭证有效期
renew_lifetime = 7d  # 凭证延期时限
forwardable = true
rdns = false
default_realm = HADOOP.COM  # 默认范围
[realms]
HADOOP.COM = {
kdc = master
admin_server = master  #admin 位置
```

```
}
[domain_realm]
.hadoop.com = HADOOP.COM
hadoop.com = HADOOP.COM
```

结果如图 11-6 所示。

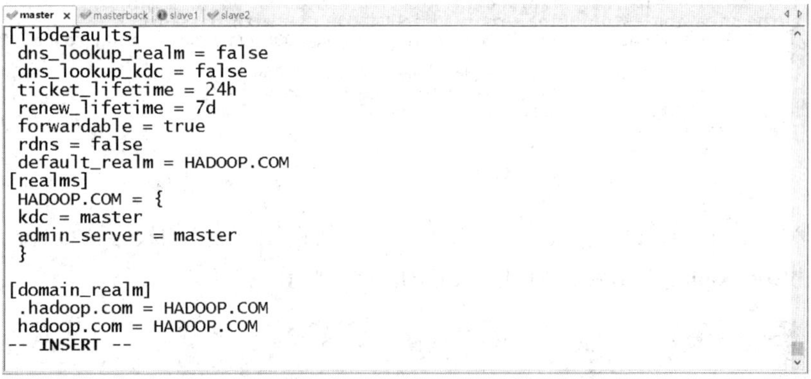

```
[libdefaults]
 dns_lookup_realm = false
 dns_lookup_kdc = false
 ticket_lifetime = 24h
 renew_lifetime = 7d
 forwardable = true
 rdns = false
 default_realm = HADOOP.COM
[realms]
 HADOOP.COM = {
 kdc = master
 admin_server = master
 }

[domain_realm]
 .hadoop.com = HADOOP.COM
 hadoop.com = HADOOP.COM
-- INSERT --
```

图 11-6　krb5.conf 文件

第五步：初始化并启动 Kerberos，如示例代码 CORE1114 所示。

示例代码 CORE1114 启动 Kerberos

```
[root@master ~]# /usr/sbin/kdb5_util create -s -r HADOOP.COM
# 执行过程中需要根据提示输入 database 管理密码。这里密码输入 123456，输入密码为不可见状态。
```

结果如图 11-7 所示。

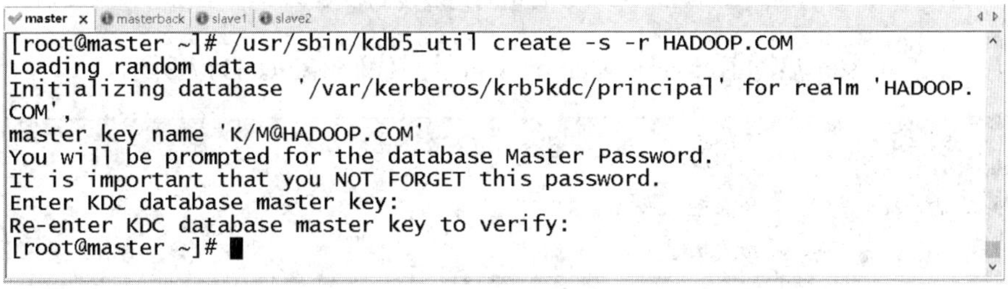

```
[root@master ~]# /usr/sbin/kdb5_util create -s -r HADOOP.COM
Loading random data
Initializing database '/var/kerberos/krb5kdc/principal' for realm 'HADOOP.
COM',
master key name 'K/M@HADOOP.COM'
You will be prompted for the database Master Password.
It is important that you NOT FORGET this password.
Enter KDC database master key:
Re-enter KDC database master key to verify:
[root@master ~]#
```

图 11-7　初始化启动 Kerberos

第六步：为 Kerberos database 添加 administrative principals（即能够管理 database 的 principals）至少要添加 1 个 principal 来使得 Kerberos 的管理进程 kadmind 能够在网络上与程序 kadmin 进行通信，如示例代码 CORE1115 所示。

示例代码 CORE1115 添加 administrative principals

```
[root@master ~]# /usr/sbin/kadmin.local -q "addprinc admin/admin"
# 执行过程中输入上一步设置的管理密码。按回车键继续
```

如图 11-8 所示。

```
[root@master ~]# /usr/sbin/kadmin.local -q "addprinc admin/admin"
Authenticating as principal root/admin@HADOOP.COM with password.
WARNING: no policy specified for admin/admin@HADOOP.COM; defaulting to no
policy
Enter password for principal "admin/admin@HADOOP.COM":
Re-enter password for principal "admin/admin@HADOOP.COM":
Principal "admin/admin@HADOOP.COM" created.
[root@master ~]#
```

图 11-8 添加用户

第七步：为 database administrator 设置 ACL（访问控制列表）的权限，修改配置文件 /var/Kerberos/krb5kdc/kadm5.acl，如示例代码 CORE1116 所示。

示例代码 CORE1116 设置 ACL

```
[root@master ~]# vi /var/Kerberos/krb5kdc/kadm5.acl
将配置文件修给为如下内容
*/admin@HADOOP.COM *
```

结果如图 11-9 所示。

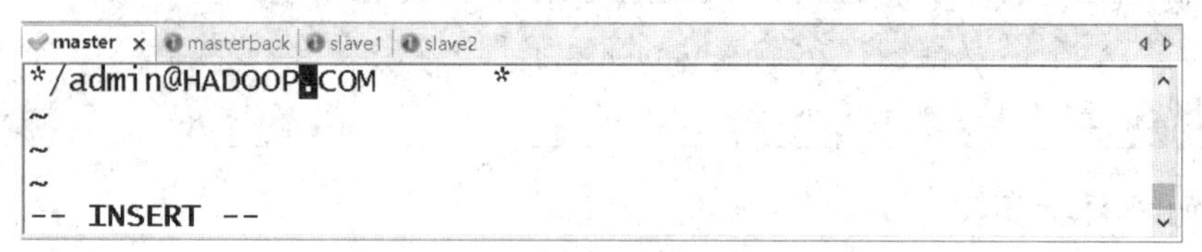

图 11-9 设置访问列表控制权限

第八步：在 master 启动 Kerberos daemons，如示例代码 CORE1117 所示。

示例代码 CORE1117 启动 Kerberos daemons

```
[root@master ~]# service krb5kdc start
[root@master ~]# service kadmin start
```

结果如图 11-10 所示。

```
[root@master ~]# service krb5kdc start
Redirecting to /bin/systemctl start krb5kdc.service
[root@master ~]# service kadmin start
Redirecting to /bin/systemctl start kadmin.service
[root@master ~]#
```

图 11-10 启动 Kerberos

第九步：在本机直接登录可使用 kadmin.local 命令，如示例代码 CORE1118 所示。

示例代码 CORE1118 本机登录 Kerberos

```
[root@master ~]# kadmin.local
```

结果如图 11-11 所示。

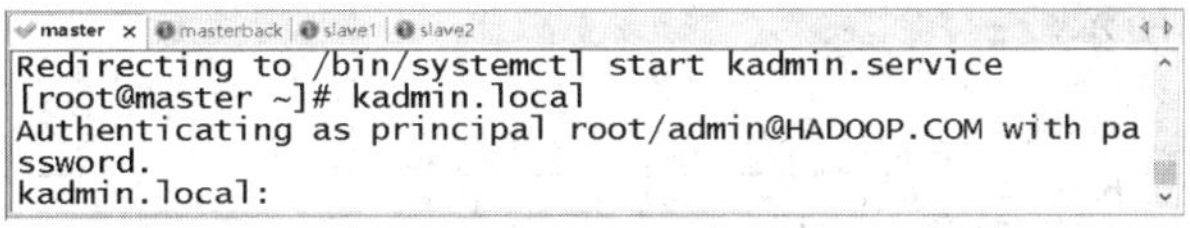
master
masterback
slave1
slave2
Redirecting to /bin/systemctl start kadmin.service
[root@master ~]# kadmin.local
Authenticating as principal root/admin@HADOOP.COM with pa
ssword.
kadmin.local:

图 11-11　登录

第十步：在其他机器登录首先需要使用 kinit 进行验证获取凭证，如示例代码 CORE1119 所示。

示例代码 CORE1119 获取凭证

```
[root@masterback ~]# kinit admin/admin
[root@masterback ~]# kadmin
```

结果如图 11-12 所示。

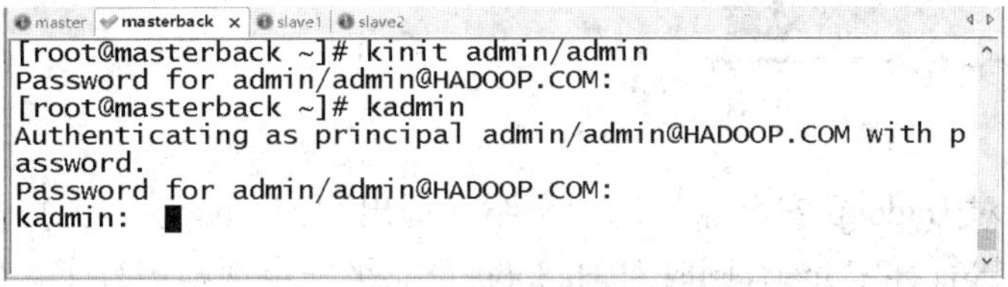
master
masterback
slave1
slave2
[root@masterback ~]# kinit admin/admin
Password for admin/admin@HADOOP.COM:
[root@masterback ~]# kadmin
Authenticating as principal admin/admin@HADOOP.COM with p
assword.
Password for admin/admin@HADOOP.COM:
kadmin:

图 11-12　获取凭证

第十一步：在管理员状态下创建用户并查看是否创建成功，如示例代码 CORE1120 所示。

示例代码 CORE1120 创建用户

```
kadmin：addprinc test    # 创建用户
kadmin：listprincs      # 查看所有用户
```

结果如图 11-13 所示。

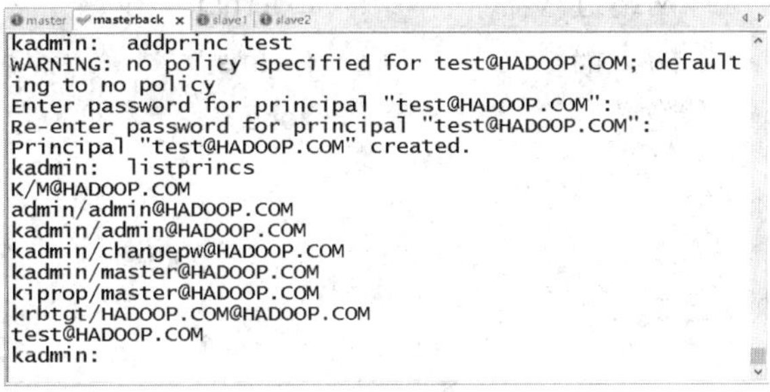
master
masterback
slave1
slave2
kadmin: addprinc test
WARNING: no policy specified for test@HADOOP.COM; default
ing to no policy
Enter password for principal "test@HADOOP.COM":
Re-enter password for principal "test@HADOOP.COM":
Principal "test@HADOOP.COM" created.
kadmin: listprincs
K/M@HADOOP.COM
admin/admin@HADOOP.COM
kadmin/admin@HADOOP.COM
kadmin/changepw@HADOOP.COM
kadmin/master@HADOOP.COM
kiprop/master@HADOOP.COM
krbtgt/HADOOP.COM@HADOOP.COM
test@HADOOP.COM
kadmin:

图 11-13　创建用户

第十二步：查看当前认证的用户，如示例代码 CORE1121 所示。

示例代码 CORE1121 查看当前认证用户
[root@masterback ~]# klist

结果如图 11-14 所示。

```
[root@masterback ~]# klist
Ticket cache: FILE:/tmp/krb5cc_0
Default principal: admin/admin@HADOOP.COM

Valid starting       Expires              Service principal
03/18/2018 13:58:43  03/19/2018 13:58:43  krbtgt/HADOOP.COM@HADOOP.COM
[root@masterback ~]#
```

图 11-14 查看认证用户

至此对大数据集群安全配置的升级已经完成并使用 Kerberos 进行了用户认证，最终结果如图 11-1 所示。

本项目主要对 Hadoop 安全保护进行介绍并提出了 Hadoop 安全的 10 条建议，对防火墙及防火墙操作进行详细介绍，同时对 Hadoop 企业级安全规则进行了说明，并对 Kerberos 进行详细讲解，最终完成网络加密以及 Kerberos 认证服务的安装配置。

encryption	加密	principal	主要的
masking	遮挡	administrative	行政
netfilter	网络过滤器	external	外部的
firewall	防火墙	realms	领域
privacy	隐私	zone	地带、地区

1. 选择题

(1)在 iptables 中如下哪个参数用来设置默认策略(　　)。

A. -P　B. -L　C. -S　D. -D

(2)在 firewalld 防火墙配置中如何添加允许访问规则(　　)。

A. --remove-service=<service>　B. --list-all

C. --add-service=<service>　D. --list-all-zones

(3)在 hadoop-policy.xml 配置文件中,如下选项哪个是用来设置数据节点和名称节点通信的数据节点协议的(　　)。

A. security.datanode.protocol.acl　B. security.client.protocol.acl

C. security.inter.datanode.protocol.acl　D. security.job.submission.protocol.acl

(4)在 core-site.xml 配置文件中,(　　)用来启动 web 传输加密。

A. Hadoop.ssl.hostname.verifier　B. Hadoop.ssl.server.conf

C. hadoop.rpc.protection　D. Hadoop.ssl.enabled

(5)使敏感信息只对已授权的参与方可见属于(　　)。

A. 保密性　B. 完整性　C. 一致性　D. 可见性

2. 填空题

(1)所谓网络隔离技术是指两个或两个以上的计算机或网络在断开连接的基础上,实现 ________ 和 ________。

(2)采用 ________ 方案后其他企业级应用程序无法对数据进行实时访问,因此它允许在企业级应用程序访问数据之前,对其进行审核和过滤,做到风险最小化。

(3)完整性能够保证数据在传输或静止时没有改动,其中完整性包括 ________、________、________。

(4)在 Hadoop 发行版中为所有网络通信提供了网络加密技术,如 ________、________。

(5)HDFS 分布式文件系统提供了 3 种权限控制,分别为 ________,________ 和 ________。

3. 简答题

(1)简述 Kerberos 工作过程。

(2)网络隔离可行性有哪些。